山地人居环境规划信息化研究
——重庆乡村规划管理实践

金 伟 著

中国建筑工业出版社

图书在版编目（CIP）数据

山地人居环境规划信息化研究——重庆乡村规划管理实践 / 金伟著 . — 北京：中国建筑工业出版社 .2018.6
ISBN 978-7-112-22345-9

Ⅰ.①山… Ⅱ.①金… Ⅲ.①乡村规划 — 研究 — 重庆 Ⅳ.① TU982.297.19

中国版本图书馆 CIP 数据核字（2018）第 126957 号

责任编辑：李 东 边 琨
责任校对：芦欣甜

山地人居环境规划信息化研究——重庆乡村规划管理实践
金伟 著
*
中国建筑工业出版社出版、发行（北京海淀三里河路9号）
各地新华书店、建筑书店经销
北京点击世代文化传媒有限公司制版
北京建筑工业印刷厂印刷
*
开本：787×1092毫米 1/16 印张：15 字数：351千字
2018年8月第一版 2018年8月第一次印刷
定价：228.00元
ISBN 978-7-112-22345-9
（32223）

PREFACE | 序

党的十九大指出：中国特色社会主义进入新时代，我国社会的主要矛盾已经转化为人民日益增长的美好生活需要和不平衡不充分发展之间的矛盾。逐步消除我国东西部之间城镇化发展的差距，推动山地城乡建设事业的持续发展，解决城乡人居环境建设的差距和矛盾，让贫困山区的广大人民在城镇化过程中享受改革发展成果，建设美丽乡村人居环境，提升乡村生活品质，是我国当前城镇化发展的重要工作内容。

中央城市工作会议上提出"望得见山、看得见水、记得住乡愁"。然而，在我国西部的广大农村，在快速城市化的过程中，现实情况是农村大量的青壮年外出，老幼妇弱留守，与之相应的是大量农田撂荒，农房空置。乡村振兴，在我国尤其是我国西南地区，如何利用自然资源和环境，建设美丽乡村，为地方乡民能够找到一条"百姓富、生态美"，城镇与乡村各美其美、美美与共，是规划工作者和行业管理者所共同关心的话题。

重庆是我国四大直辖市之一，是一个典型的山地大都市。重庆的城镇化水平 2017 年达到 60%；在我国西南地区，重庆率先面临城镇化发展的后期局面，即达到 70%~75% 的城镇化后期临界点，城市人口和乡村人口的双向流动，呈动态平衡，即城市—乡村人口流动形成平衡。重庆自 1997 年直辖以来，在中心城市的建设上，取得瞩目的成就，但是，广大乡村地区的建设和人民生活品质提升方面，还存在较大的欠账。

20 世纪初叶，晏阳初、梁漱溟先生主持的乡村建设运动，开启了我国乡村振兴的先河。20 世纪 40 年代，费孝通先生出版了《乡土中国》，描述了中国乡村社会的基本形态，分析了乡村文明与城市文明"和而不同"的伦理规则。21 世纪以来，国家每年以一号文件的形式，一再聚焦农业、农村、农民问题。今年 3 月，中央"两会"出台国家对部委的新调整和新布局，充分体现出党中央对我国农业和农村、对自然资源和对城乡规划工作的重视，反映出我国新时代乡村建设的新格局和新局面。

金伟博士的论文《山地人居环境规划信息化——重庆乡村规划实践》的出版，是一件值得鼓励的事。其论文研究，是以重庆直辖市的乡村发展为切入点，从村规划编制和实施村规划管理所需的综合信息数据入手，探索综合信息数据支撑下的村规划管理的科学决策方法，尝试建设村规划管理决策系统，为逐步实现村规划的现实描述—模拟预测—决策优化的智能化提供了方向和思路，更可贵的是通过对重庆南岸区、巴南区、渝北区的实证研究，为应用新技术开展村规划管理提供了范例。

金伟博士多年来一直从事规划编制和规划管理工作，具有较丰富的实践管理经验。本论著的重点并非讨论具体规划怎么做，而是运用大数据、互联网、人工智能等手段，对规划的底线和红线进行跟踪、描述、评估，实时提供监测预警，具有较好的创新性和前瞻性。

论文的出版，表明金伟博士在学术研究上一个阶段工作的完成。重庆的乡村人居环境建设，面对城镇化发展的新局面和新内容，还有相当多的工作需要不断探索和深化，从学术实践和管理的角度不断发展进步。金伟在从事城乡规划学业和规划管理事业的过程中，从硕士阶段开始，与我已有近20年的师生情谊，看见他成长进步，事业有所建树，大家为之高兴。

期待金伟博士在未来的工作中，为解决更多的相关重庆以及西南山地乡村人居环境建设的规划管理问题，为实现地区乡村振兴和发展，贡献更多的才智，不断取得新的成果。

赵万民 教授、博导

2018年3月于重庆大学

CONTENTS | 目　录

第1章 绪论

ONE

1.1 研究的背景

农村问题对于中国来说，历来都是政府工作[①]与学术研究的重点，不仅因为它直接关系8亿农民的具体生活，而且在很大程度上影响国家发展的整体进程。当前，乡村人居环境建设需要进行规划以指导建设，这已经成为普遍共识。但是，是否每一个乡村都有必要进行乡村规划，不同人士持有不同看法。在《中华人民共和国城乡规划法》当中，“乡村规划”被界定为各类与乡村发展或建设有关的规划，是乡规划、村庄规划的统称，是乡村社会经济发展、各项资源管理、空间布局以及工程建设的综合部署。虽然国外很多成功案例表明，乡村规划全覆盖有利于国家的整体进步与发展，但是我国幅员辽阔，要真正做到规划全覆盖，短期内几乎不可能实现，势必有取舍、有先后。同时，由于不同乡村的自然地理条件不同，交通、区位条件不同，产业支撑不同，人口构成不同，文化传统不同，所以针对哪些乡村需要规划，哪些不必规划或只做适当控制，哪些乡村先规划，哪些乡村后规划等问题，需要系统研究。

2010年起，重庆市规划局着手建立重庆市乡村规划基本信息调查库。鉴于此，笔者提出，可否构建一个基于综合信息数据的规划决策系统，用于判断具体乡村的规划条件是否成熟等问题，拟进一步优化重庆市乡村规划管理工作，并对其他地区的乡村规划管理形成参考。

1.1.1 快速城镇化与乡村人居环境变迁

2016年，中国城镇化率为57.35%，已进入城镇化加速阶段。统计数据显示，我国城镇常住人口为79298万人，比上年末增加2182万人，乡村常住人口58973万人，比上年末减少了1373万人[②]。城镇化的快速推进造成许多地区的城镇化发展质量难以齐头并进。这种不完全城镇

① 2005年，中国共产党第十六届中央委员会第五次全体会议通过了《中共中央关于制定国民经济和社会发展第十一个五年规划的建议》，会议提出建设社会主义新农村的重大历史任务。2007年，党的十七大提出要统筹城乡发展，推进社会主义新农村建设。2009年，中央农村工作会议重点研究加大统筹城乡发展力度、进一步夯实农业农村发展基础的政策措施。2011年，中央农村工作会议阐述了在推进工业化城镇化进程中继续做好“三农”工作需要把握好的若干重大问题。2013年，中央农村工作会议研究了加强农业综合生产能力建设，保障粮食安全以及促进农民增收的政策措施。2014年，中共中央、国务院印发《关于全面深化农村改革加快推进农业现代化的若干意见》，文件指出：“中国经济社会发展正处在转型期，农村改革发展面临的环境更加复杂、困难挑战增多。工业化信息化城镇化快速发展对同步推进农业现代化的要求更为紧迫，保障粮食等重要农产品供给与资源环境承载能力的矛盾日益尖锐，经济社会结构深刻变化对创新农村社会管理提出了亟待破解的课题。”

② 数据来源于《中国统计年鉴2016》。

化的发展现实，造成城乡社会、经济、文化、生态环境面临巨大变迁。其中，广域乡村人居环境的经济差异性、文化特殊性、生态多样性在快速城镇化进程中往往被忽略。

改革开放40年来，中国农村经历了农地改革与税费改革，今天谈论的“三农”问题已不再是传统农业社会、农村地域上的社会民生问题，而是传统的农业社会在现代工业和城市化社会转型当中出现的一系列新问题、新挑战。社会快速变迁，从一个根植于土地的乡土社会快速切换到具有无限可能的城市社会，滋生出一种夹杂在现代与传统之间的“焦虑感”。同时，城乡“二元”结构与“重城轻乡”思想的长期存在，致使乡村规划管理一直处于薄弱环节，大规模新城建设，使得自然山水、乡村田园被蚕食[①]，乡村社会经济结构转型遭遇前所未有的挑战，进而产生了许多不利于城乡人居环境可持续发展的现象和系列问题。

2013年中央城镇化工作会议与中央农村工作会议以后，随着国家新型城镇化战略的稳步推进与改革红利的持续释放，乡村的地位和作用需要被重新认识。乡村应当成为深化改革开放的重要参与者、受益者，已经形成社会普遍共识。在此过程中，公共资源的有限性，决定了乡村规划管理，尤其是乡村规划决策将成为改革红利定向释放的关键导引，如何做出科学决策、均衡决策、精准决策，需要重点研究。

1.1.2 乡村规划决策的片面性与主观性

我国以往的乡村规划决策大多属于自上而下的流程，决策之初往往不会征询村民意见，且自觉或不自觉地套用城市规划管理办法，出现决策依据不全面，决策信息有局限，决策过程偏主观的现象，加之某些地区存在定向行政考核目标，使得不适合投放大量公共资源的乡村也被纳入乡村规划编制行列，公共管理资源浪费严重。再者，由于过去的决策过程难以建立各部门数据、信息对接的统一平台，乡村规划只能由规划管理部门独立决策，致使规划成果常常与国土、环保、林业、农业等部门的管理信息不协调，规划方案难以落地。如重庆市出台了村规划“五不编”的规定，包括：规划建设用地范围内、高山移民地区、生态敏感区域、地灾高发区域、没有集中居住需求和可能的村。虽然以上五点原则均易形成部门管理共识，但仅限于定性。而在实际工作当中，我们依然无法借此进行全面客观的定量或定位分析，使各部门形成科学统一的决策。

1.1.3 乡村规划决策的不可持续性

乡村规划决策是一个系统而持续的管理过程[②]，核心在于“为何规划？如何决策？如何根据动态发展情况及时做出科学决策”。在“为何规划、如何决策”这个问题上，最后必须要明确哪些乡村适合做规划，哪些乡村不适合做规划，其中需要综合诸多因素进行统筹考虑，不能因为

① 吴良镛．让生态文明和文化传承与新型城镇化结伴而行——专家谈让城市居民“望得见山、看得到水、记得住乡愁”．

② 吴良镛．展望中国城市规划体系的构成：从西方近代城市规划的发展与困惑谈起[J]．城市规划，1991（5）：3-13，64．

经济发展的单一需求不加甄别地投放公共服务资源，规划内容不得与生态安全底线、生态文明进程相冲突。而在“如何根据动态发展情况及时做出科学决策”这个问题上，即考验决策系统的可持续性（应变能力）。

我们发现目前主要存在五种情况，制约着乡村规划决策的可持续性：

（1）机制局限——传统乡村治理和乡村规划决策的推动主要依靠政府独立运作，而政府管理的出发点往往只注重广域农村的经济发展诉求，相对忽略生态环境、农村社会的可持续发展。

（2）观念滞后——快速城镇化的惯性思维下，许多决策者尚未真正转换观念，常常忽略新型城镇化进程当中乡村规划决策同乡村社会治理（尤其是乡村人口流动）的内在关联。

（3）模式因循——乡村地区是中华文明的根源，这里的农耕文化、邻里宗亲关系、乡规民俗等，是与现代城市“陌生人”社区完全不同的“熟人社会”。用城市规划思维思考乡村可持续发展模式，常常面临不接地气的困境，导致乡村规划决策有失偏颇。

（4）教育异化——一般情况下，由我国高等教育体系下所培养的专业规划设计人员在未熟谙村情的背景下，仅凭自身专业能力与技术途径，就能够很快拿出符合当地管理层或社会资本诉求、审美标准的乡村规划，借此反向影响乡村规划的科学决策。

（5）数据缺失——改革开放以来，我国许多乡村地区协同快速城市化进程，一直处于经济社会快速发展变化之中。乡村变迁现象的背后，是复杂地理人文数据信息的动态变化。而我国乡村规划决策流程、相关法律法规、规划编制过程，却不太重视对这一庞大数据的动态调查、整理、修正、比对与利用。

1.2 研究的问题

针对现有乡村规划决策中存在片面性、主观性与不可持续性的问题，本文研究的问题是：如何在国家城乡统筹发展战略、乡村振兴发展战略与生态文明建设背景当中，借助于综合信息数据与地理信息技术，建立乡村规划科学决策的方法，并以实际案例说明该技术方法的全面性、客观性、精准性、通用性与可持续性，最终回应如何通过乡村规划决策对公共服务资源进行均等化投放。

1.3 研究的意义

1.3.1 为乡村规划的精准决策提供一种通用路径

本文将乡村规划决策系统运行的目标定位为两点，一是精准，二是通用。“精准”方面，主要依托于综合信息数据的叠加与分析。当前，数据获取手段日益丰富，分析方法和技术日趋多元，规划政策更加突出以人为本和精准决策，乡村规划亟待向定量分析、数据依赖、公众参与、动态管理转变。基于此，笔者结合重庆市南岸区村现状分析与规划指引工作、村规划实施与管理工作的相关实践，从辅助规划编制决策角度，开展人口 DID[①]、空间影响因素、发展条件与需求等多要素全方位的分析，以村规划编制时序研判为主要目标，精准识别出优先编制村规划的村、有条件编制村规划的村、不编制村规划的村三大类。“通用”方面，主要依托于无地域差异性的、层次分明的工作逻辑与成熟技术（GIS），从“安全—保护—发展”的角度建立决策推进路径，且将人口 DID 数据作为重点衡量指标，并使用其他信息对其佐证，最后得出结论。值得注意的是，运用该方法在当下并不存在技术壁垒，体现出成本低、易推广的特点。

1.3.2 为乡村公共服务资源的均等化配置提供科学依据

城乡统筹发展，重点在于城乡公共服务资源均等化配置，核心在“人”。但是在全域乡村内部，由于不同乡村的人口密度、产业结构、区位条件、经济政策、村民意愿等均存在差异，故需要因地制宜，避免出现以“村”为基本单位的公共服务资源“平均化”，应积极引导农村人口向适宜聚居的地区集聚，保护好生态空间与农业生产空间。本文建立的技术方法，即可实现乡村规划的精准决策，借此实现“村”层面的公共服务资源的差异化投放，以此贯彻城乡全域以“人”为基本单位的公共服务资源的“均等化”配置。

1.3.3 为乡村安全要素防护、生态底线守护、自然资源保护把关

威胁村民生命财产的安全隐患与乡村自然生态环境品质等，是影响乡村规划决策的重要因子。反之，当一个村由于存在重大安全隐患，抑或具备大量需要保护的自然要素时，我们便有可能做出不开展村规划的决策。该决策其实体现出规划管理部门以非强制性手段，主动引导聚居规模自然收缩的立场。本文通过对乡村综合信息数据一张图的管理，能够准确划定安全隐患区、基本农田、自然保护区、生态保护红线、风景名胜区、自然水域、林地等，将有利于厘清乡村安全隐患与生态要素的防（守、保）护边界、数量、质量、规模，进而将以人为本的理念与生态文明的价值观准确有效地介入到乡村规划决策过程当中，最终推动安全要素防护、生态底线守护、自然资源保护工作落到实处。

1.3.4 为各部门统一决策与信息共享提供基础平台

综合信息数据最终可在“一张图”上反映出来。“一张图”一般是遥感、土地利用现状、基本农田、遥感监测、土地变更调查以及基础地理等多源信息的集合。本文基于国土资源的计划、审批、供应、补充、开发、执法等行政监管系统，利用 GPS、GIS、RS、移动互联网络等技术，

① DID：人口集中地区 (Densely Inhabited District) 的简称，最先由日本政府提出，是指每平方公里 4000 人以上连片的人口集中地区。本研究引入 DID 概念，意在突破城乡二元结构并实现公共服务均等化，旨在更好地反映人口在空间上的分布情况。

共同构建乡村综合数据“一张图”，促使城乡规划、土地利用规划、环境保护规划等信息的汇总，可实现各部门统一决策、统一编制、统一使用、统一决策、统一调整、统一更新，通过保证“一张图”的准确性和动态更新，能够有效避免多部门管理造成的“规划打架”、互相推诿等现象发生。同时，规划主管部门将各类数据都汇总至“一张图”平台管理，可实现各单位信息共享，建立了规划编制和规划管理信息纽带。规划管理者使用“一张图”作为乡村规划管理依据，并通过“一张图”实时反馈审批信息至规划编制人员，提高了规划编制工作的效率和质量，最终形成“编制—实施—管理”的良好信息循环，提高政府行政效率。

1.4 研究的范围

2010 年以来，重庆市规划主管部门为落实重庆市政府关于城乡规划全覆盖的工作要求，主动服务各区县规划全覆盖工作，开展了市域综合信息数据库建设工作，现已基本完成（建成包括镇街基本概况、人口信息、经济信息、总体规划编制信息和所辖行政村的基本概况、人口信息、经济信息、土地利用、市政基础设施、公共服务设施、特色资源和保护区域、村规划编制情况等 14 个大类，80 个中类，274 个小类基础信息），并实现数据的动态更新。本次研究依托重庆市综合信息数据库，进行乡村规划决策技术方法的研究，并以重庆市南岸区为实践案例，说明该技术方法的有效性与可推广性（图 1–1 ～图 1–4）。

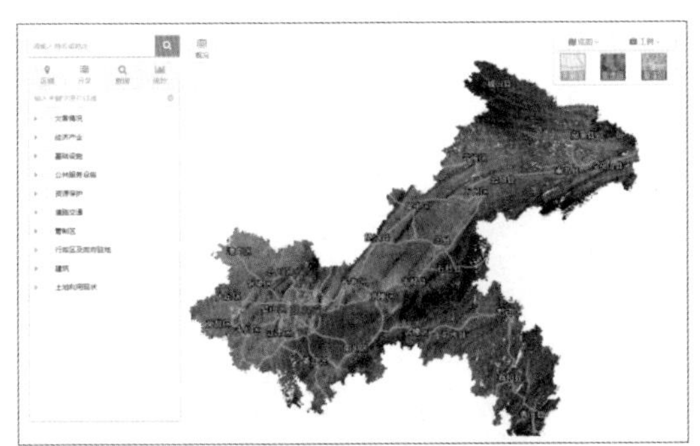

图 1–1　重庆市域综合信息数据全图

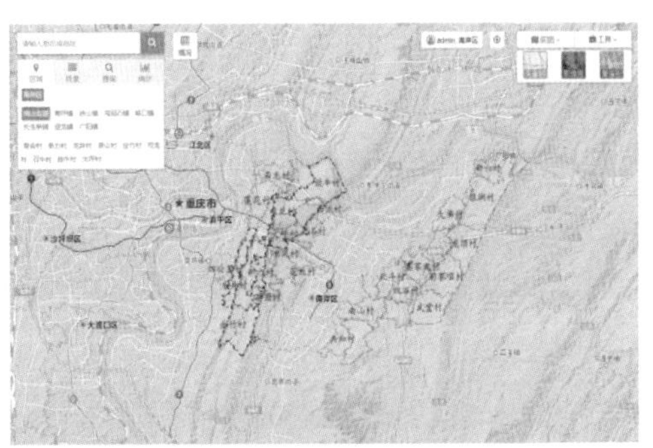

图 1–2　南岸区综合信息数据全图

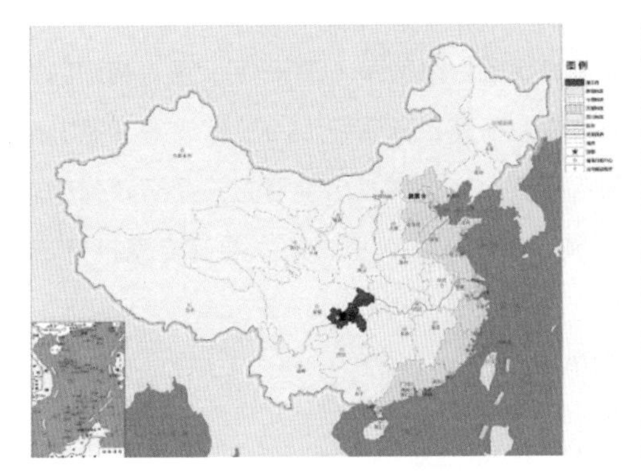

图 1–3　重庆市在全国的区位图

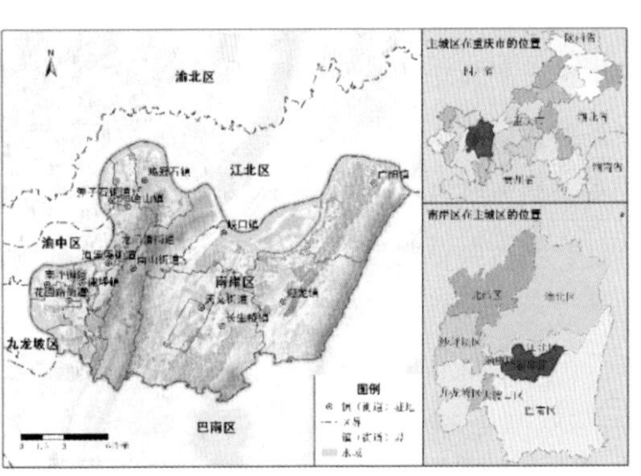

图 1–4　南岸区在重庆市的区位图

1.5 国内外相关研究

围绕乡村规划决策相关的研究，国内外学者从不同专业、不同层面、不同方法，对与乡村规划中城乡统筹、乡村规划建设、乡村规划管理、大数据和地理信息技术应用等方面进行了全方位研究：

（1）关于城乡统筹方面的研究

城乡统筹这一概念是在中国出现的，而国外的相关研究主要集中在探讨城市与乡村的相互关系问题上，其中关注的焦点又主要集中于：发展从哪里产生（城市或者乡村），发展如何在城乡间传播以达到均衡，发展中城乡的相互作用等方面。在科学概念的表述上，多以 interaction（相互作用）、linkages、relations（联系）与 urban-rural 联用。与“城乡统筹”这一词义最相近的就是 urban-rural composition（城乡融合），与创新、协调、绿色、开放、共享五大发展理念相融合。20 世纪 80 年代以后，这个词汇被西方学者在工业地理学的研究中使用，其具体的内涵为，20 世纪后期，西方国家的制造工业从原先的大城市中心逐渐向周边规模较小的地区或者工业化发展还未进行的区域转移，因此而形成了一种由城市和农村相互交叉、相互结合的新的区域类型。柳思维、晏国祥、唐红涛（2007 年）将西方学术界对城乡发展理论的研究轨迹归纳总结为“三观”之变：1950 年代前期，学术界的主流思想为朴素的城乡整体观；随后，城乡分割的发展观逐渐盛行；直至 1980 年代以后，学者们才越来越注重城乡之间的联系，城乡融合的发展观成为主流思想。

西方学者对城乡统筹思想最早的思考可以追溯到空想社会主义思想家，如圣西门的城乡社会平等观[①]，欧文的“理性的社会制度”与“共产主义新村”[②]。之后，霍华德提出了“田园城市思想”[③]；美国城市学家芒福德[④]认为，人类应该更加注重保护维系人居系统正常运行的自然环境，由此提出城乡应该关联发展的思想；由学者赖特提出的“区域统一体”（Regional Entities）和“广亩城”等思想理论，也明确指出城乡之间的发展模式应该采取统一、协调、整体的科学方式。还包括恩格斯最早提出“城乡融合”概念，列宁和斯大林也都阐述了在社会主义条件下最为理想的城乡关系，即城市与乡村的生活条件应该是均等化的，而不是彻底消灭城乡之间的差别。

国内学者对城乡统筹发展的评价进行了大量研究，如孙林（2004 年）等学者在研究南京的城乡统筹发展时，将评级指标分为城乡区位关系、城乡产业关系、城乡居民关系三大指标。每个指标内部又划分了若干个具体指标，并赋予了不同的权重。田美荣（2009 年）等人构建的城乡统筹评价体系由城乡协调度和城乡特色度两部分组成。李勤、张元红（2009 年）等学者总结了衡量城乡统筹的方法，包括城乡比值、实际值和目标值比较，并指出现有方法都有较强的主观性，不具备普遍适用性。目前应用于城乡统筹发展评价体系的权重方法主要有专家打分法、

---

① 圣西门. 圣西门选集（1-3 卷）[M]. 北京：商务印书馆，1979.

② 欧文. 欧文选集（第 1 卷）[M]. 北京：商务印书馆，1979.

③ 矣比尼泽·霍华德. 明日的田园城市 [M]. 金经元译. 北京：商务印书馆. 2000.

④ 刘易斯·芒福德. 城市发展史：起源，演变与前景 [M]. 倪文彦等译. 北京：建筑工业出版社，1989.

层次分析法、主成分分析法、因子分析法等。

（2）关于乡村规划建设方面的研究

国外的规划都是整合的，不像我国存在三个独立的规划体系，如“英国的规划体系是由国家级、区域性、郡级规划以及区级规划组成，郡级规划又被称为结构规划，是一般性规划，区级规划对土地利用有很详细的规定，郡级规划和区级规划共同成为土地开发规划，在英国规划体系中，没有平行级的规划；德国规划体系是由国家级规划纲要、州市发展规划和计划、地区发展规划和市镇村规划和村庄更新组成，也没有平行级的规划，规划间主要是上下级的关系”。

德国村落更新规划的主要内容分为四个方面：现状调查与评价（边界条件、风景与聚落、聚落结构与交通、聚落的空间与实体、建筑类型、功能分区等）、问题定义、制定村落发展的样板规划和具体的更新规划措施。

韩国政府开展了调整经济结构的全民运动——新乡村运动，目的是为了促进农业发展，缩小城乡差距，提高村民生活质量[①]。韩国的新乡村运动是由韩国政府主导，主要是通过实际项目激发广大农民改变旧貌的热情，让农民在新乡村运动中受惠，从中探索出一条扶贫、致富的农村建设道路。韩国的新乡村运动因制定了阶段性目标而产生超预期的效果，其成就和经验得到联合国有关组织的关注和肯定，给我国乡村规划建设以很好的经验借鉴。

日本新农村建设的出发点与韩国相似，也是从振兴国家农业进行新农村建设的。由于战争导致很多问题，为了振兴农业，缩小城乡差距，日本先后进行了三次新农村建设。经过半个世纪的发展，日本的新农村建设已经从最初消灭城乡差距的目标转变为追求农村生活魅力和可持续发展的阶段。其新农村建设主要体现在保持农村特色的村庄和居住建筑、完善的市政基础设施、多种产业并存的农村产业基础、严格的环境保护政策上。

由此可见，国外发达国家的规划体系基本上都是完整统一的，空间发展、土地资源利用以及经济发展都被纳入统一的体系中，规划体系中没有平行级的规划关系，规划体系完整、演进、不繁琐。另外，在国外各大城市中，规划整合成为一种趋势，如芝加哥 2030 年大都市规划和发展的战略选择、波特兰 2040 年都市规划等都是整合规划的成功案例。因此，规划体系的整合和梳理是规划体系逐步完善的必经之路，是大势所趋。通过对国外乡村规划的研究，可以得出对我国乡村规划体系改革的一些启示，首先，我国目前的国民经济和社会发展规划在新中国成立初期很长一段时间内确实对我国的各项建设发挥了重大作用。然而，随着社会和经济的发展，它逐渐显露出自身的不足，特别是在基层，比如县国民经济与社会发展规划只是落实上级规划的要求，对基层地区的社会经济建设发挥的作用甚小，因此，在乡村建设如火如荼的今天，对于基层层面国民经济与社会发展规划的改革迫在眉睫，改革的方向是加强县国民经济与社会发展规划的空间性和可操作性；其次，对于乡村资源、环境以及耕地的保护应列在乡村建设的首要位置，应该加强基层土地利用总体规划对乡村建设的指导和控制作用，完善基层土地利用总体规划的内容，将乡村规划的范围与土地利用总体规划的范围相协调，扩展到行政区域的全部

① 孙成钢. 韩国新村运动的启示. 嘹望新闻周刊，2005，（43）.

范围，突破乡村规划只规划建设用地的局限；再次，在规划手法上面，综合借鉴国内外成功和失败的经验教训，在行政管理层面，加强地方对乡村建设的调控能力；最后，要加强法律方面的保障，规范乡村规划机构的设置和运行等。

（3）关于乡村规划管理方面的研究

在法国，乡村开发和城市开发一样，被视为国土开发的重要组成部分，并被纳入统一的国土开发政策和空间规划体系，基于灵活有效的协调机制，由各级地方和各个部门共同参与落实。这种建立在城乡统筹思想基础上的乡村开发建设政策框架、实施机制和规划管理，对于当前我国的城乡统筹发展和社会主义新农村建设的实践具有积极的借鉴意义。

汤海孺、柳上晓（2013年）提出从编制与审批管理、实施管理以及监督检查管理三个层面着手，剖析当前乡村规划管理中存在的问题，倡导“上下结合”的工作思路，提出合理分层、分级控制、过程参与的编制和管理创新，因地制宜地确定管理范围，统一许可要件、优化管理程序，为改进乡村规划管理工作提供了一些思路和探索。

我国村庄规划管理应梳理村庄规划的法规依据，明晰村庄规划管理的发展脉络，从规划编制管理和规划实施管理等方面，探索出一条符合村庄实际并具有可操作性的管理路径，以有效实施村庄规划管理。乡村规划管理需要协调规划、审批、参与等多方主体的行为，并纳入政府治理手段创新和治理水平提升的范畴，确保农村建设安全有序。

（4）关于乡村规划中大数据、地理信息技术应用方面的研究

随着计算机与互联网技术的不断发展，继数位革命之后在当今的信息爆炸时代，数据革命开始登上历史舞台。大数据正在掀起我们的生活、工作和思考方式的全面革新，而大数据的核心重点在于预测。基于此，在城市规划领域，研究人员已经开始探索大数据在城市规划中的应用并取得了相关进展。在乡村规划领域，由于乡村本身的复杂性及乡村规划工作需求的多样性，数据广度和可获得难度增加。然而，乡村规划在基础数据调研和多用户需求等多方面都具有大数据特征。

梳理现有研究成果，普遍认为农村信息化过程中信息起着极其重要的作用，尤其是信息资源的集中管理与信息服务能力的提升，是学者们普遍关注的焦点。美、德、日等发达国家农村信息化的发展起步较早，在农业农村信息基础设施、基础数据库、平台、服务体系等建设方面取得了许多重要的研究成果，处于世界领先地位。

美国农业信息化的研究开展得比较早，从20世纪60年代就开始收集、加工处理农村数据资源。最初只是采用广播、电话和电视等通信形式传播农业信息，如今发展到依靠计算机和互联网技术进行农村数据资源的采集、共享和整合，在此过程中积累了大量的农村基础信息资源，为美国开展农村信息技术的研究和应用奠定了扎实的基础，其中由美国银盘公司开发的光盘数据库CABI，AGRICOLA，AGRIS在当今世界具有重要的影响力，它们以文献收录数量大、文献内容丰富、覆盖范围广著称。

德国注重农村基础数据处理和数据库的开发方面，至今为止，已经建立了包括病虫害防治、农药残留、作物保护及文献资源的各种数据库系统，德国的13个联邦州也可通过德国联邦农业

科技文献中心（ZADI）的网络系统免费得到该中心的库存文献信息资料[1]，这样的共享和开放的农村网络系统为德国农村信息技术的应用，打下了坚实的信息网络基础。

日本注重于数据的收集与交换方面的研究，其著名的农村信息系统是在20世纪90年代建立的DRESS系统，此平台上的大型计算机可收集、处理、储存和传递来自全国各地的农村信息，农民可以通过每个县都设有的DRESS分中心迅速得到各种信息，并可随时交换各类信息；在农村信息化建设取得的成就也体现在农产品电子商务方面，日本建立了农产品网络交易平台、农产品网上商店和农产品电子交易所等。同时日本应用农业地理信息系统，开发了水资源管理信息系统、高分辨率卫星遥感系统、农村水土改良GIS支持系统、农业气象信息系统、农业科研信息支持系统等，这些系统的应用极大地改变了日本农业的传统生产方式，促进了农业现代化和信息化的发展。

重庆市镇街乡规划建设基本信息数据库建设包括3个方面：建成重庆市镇街乡规划建设基本信息数据库，为镇街乡规划建设和管理提供基础信息支撑；建立镇街乡规划信息常态更新机制；建立镇街乡规划信息应用机制，实现共建共享。基本信息数据库系统采用分层设计，以组件和服务的方式设计和开发功能和业务应用，以达到各功能之间的耦合度最小。该系统共分成4个逻辑层次：数据层、基础平台层、应用层、业务层。

张昕欣、李京生等学者总结了乡村规划因其涉及利益群体的多样性与涉及资料的复杂性，使其具有大数据的海量异构数据特征，即体量（Volume）与多样性（Variety）特征；同时，由于乡村规划工作内容、特点与目的要求，使其具有大数据的速度（Velocity）和价值（Value）特征。具体而言，乡村规划具有的大数据特征主要表现在三个方面：乡村规划涉及的数据属性特征多样、乡村规划的工作需求复杂与村民关系密切、乡村规划的数据来源多样、内容形式与获取方式各异。

将大数据思维引入乡村规划是时代的推动，同时也是乡村规划本身的工作属性需求。大数据思维的数据价值挖掘与分析，为乡村规划提供了更加迅捷有效的判断。目前国内外对乡村规划中大数据应用的研究比较缺乏，数据价值的挖掘离不开人工识别的价值取向与应用方向引导。所以，无论是数据挖掘还是以预测为主要目的机器学习，人工识别的介入是使数据发挥效用的关键所在，这就需要规划工作与研究人员在数据识别与价值挖掘时进行专业的判断与考量。

国内外的学者对数据库建设方面的研究已初具成效，从研究理论到实际应用都取得了不少成就，主要体现在：

1）研究内容不断丰富，涉及的学科知识也越来越多，研究者的队伍日益壮大；

2）研究领域不断拓宽，从最初的土地信息系统数据库的建设到城市地籍数据库的建立、农业资源评价系统，以及电力、公交和各种基础设施系统的建立；

3）研究尺度不断扩大，由最初的国家尺度扩展省级、市级、县级、乡级尺度；

4）技术方法不断更新，GIS、RS、计算机网络与软件开发技术等都被引入数据库的建设

① 中国互联网信息网络中心．全球互联网统计信息跟踪报告[R]，2005（7）．

之中。

但同时还存在着一些不足，主要体现在以下几个方面：

1）基础数据库建设覆盖范围窄

在基础数据库建设方面主要面向的是城市范围，而针对乡村的数据库多是文献文档类数据库或土地利用规划数据库，缺少对乡村基础信息数据库建设方面的研究和实践。

2）乡村数据获取技术手段单一

在乡村基础信息获取的手段上往往采用纸质调查表格的方式，这种方式工作量大且周期长，影响了数据的时效性，数据源不易于保存。

3）数据库管理系统架构不合理，功能局限于关系数据库

早期的各类GIS相关数据库管理系统大都依赖特定的基础平台（如ArcGIS等），在功能的拓展上受到限制，对数据的管理主要依靠关系数据库，无法满足用户的特定需求。

必须承认，以上丰硕的研究成果在为本文提供有力基础资料与重要启发的同时，并未涉及如何系统地利用大数据平台实现乡村规划科学决策的探讨。而就规划决策本身的研究，目前可以参考的文献却较少，且绝大部分是将城市规划管理作为研究对象，缺乏对乡村规划管理的关注，如：陈蔚镇（2012年）借鉴景观生态学分析方法，建立了一套与城市规划决策相对应的绿地空间扩展分析指标体系；王郁（2010年）探讨了规划决策中听证制度的创新方向与内容；陈晓键（2013年）对城市基础设施和公共服务设施供给及使用中产生的种种错位予以分析，对公众诉求与城市规划决策的内在逻辑进行了探讨；左为（2015年）以城中村改造的规划决策作为研究对象，提出以经济平衡为核心驱动力的实践操作模式；麦贤敏（2009年）对当代欧美城市规划决策中“未来导向”理念进行了阐述与总结；施源（2000年）以深圳为例，就改进规划委员会的决策方式、健全规划救济机制等方面提出现有制度框架下规划决策体制的渐进变革建议等。

这预示着，我们不仅要对当前我国乡村发展战略、发展政策、规划内容、行政程序、地理信息技术等有充分的了解，还应完善城乡空间规划体系，并通过有效的技术手段整合信息，使之形成一个综合管理平台（兼具法律效力与技术属性）。只有这样方可实现乡村规划管理，尤其是乡村规划决策的严肃性与科学性。

1.6 国内外空间规划体系经验与重庆探索

1.6.1 国内外空间规划体系经验

（1）美国空间规划体系

美国空间规划涉及领域主要有经济、环境、土地、住房、总体、分区规划等。美国政府的行政设置包括国家（联邦）、区域（州）和地方，规划行政体系包括联邦政府、州政府和地方政府（县政府、市镇村）。在国家、区域、地方层面的规划在行政体系、部门机构、法律法规体系和运行体系上都存在着区别（表1-1）。

美国空间规划体系 **表 1-1**

<table>
<tr><th></th><th>行政体系</th><th>机构</th><th>法律法规</th><th colspan="4">运行体系</th></tr>
<tr><td>国家</td><td>联邦政府</td><td>住房与城市发展部（HUD）</td><td>《州分区规划授权法按标准》《城市规划授权法按标准》《土地开发规范》+ 其他领域相关法律法案</td><td colspan="4">—</td></tr>
<tr><td>区域</td><td>州政府</td><td>州规划厅 | 州规划部 | 州规划委员会 | 内阁协调委员会（各州根据需求设置）</td><td>各州法律从内容到名称上迥异，多为规划，获批后成为法律</td><td colspan="2">州总体规划</td><td colspan="2">州专项规划（用地、能源、环境、区域合作、都市区规划等）</td></tr>
<tr><td>地方</td><td>县政府、市镇村</td><td>规划部 | 直属于规划委员会行政机构 | 审批和编制相分离的行政机构 | 规划部变体</td><td>规划编制实施后成为法规</td><td>区域规划</td><td>城市总体规划</td><td>分区规划</td><td>土地利用规划、城市设计等</td></tr>
</table>

为了满足经济发展的需求，空间规划体系不断变更，规划体制和政策改革与创新的目的是为了不断激发生产力。各州保持自治权并在规划制定过程中，严格遵循“自下而上”的编制原则，注重民主化决策过程，每个规划都有详细的公众参与计划，并严格执行。美国空间规划特点包括：立法、司法、行政三权分立，相互独立制约，确保了空间规划体系中的各个方面的平衡；空间规划涉及利益方众多，规划参与角色多元化，权力多元化，规划是多元利益博弈的结果；地方层面的规划机构根据地方特色、经济社会发展阶段、需求设置，机构设置灵活多变化。

（2）德国空间规划体系

德国空间规划是一种政府管控工具，其关注的重点在于整个德国区域和社会发展是否均衡，各项发展对环境的影响，发展是否可持续。确定了其规划工作的三大原则①：可持续发展原则、区域性原则和公平原则。德国的空间规划是指各种范围的土地及其上部空间的使用规划和秩序的总和。在跨国、国家、区域、地区和地方层面的规划在行政体系、部门机构、法律法规体系和运行体系上都存在着区别（表 1-2）。

德国空间规划体系 **表 1-2**

	行政体系	机构	法律法规	运行体系
跨国	欧盟理事会	欧盟委员会	—	欧洲空间规划——《欧洲空间发展展望 1999》
国家	联邦政府	交通与数字化设施部	《联邦空间秩序规划法》+ 相关领域专项法	联邦空间秩序规划
区域	州政府	州规划局	《州国土空间规划法》	州域空间规划
地区（跨地方）	—	—	《州国土空间规划法》	地区规划
地方	市、县政府	规划机构	《联邦建设法典》、《州建设条例》、《建设利用条例》	地方规划（预备性土地使用规划（F-plan）和建设规划（B-plan））

① 1996 年德国的建设部（全称为空间秩序规划、建设与城市规划部，BundSe-Ministerium fuer Raumordnung, Bauwesenund Staedtebau）确定了德国空间规划体系工作的三项原则。

在德国，联邦政府不是规划的制定主体，而是规划框架的构建者，政府各级部门的上下协商是空间规划体系网络化的重要保证。德国各州在州层面的规划中拥有管辖权，允许下一级的规划意见目标导入上一级的规划中，同时州的政策和规划目标可以为联邦制定导引和愿景提供参考。

德国空间规划特点包括：空间体系层次设计分明，传导机制明显；规划间建立了对流原则，下层次规划遵守上层次规划目标和原则，同时上层次规划需包含下层次规划，既避免冲突又保障规划的完整性；各个层面上的责任与目标明确，每个层次的规划依托各自任务设置，不过分重叠、重复，体现协作与环环相扣。

（3）新加坡空间规划体系

在新加坡，由于可用国土面积小，他们提出了“三分规划、七分管理”的空间规划理念，各部门间职责分明，规划管理权职清晰，实现了对国家土地资源的严格控制。新加坡空间规划编制体系包括三个层级。

第一层级——概念规划：指导新加坡未来 40~50 年的城市发展和长期土地使用策略的战略性规划；大约每 10 年评估修订一次 。

第二层级——总体规划：确定详细空间布局和规划指标的实施性规划，指导10~15年的发展，是法定规划；约每 5 年修订一次。

第三层级——开发管制：单个项目或地块的开发设计指引，约束具体项目建设。宏观管制的内容包括土地用途、容积率、建筑高度控制、都市设计指南等；微观管制的内容包括建筑推举、用地面积、建筑占地覆盖率、建筑高度等。

（4）我国空间规划体系

在我国，空间规划作为政府行为，其本质是政府通过公共资源的管理、市场的纠正、社会公共资源的调控，实现空间的科学安排。我国空间规划通过公共部门设定空间发展框架和原则①，但由于目的、问题、需求不同，它将区域划分形成不同的、相互交叉的复合型层次机构。空间规划以社会发展、文化创新、环境友好为总体目标，通过综合全面的规划设计，提供和谐美好和可持续的发展空间。目前，法律并没有明确对空间规划体系作出规定，学者们的共识是我国的空间规划体系以国民经济和社会发展规划、国土规划和城乡规划为主，涉及生态规划、基础设施规划和与以上规划相关的法律、行政体系（涉及发改委、城建、国土和环境等多部门）等。不同规划从不同层次、不同视角对空间实行调控，共同构建了科学有序的城乡空间。我国空间规划体系的主要类型与特点包括：各类规划不断延伸触角，完善体系，空间上由点到面管控利用，内容上由空间管控到政策引导。

总结，通过国内外空间规划对比，笔者认为我国当前空间规划体系存在以下几点问题：

1）规划类型多，体系庞杂；

2）管理主体多，权责不一；

3）法规政策多，标准不一。

① 吴良镛，武廷海. 从战略规划到行动计划——中国城市规划体制初论 [J]. 城市规划，2003（12）：13-17.

1.6.2 重庆市关于“空间规划体系构建研究”探索

基于我国当前空间规划体系存在的问题与矛盾，重庆市在探索空间规划体系中取得了一定的研究成果。重庆市在空间规划体系中坚持整体观、全局观、系统观，协调好整体与局部、当前和长远、刚性与弹性这三者间的关系，通过体系的顶层设计与实施，实现全域空间资源的规划全覆盖，进而推动规划管理的全覆盖。构建统一协调的空间规划体系，切实打破城乡二元规划格局，坚持城市与农村、建设用地与非建设用地“全域”规划。具体内容包括以下四部分：

（1）一个规划：构建“五级三类两层面”的空间规划编制体系

重庆市空间规划编制体系强调总体系统布局与差异化发展互补，各层次规划的编制应遵循问题导向，强化资源管控，突出差异化发展。从重庆市域、主城区、区县、镇乡、村五级控制，编制法定规划和专项规划，其中在法定规划中又分为总体层面和详细层面（图 1-5）。

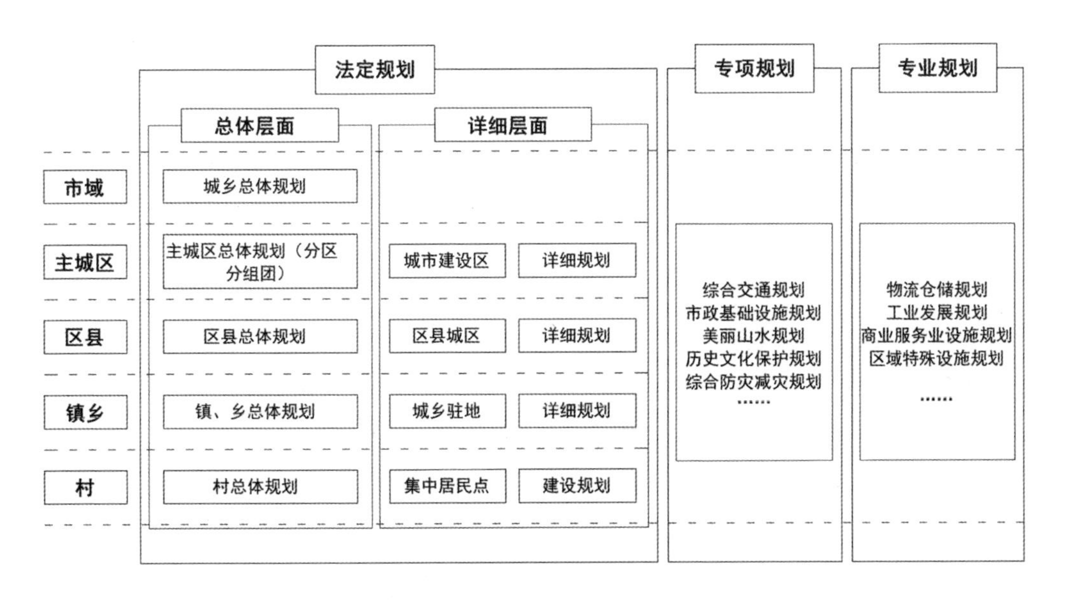

图 1-5　重庆市空间规划编制体系

（2）一个机构：建立“横向到边、纵向到底”的管理体系

近期，强化规划委员会的统筹协调功能，构建部门联动合作共商的协调机制；远期，建立空间规划委员会，促进规划管理机构向基层政府延伸。

（3）一套法规：完善全流程管控的“编、审、督”法规体系

全流程管控包括，制定重庆市空间规划条例、推动总规、控规、镇村规划“编、审、督”改革和制定各类空间规划的审查报批流程规范。其中，重庆市村规划编织内容包括，村规划指引、村域空间功能布局、村土地利用规划和村建设规划四大类等（图 1-6）。

（4）一个平台：搭建信息畅通、资源共享的空间规划支撑体系

建设基础资源共享的综合市情数据库；建设各类规划集成的空间规划数据库；建设面向规划实施的监测运行数据库；建设全市一张图的空间规划管理信息系统。

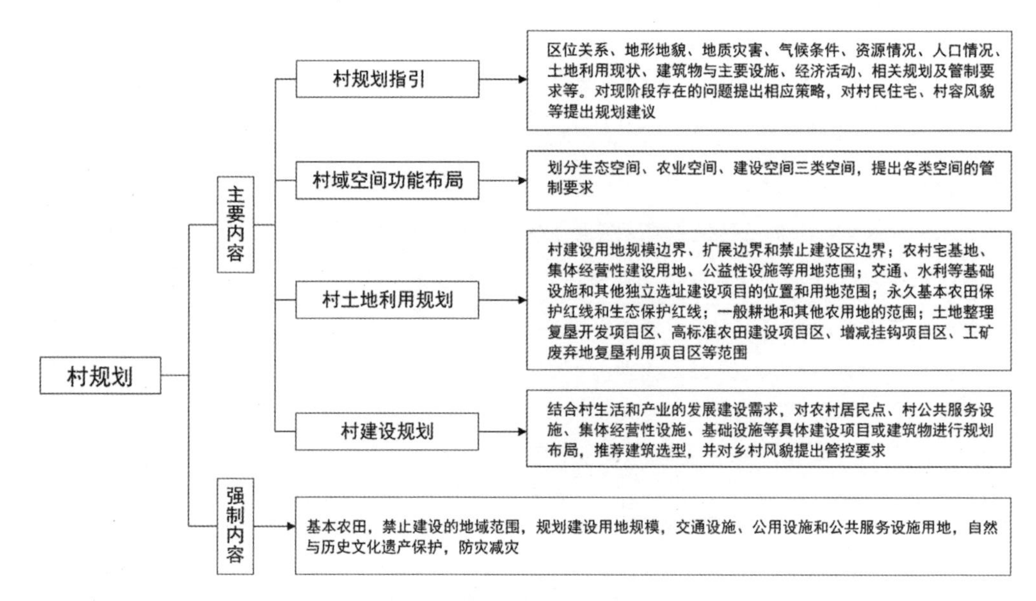

图 1-6　重庆市村规划编制内容

1.7　技术路径与研究框架

在法律程序方面，重庆市空间规划体系的初步建立，为市域乡村规划决策提供了基本制度保障，尤其是“村域现状分析及规划指引报告”的编制，不仅可以作为一项大范围的“村情摸底”工作，同时也可为今后乡村规划决策与信息化管理提供法律依据，意义重大。在信息数据方面，由于综合信息数据品类繁多，为了实现决策在实际行政管理过程当中的高效性，应首先基于已有的综合信息数据，抽取建立乡村人居环境规划管理导向的专项数据库，作为分析对象。在决策层面上，笔者根据安全要素防护、生态底线守护、自然资源保护、实现乡村公共资源均等化配置等原则，提出了“三重架构”的决策模型（图 1-7），拟对抽取后的区级专项数据库进行梳理分析。

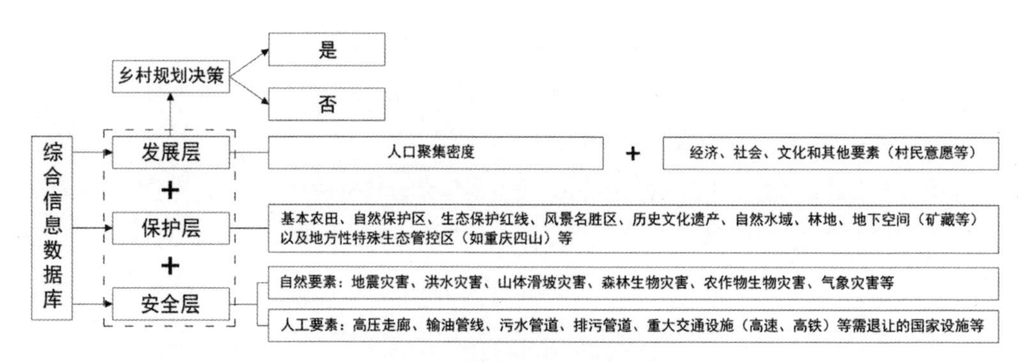

图 1-7　“三重架构”的决策方法

第一重：安全层（被动性管控要素）

以安全要素（被动性管控要素）为第一标准层，作为乡村规划决策的基础底层架构。安全层要素分为自然要素和人工要素。自然要素以可能对乡村产生的主要灾害类型及分布情况的数据分布为主要参考标准，防御主要自然灾害与人为不可抗因素的原则性为准绳，包括：地震灾害、洪水灾害、森林生物灾害、农作物生物灾害、气象灾害等。人工要素以人们在生活生产过程中认识环境、评价环境、改造环境所产生的要素为标准，包括：高压走廊、输油管线、污水管道、排污管道、重大交通设施（高速、高铁）等需退让的市政基础设施等。

第二重：保护层（主动性管控要素）

以保护要素（主动性管控要素）为第二标准层，作为乡村规划决策的中层架构。保护要素包括：基本农田、自然保护区、生态保护红线、风景名胜区、历史文化遗产、自然水域、林地、地下空间（矿藏等）以及地方性特殊生态管控区（如重庆四山）等。以上要素为传统乡村景观构成基本要素是乡村景观的历史文化遗产，也是乡村可持续发展的人居环境构成要素。

第三重：发展层（主动性判断要素）

以发展要素（主动性判断要素）为第三标准层，发展要素中以乡村土地人口聚集密度为主，以经济、社会、文化和其他要素（村民意愿等）为辅。土地人口聚集密度①，即每公顷土地上人口的聚集程度，来作为主要衡量乡村规划落地与否的重要依据，达到了最小的门槛密度后，数值越大，证明现状人口聚集程度越高，投入投放公共服务资源的必要性就越大。

目前，重庆市规划主管部门已经掌握的数据信息还未能对乡村规划科学决策形成全方位、直接的支持。从市级数据库建设到区级数据库建设，从全类型数据库建设到乡村规划决策导向的专项数据库建设，从“三重架构”决策模型的构想到成熟决策系统的开发，从理论研究到实践应用，仍然需要进行详细的研究工作。故笔者将论文主干内容为五个部分展开，包括：重庆城乡规划管理的信息化建设、乡村人居环境规划管理导向的信息化建设、乡村规划决策系统开发、乡村规划决策系统的实际运行、乡村规划决策系统的适用性验证。以此作为论文的研究框架（图1-8）。

① 土地人口聚集密度这个概念的定义思考来自日本对于人口集中地带后的规划综合信息数据管理，因为日本在城市发展过程中的“市”、“町”、“村”合并后，“市”的大量包含乡村，导致人口无法反映市区人口集中程度。为统计、城市规划等的需要，日本采用了人口集中地带（DID）这个概念，是人口5000以上，人口密度4000以上的基本单位区（类似我国小区和居民点）所构成的互相连接的区域。

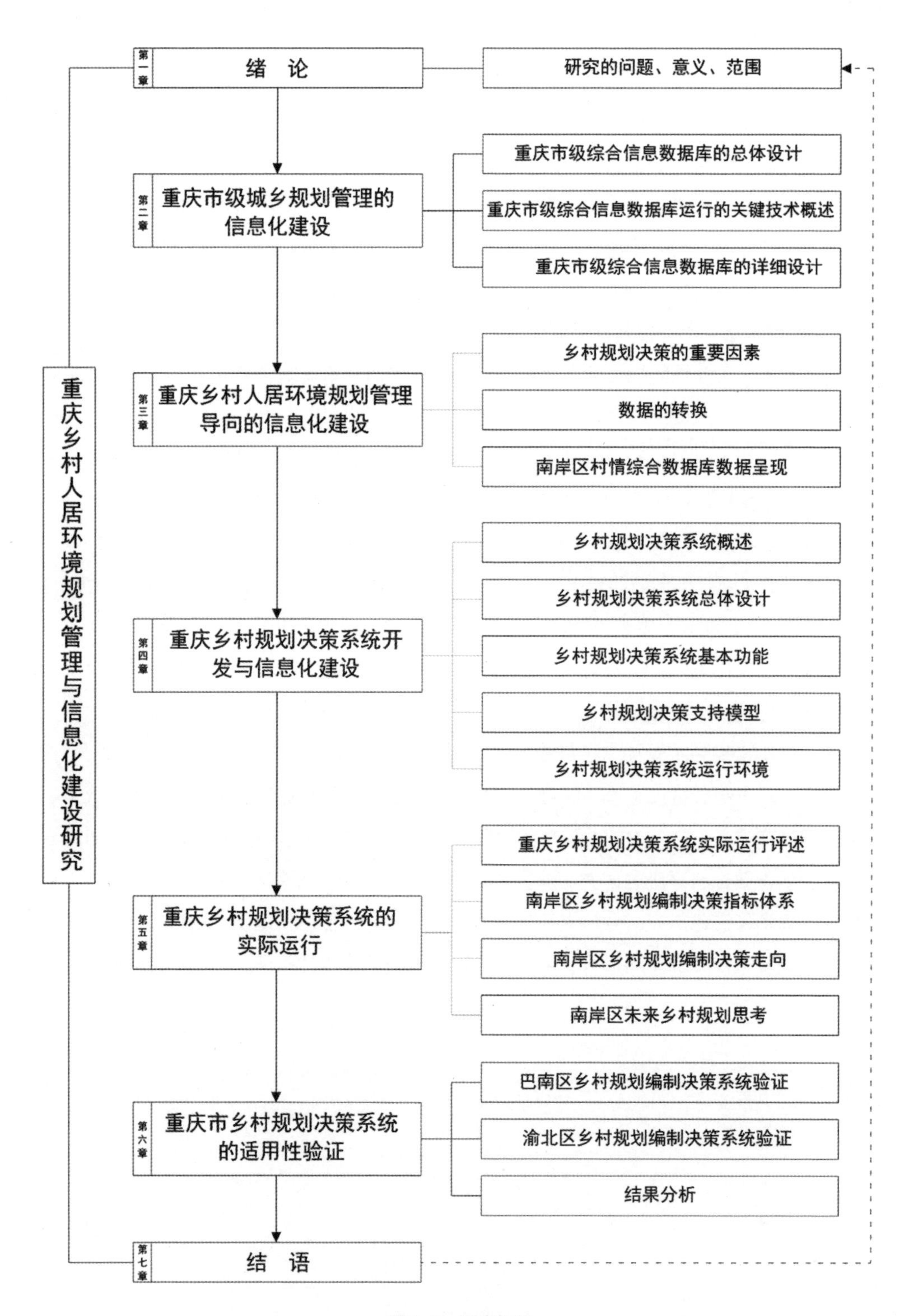

重庆乡村人居环境规划管理与信息化建设研究
第一章
绪 论
研究的问题、意义、范围
第二章
重庆市级城乡规划管理的信息化建设
重庆市级综合信息数据库的总体设计
重庆市级综合信息数据库运行的关键技术概述
重庆市级综合信息数据库的详细设计
第三章
重庆乡村人居环境规划管理导向的信息化建设
乡村规划决策的重要因素
数据的转换
南岸区村情综合数据库数据呈现
第四章
重庆乡村规划决策系统开发与信息化建设
乡村规划决策系统概述
乡村规划决策系统总体设计
乡村规划决策系统基本功能
乡村规划决策支持模型
乡村规划决策系统运行环境
第五章
重庆乡村规划决策系统的实际运行
重庆乡村规划决策系统实际运行评述
南岸区乡村规划编制决策指标体系
南岸区乡村规划编制决策走向
南岸区未来乡村规划思考
第六章
重庆市乡村规划决策系统的适用性验证
巴南区乡村规划编制决策系统验证
渝北区乡村规划编制决策系统验证
结果分析
第七章
结 语

图 1-8 研究框架

第 2 章　重庆市级城乡规划管理的信息化建设

TWO

2.1　重庆市级综合信息数据库的总体设计

2.1.1　重庆市级综合信息数据库建设的背景与意义

党的十八大提出“坚持走中国特色新型工业化、信息化、城镇化、农业现代化发展道路”，2013 年国务院发布了《关于促进信息消费扩大内需的若干意见》的文件，从国家层面将信息化建设提到重要的高度，信息化建设和应用的重要性日益突出。从市级层面，重庆市委四届三次全会明确要求大力推进政府管理制度创新和信息化建设，通过信息化、行政体制改革和政府职能转变，提高政府科学管理水平。信息化是我国社会主义现代化建设的战略任务，是加快形成新的经济发展方式、促进我国经济持续健康发展的重要动力，是提升政府公共服务能力的重要抓手。在此背景下，市委、市政府提出了全面提升全市规划编制和规划管理“两个全覆盖”的信息化水平和信息支撑保障能力，《重庆市城乡规划信息化建设“十三五”规划》和《重庆市测绘地理信息发展“十三五”规划》要求加快推进市级综合数据库建设。为保障市级综合数据库建设工作的顺利开展，按照全市统一的架构体系和数据标准，探索建立深度整合全市各行业部门及各行政层级的基础地理、地表数据、经济社会、城市运行、各类规划、规划管理等信息的市级综合信息数据库，并为规划管理、规划编制以及规划决策提供科学依据，为全市规划全覆盖工作提供数据支撑、管理和应用的信息化平台，为政府宏观决策提供信息支持，为推动全市信息化建设和提升信息化管理水平助力。

2.1.2　重庆市级综合信息数据库建设的技术整合

市级综合信息数据库的建设采用以下已有的指导性文件、政策法规、国家标准、地方标准、行业标准以及计算机软件设计技术规范。

（1）技术标准与规范

《基础地理信息数据库基本规定》（GB/T 30319-2013）

《城市规划数据标准》（CJJ/T 199-2013）

《专题地图信息分类与代码》（GB/T 18317-2009）

《城市基础地理信息系统技术规范》（CJJ100-2004）

《导航电子地图安全处理技术基本要求》(GB 20263-2006)

软件工程　软件产品质量要求与评价 (SQuaRE) SQuaRE

《数字测绘成果质量检查与验收》(GB/T18316-2008)

《计算机软件需求规格说明规范》(GB9385-2008)

《计算机信息系统保密管理暂行规定》(国保发 [1998]1 号)

《计算机软件文档编制规范》(GB/T8567-2006)

《计算机信息系统　安全保护等级划分准则》(GB/T17859-1999)

《信息技术　开放系统互连　高层安全模型》(GB/T 17965-2000)

《信息技术　开放系统互连　基本参考模型》(GB/T 9387-2008)

《信息技术　开放系统互连　应用层结构》(GB/T 17176-1997)

《信息技术　开放系统互连　开放系统安全框架》(GB/T 18794-2003)

《信息技术　开放系统互连　通用高层安全》(GB/T 18237-2003)

《重庆市基础地理信息电子数据标准》(DB50/T 286-2008)

《重庆市地理空间信息内容及要素代码标准》(DB50/T 351-2010)

(2) 基于 Solr 的全文空间搜索引擎技术

对于海量矢量空间数据，一直以来存在全文信息检索困难的问题，矢量空间数据一般由数据库—图层—要素—属性—属性值的层次组成 (图 2-1)，由于图层一般是物理上隔离的表空间数据，用传统空间数据库方式难以实现海量数据的快速全文检索 (图 2-2)。因此，需要引入新型的支持空间搜索的全文搜索引擎技术，Solr 正是能够满足该需求的技术之一 (图 2-3)。

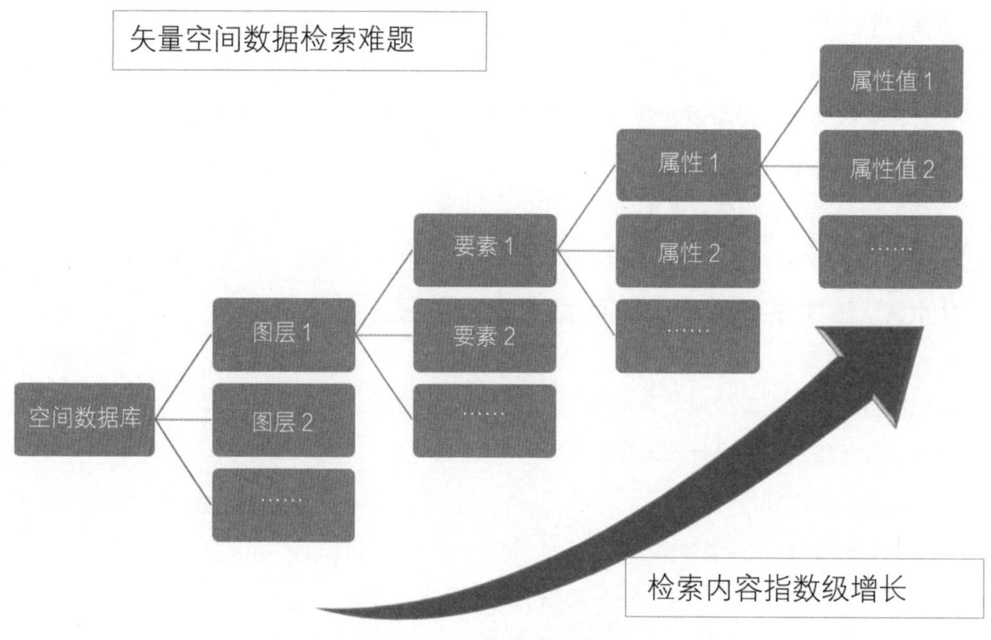

图 2-1　矢量数据全文检索难题

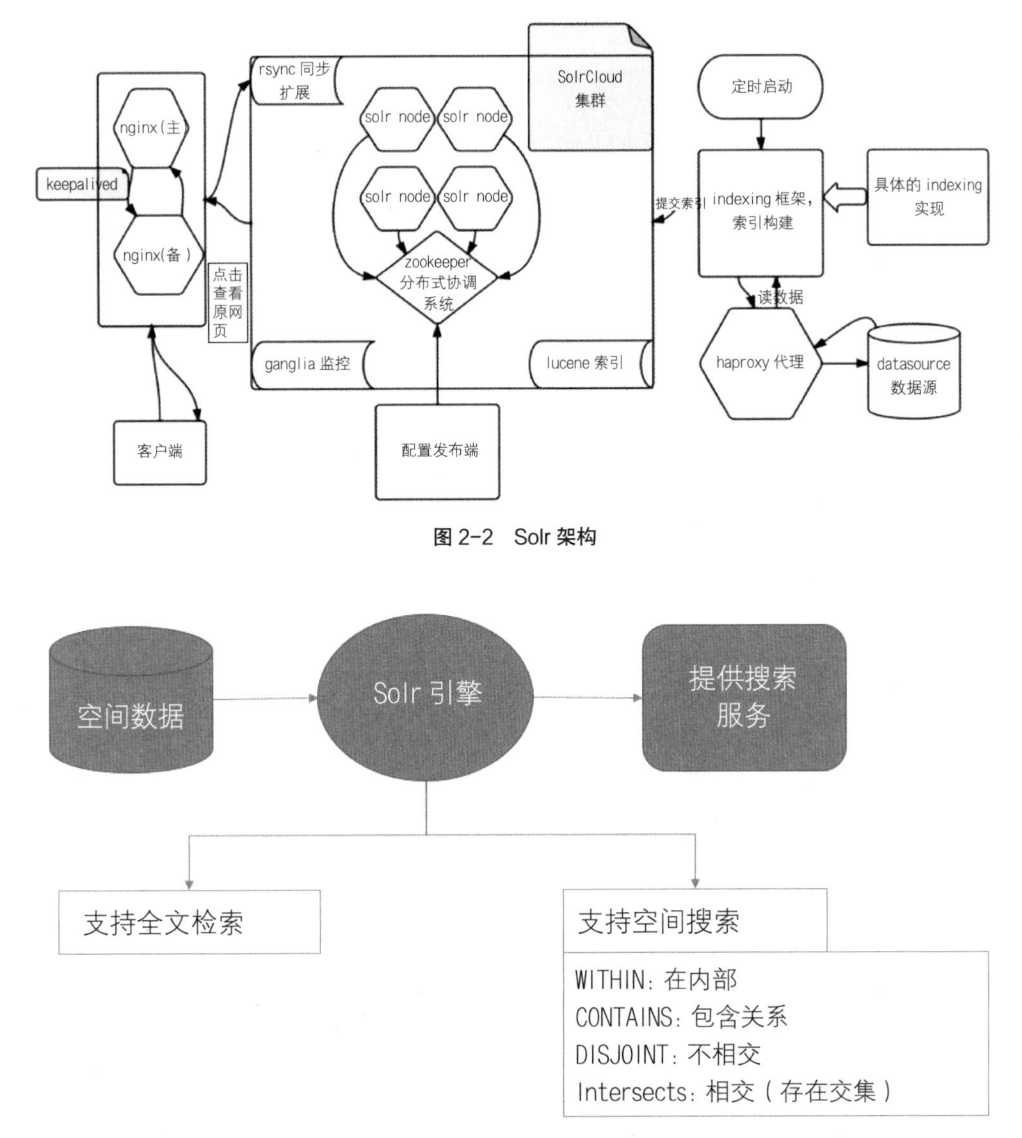

图 2-2　Solr 架构

图 2-3　Solr 空间搜索能力

Solr 是一个高性能、采用 Java5 开发、基于 Lucene 的全文搜索服务器，并对其查询性能进行了扩展与优化，提供了比 Lucene 更为丰富的查询语言。同时实现了可配置、可扩展，并且提供了一个完善的功能管理界面，是一款非常优秀的全文搜索引擎。

采用 Solr，除了其通用的全文索引技术外，针对地理空间信息需求，需要特别应用的是其基于 GeoHash 和 Cartesian Tiers 2 两大算法的空间搜索能力，通常用到的是 GeoHash 算法。

通过 GeoHash 算法，可以将经纬度的二维坐标变成一个可排序、可比较的字符串编码在编码中的每个字符代表一个区域（图 2-4），并且前面的字符是后面字符的父区域（图 2-5）。其算法的过程如下：

根据经纬度计算 GeoHash 二进制编码，地球纬度区间是 [-90，90]，如某纬度是 39.92324，可以通过下面算法对 39.92324 进行逼近编码：

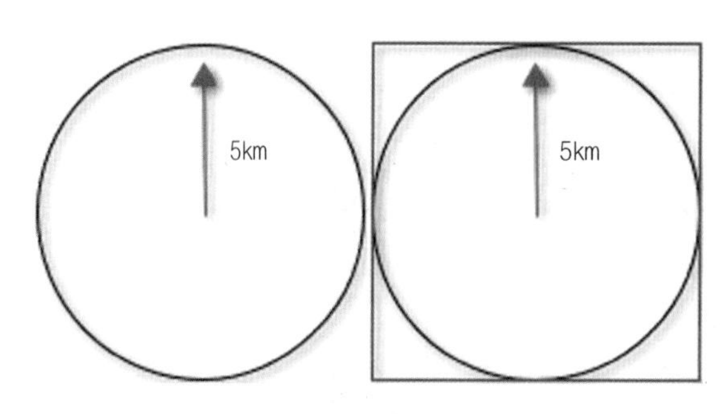

图 2-4　范围搜索示意

1）区间 [-90,90] 进行二分为 [-90，0），[0，90]，称为左右区间，可以确定 39.92324 属于右区间 [0，90]，给标记为 1；

2）接着将区间 [0，90] 进行二分为 [0，45），[45，90]，可以确定 39.92324 属于左区间 [0，45），给标记为 0；

3）递归上述过程 39.92324 总是属于某个区间 [a，b]。随着每次迭代区间 [a，b] 总在缩小，并越来越逼近 39.928167；

图 2-5　沿线搜索

4）如果给定的纬度（39.92324）属于左区间，则记录 0，如果属于右区间则记录 1，这样随着算法的进行会产生一个序列 1011　1000　1100　0111　1001，序列的长度跟给定的区间划分次数有关。

（3）基于用户令牌的 web 服务身份验证技术

基于用户令牌的 web 服务身份验证技术是由系统后台为合法登录的用户生成有效期较短的身份令牌，并在服务请求过程中附加令牌，使其身份可以通过令牌来辨别。其过程（图 2-6）为：当客户端向 web 服务请求服务时，客户端会向服务端发送 HTTP 请求，我们在发送 HTTP 请求时，向请求头添加一个包含了密码摘要形式的用户令牌，用户令牌将随 HTTP 请求被发送到服务器端。在服务器端，当有 HTTP 请求到达时，首先读取请求头，然后对所带的用户令牌进行身份验证，若通过验证，则响应请求，否则拒绝请求。

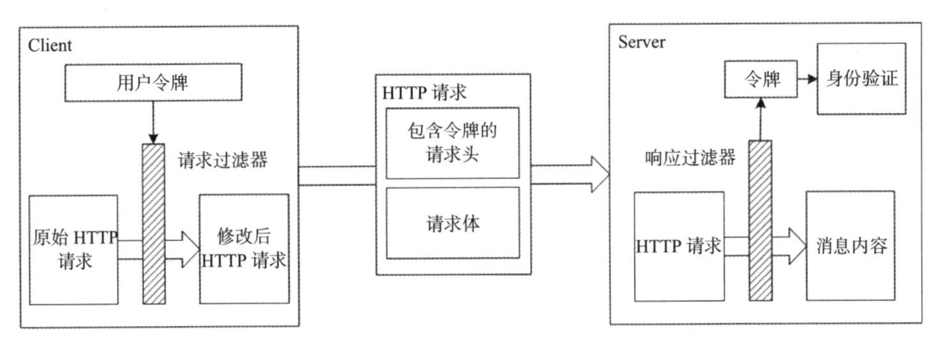

图 2-6　用户验证流程

2.1.3　重庆市级综合信息数据库的层次架构

市级综合信息数据库采用多层体系结构，有利于提高系统的灵活性和扩展性。系统采用 B-S、C-S 的混合架构（图 2-7）。B-S 架构部分采用 ASP.NET 技术与 Silverlight（或 Flex、JavaScript）技术结合实现；服务器端则都为 IIS 进行部署。市级综合信息数据库层次架构分为如下四个层次。

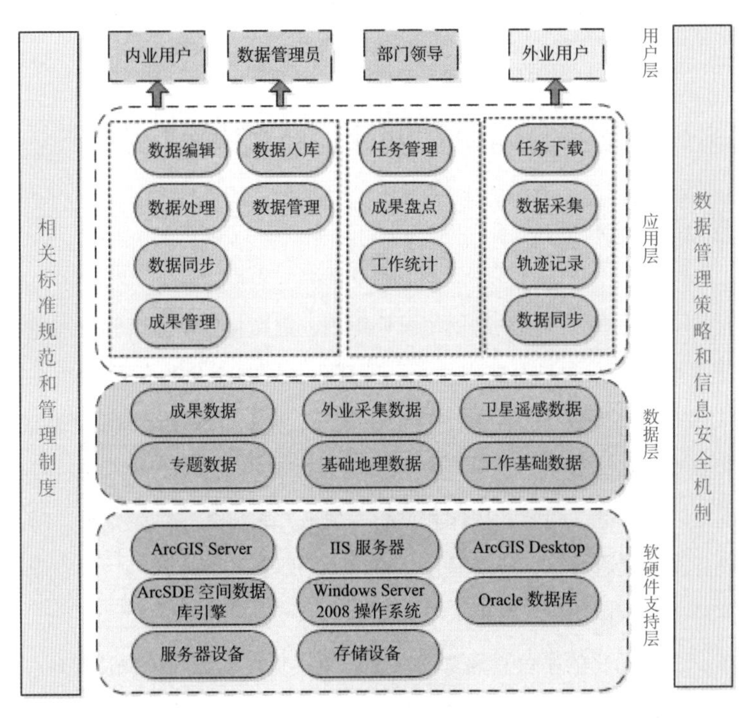

图 2-7　层次架构

（1）软硬件支持层

软硬件支撑层主要包含支持系统运行的软件和硬件设备，这里主要包含有 Windows Server 2008 操作系统，Oracle 数据库、SQLite 数据库和文件存储系统及相应的基础软件如

ArcGIS 和 IIS 8。

（2）数据层

数据层主要为系统管理的数据资源内容，主要有基础地理数据库、卫星遥感数据库、外业采集数据库、成果数据库、专题数据库、用户信息库、工作基础数据库和系统数据库等。数据层包含了相关数据资源，表现为逻辑库，具体的数据存储根据数据的种类与使用方式的不同可以由 Oracle、SQLite、文件系统进行存储。

（3）应用层

应用层主要包括数据编辑、数据处理、数据同步、成果管理、数据入库、数据管理等模块。根据不同功能的需求，可以完成相应的业务功能组件，比如外业管理系统的任务管理、成果盘点、工作统计模块，外业信息采集系统的任务下载、数据采集、轨迹记录、数据同步等模块。

（4）用户层

用户层主要包含了数据库的管理人员、业务人员、公众用户及领导。数据库管理人员进行数据库的维护，业务人员通过应用系统进行日常业务的处理，巡检员则使用移动终端设备进行问题采集和上报，任务接收、处理和提交。

整个系统的构建依据相关标准和管理规范进行建设，并依据相应的数据管理策略和信息安全体系构建，与存储设备、存储管理软件结合，在存储设备之上建立数据库，最终通过为其他业务部门的用户提供服务。

2.2 重庆市级综合信息数据库运行的关键技术概述

2.2.1 云计算技术

云计算在互联网上提供了一种动态的、可伸缩的、虚拟化的新型计算资源组织和使用模式，在信息管理、资源管理等方面具有突出优点，并成为各国推进信息化建设的重要技术和手段。地理信息系统（GIS）是一种采集、处理、存储、管理、分析、输出地理空间信息的计算机信息系统，是分析和处理海量地理数据的通用技术，是由计算机系统、地理数据和用户组成的，通过对地理数据的集成、存储、检索、操作和分析，生成并输出各种地理信息，从而为土地利用、资源管理、环境监测、交通运输、经济建设、城市规划以及政府各部门行政管理提供新的知识，为工程设计和规划、管理提供决策服务。

云管理系统提供虚拟化的平台管理功能，管理员不仅可以进行不同虚拟化平台间的快速切换，还可以查看、修改虚拟化平台的配置信息。在虚拟平台管理页面，支持查看初始化云管理系统时填写的虚拟化平台基本配置信息，还可以修改虚拟化平台类型、服务器 IP 等相关信息，从而实现虚拟化平台之间的切换。当虚拟化平台的配置信息发生变化时，支持在虚拟平台管理页面进行修改与保存，其中的配置信息包括服务器 IP、服务端口、协议类型、登录用户、登录密码。

2.2.2 SOA 技术

近年来，随着国民经济的发展和人民认识水平的提高，GIS 技术逐步融入政府、企事业单位的日常办公和老百姓的衣食住行当中，并扮演着越来越重要的角色。同时，用户对 GIS 系统的要求也逐步提高。他们已经不仅仅满足于功能性的需求，甚至还更多地关注于诸如性能、稳定性、安全性等非功能需求。而这些功能和非功能需求在系统实施过程中的平衡本身就是一项极其复杂的系统工程。因此，GIS 系统实施前的架构规划至关重要。特别是近年来国际上火热的 SOA 架构、云计算，以及国内正如火如荼开展的共享平台、数字城市的建设更能体现这一点，因为这些 GIS 系统都具有用户量大、使用频度高、业务依赖性强等特点。因此，唯有通过科学的系统架构规划才能确保整个系统具有高可靠性。

面向服务架构（SOA）是利用支持业务功能的公用服务构建商业应用的方法。市级综合信息数据库采用基于 Arcgis 的 SOA 技术进行发布，实现开放接口，资源共享。使用者通过终端用户界面参与到面向服务的架构。地理空间可视化和分析通常利用桌面界面（重型和轻型）和移动界面实现。其他常见的界面如浏览器、门户网站，甚至其他的 Web 服务组件，则通过提供一个与平台、设备、操作系统和编程语言无关的机制获取信息。这一层面上与 SOA 基础设施通信是通过一种传输协议实现的。对 .NET 平台来说，这些协议通常使用分布式组件对象模型（DCOM 技术）或 SOAP（简单对象传输协议）。对 Java2 企业版（J2EE）系统来说，典型协议是 SOAP 或跨互联网 ORB 协议（IIOP）。

在 SOA 体系结构中，所有的功能定义为服务，所有的服务独立，外部组件并不关心服务如何执行功能，而仅关心是否返回期望的结果。Web Service 是实现 SOA 的最常见技术标准，但不是开发 SOA 各个部分的唯一标准。

2.2.3 MVC 技术

随着地理信息系统应用的不断深入，用户对地图网站的体验要求逐渐提高，因此网站的架构只有快速响应用户的新需求，才能保持旺盛的生命力。而对用户需求快速响应的能力取决于地理信息系统的可维护性和扩展性，这就要求系统具有灵活的架构。

MVC（Model-View-Controller）架构模式是用业务逻辑、数据、界面显示分离的方法组织应用程序代码。针对系统的业务需求特点，MVC 能够为软件提供结构清晰、伸缩性良好的框架，该模式在传统的应用程序中得到了广泛的应用。地理信息系统具有地图界面和后台交互频繁的特点，而 MVC 的设计缺乏对视图的复杂性考虑，因此若在前端程序中使用该模式会增加实现的复杂度。

MVC 模式将应用程序划分为三个互相关联的模块，将要展示的数据和展示方式相分离。在这三个模块中，模型用于封装数据及相关的业务逻辑，独立于视图存在；视图用于展示信息；控制器用于接收用户的输入，并决定怎样对视图和模型进行操作。首先，控制器接收用户的请求，并决定应该调用哪个模型来进行处理。然后，模型根据用户请求进行相应的业务逻辑处理，并返回数据。最后，控制器调用相应的视图来格式化模型返回的数据，并通过视图呈现给用户。由于 MVC 的设计思想是由模型出发，对于视图需求变化频繁的情况则难以适应。

ModelBuilder 是 ArcGIS 基于 MVC 架构模式的具体数据建模工具，为设计和实现 Arcgis 中各种数据处理提供了一种图形化的建模环境。实际生产应用经常会使用多种工具通过多步骤的操作实现特定的功能，其中涉及数据集、工具、参数设置等复杂、重复性工作。通过 ModelBuilder 提供的图形化的建模环境构建模型，可以将各项处理在模型图表中串在一起，模型运行时各项处理将顺序执行，从而实现工作流程的流程化、自动化。

ModelBuilder 在 ArcGIS 中显示为模型图表，可以将各项处理在模型图表中串在一起，模型运行时各项处理将顺序执行，从而实现工作流程的自动化。模型的基本结构是输入数据—空间处理工具—输出数据。输入、输出的数据可以是栅格数据集、矢量数据集、表格等；空间处理工具包含系统工具、自定义工具，如 ArcToolBox 中所有的工具、模型工具、脚本工具等。简单模型包含一个空间处理，输出数据可以作为下一空间处理的输入数据，可以把一系列简单的模型组合成包含多个空间处理的复杂模型，实现空间处理任务的流程化、自动化。

Arcgis Modelbuilder 相对于其他模型架构的优势在于其简单易用，可用于创建和运行包含一系列工具的工作流，同时可使用模型构建器创建自己的工具。使用模型构建器创建的工具可在 Python 脚本和其他模型中使用，也可以结合使用模型构建器和脚本将 ArcGIS 与其他应用程序进行集成协同。

2.3 重庆市级综合信息数据库的详细设计

2.3.1 组织结构的细化与数据源采集

（1）数据源采集

1）数据准备

根据现有资料分析情况，将地理国情普查①成果、各类专项普查成果②，以及基础地形图数据等应用至市级综合信息数据库的成果进行筛选、提取，并按照市级综合信息数据库建设方案进行标准化整理，作为市级综合信息数据库的本底基础数据的重要来源。

2）编制资料收集内容清单

在需求分析基础上，结合市级综合信息数据库建设的工作要求，编制《市级综合信息数据库建设资料收集清单》，拟定应收集资料的内容、指标与责任部门，用于指导市级综合数据库建设资料收集工作。

① 地理国情普查是在全市范围内开展的、对地表自然和人文地理要素空间分布的调查，核心数据成果包括地形地貌数据库、正射影像数据库、地表覆盖分类数据库、地理国情要素数据库（涉及河流库塘要素、道路交通要素、居住小区、工矿企业、单位院落等）等。

② 专项普查数据库：包括全市城区建筑物普查数据库、全市城市建设用地调查数据库、美丽乡村村镇综合数据库等。

3）收集专题资料

将资料收集清单发至各区县规划部门负责人员，由其转发至区县涉及的行业部门，并指派专业技术人员现场解答有关资料收集中的工作要求和遇到的技术问题。资料收集重在协调、沟通，通过实地走访、电话、即时通信软件、邮件、传真等多种方式开展，及时了解资料报送中的困难，明确提交内容和要求，以提高资料报送质量和效率。同时，行业部门提供数据时应按照要求提交数据提交清单并加盖单位公章，确保资料的权威性和准确性。

4）清理专题资料

按照市级综合信息数据库建设的资料收集清单要求，根据行业部门、专题门类对区县提供的专题资料进行分类梳理。

5）资料可用性分析

按照市级综合信息数据库建设工作要求，对专题资料的数据内容、详细指标、数据格式、数据时间进行详细梳理，分析、评价专题资料内容、属性项、空间位置的可用性。对于可用的资料，可及时进行整理后使用；对于不可用的资料，分析数据中存在的问题，分部门、分区县形成“补充资料清单”，反馈给相关部门和单位，及时进行补充提供。

6）数据的更新机制

市级规划测绘管理部门负责市级综合数据库技术框架设计，同时承担对区县规划测绘部门的技术培训。区县规划测绘部门负责数据库建设和动态更新数据，完成后的数据成果提交市级规划测绘管理部门进行成果标准审查，审查通过后统一入库；暂不具备能力的区县可委托相应单位进行数据库建设及动态更新。新增的法定规划等成果完成批复后，半个月内完成数据收集、整理、审核、入库，规划管理数据通过云平台实时更新，其他数据每年或者每半年更新一次。

各区县规划测绘行政主管部门应报请当地政府健全组织保障机制，依据方案制定实施计划，负责协调信息资源，负责数据库建设、数据更新、基础设施租用等经费保障，组织收集并整理相关数据、提出基础设施需求等。

为保障数据库建设完成后及时实现数据动态更新，各区县应该负责建立数据动态更新机制，区县规划测绘部门应及时汇交数据成果，由市级规划测绘管理部门对各区县综合数据库审核后入库。

（2）数据库组织结构

1）基础地理数据分层组织

基础地图数据库由地形图、地下空间地图、地名地址、影像地图和三维地图五部分数据组成。地下空间地图包括地下管线数据；地名地址是指全市域的地址地名等相关信息；影像地图是全市范围内各种分辨率的遥感影像；三维地图是指全市全域的三维地形晕渲地图（表 2-1）。

2）地表数据、经济社会、各类规划、规划管理数据分层组织

地表数据主要包括地表覆盖、房屋建筑、基础设施、公共管理与服务设施、资源环境、地理单元信息等；经济社会数据主要包括人口、经济情况等；各类规划数据主要包括城乡规划、国

土规划、环境保护规划等；规划管理数据主要包括建设项目和市政项目等数据。

图层命名规则为：专题类别中文名称简写 + “_” + 一级类名称中文简写 + “_” + 二级类名称中文简写 + “_” + 图层内容名称简写。

3）城市运行数据分层组织

城市运行的实时数据，根据市内建设情况，采用直接接入的方式，成果的分层组织和属性均采用各部门自己建立的体系。

基础地理信息数据分层组织 **表 2-1**

要素分类	数据分层		几何类型
地形图	1：500	500DLG	点、线、面
	1：2000	2000DLG	点、线、面
	1：5000	5000DLG	点、线、面
	1：10000	10000DLG	点、线、面
	1：50000	50000DLG	点、线、面
地下空间	给水管线	GSGX	线
	排水管线	PSGX	线
	电力管线	DLGX	线
	通信管线	TXGX	线
	工业管线	GYGX	线
	燃气管线	RQGX	线
	热力管线	RLGX	线
	综合管沟	ZHGG	线
地名地址	地名	DM	点
	地址	DZ	点
影像地图	影像地图		
三维地图	晕渲地图		

2.3.2 数据入库管理办法

数据入库需满足以下要求：

（1）数据组织要求

要素按照来源和专题分类存储，图层、属性项的定义以及各项的顺序、宽度、类型、内容遵循《重庆市基础地理信息入库数据标准》（图 2-8）。

（2）分类代码要求

分类代码遵循《重庆市基础地理信息电子数据标准》（DB50/T 286-2008）。对于标准中没有的要素可根据实际情况新增代码，但要在技术总结中记录。

(3)数据与制图表达要求

点、线、面、注记等要素的存储方式与数据源保持一致，制图表达与数据源相似度在 90% 以上，数据源的制图符号与上述标准不一致时以标准为准。任何张力曲线、圆弧等光滑拟合性质要素均不能使用，必须转换成多段线。

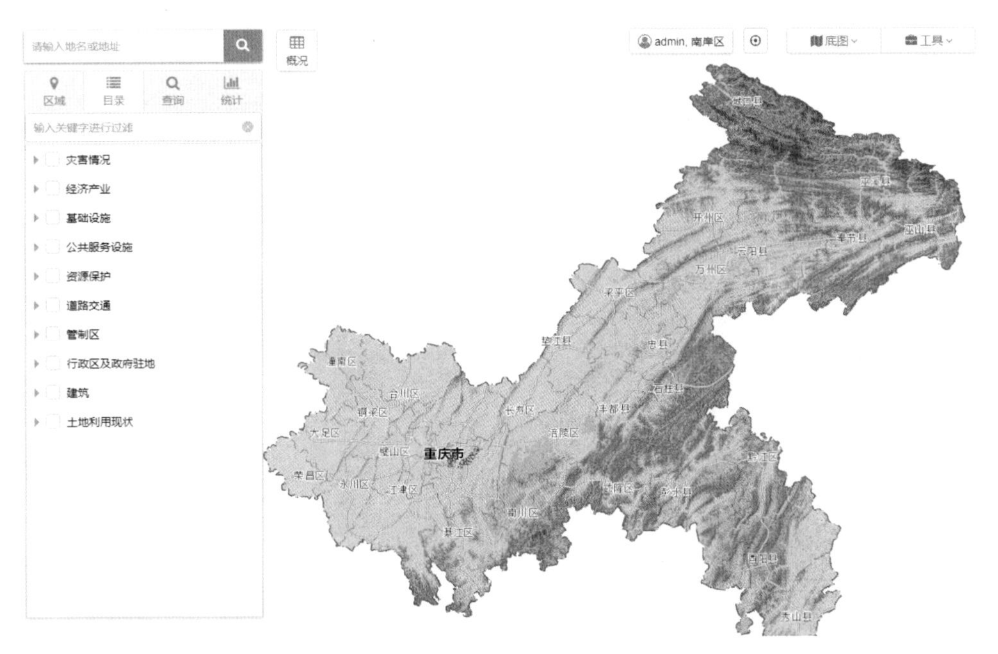

图 2-8　数据库组织结构

(4)属性要求

数据源中有含义、正确的属性尽量保留，如建筑物的标高、名称、楼层、建筑结构等；保留标识要素类别的系统信息，如图层、颜色、块名、线型、地物代码等；有方向的点要素需将方向角提取出来存储于属性表中，便于制图还原。

(5)注记要求

同一地名的注记不能因格式转换而散开；生僻字数据源有生僻字库的需建生僻字库，用拼字、面表示的直接转出。

(6)接边要求

要素内容与数据源保持一致，图幅间不做接边处理；工程间交叠的部分经判断后保留一边，另一边作裁切处理，不做要素接边。

(7)坐标转换要求

平面坐标转换精度高于 1m，转换后不存在要素移位、不合理变形、注记形态改变、乱线等情况。高程转换精度优于 0.1m。通过格式转换、投影变换、结构重组、数据镶嵌等技术手段，将原来分幅的基础测绘成果转换成逻辑无缝的建库数据。该过程通过数据预处理子系统实现(图 2-9)。

图 2-9　数据转换流程

2.3.3　软件系统与模块设计

（1）软件系统总体架构

软件系统总体架构是本项目的基础框架，基于总体架构设计和实施项目工程，保障工程实施方向的正确，以适应未来通信技术、网络技术、应用技术和安全保障技术的发展变化。总体架构包括：软硬件支持层、数据层、应用层、用户层以及相关标准规范、运行机制和信息安全保障等（图 2-10）。

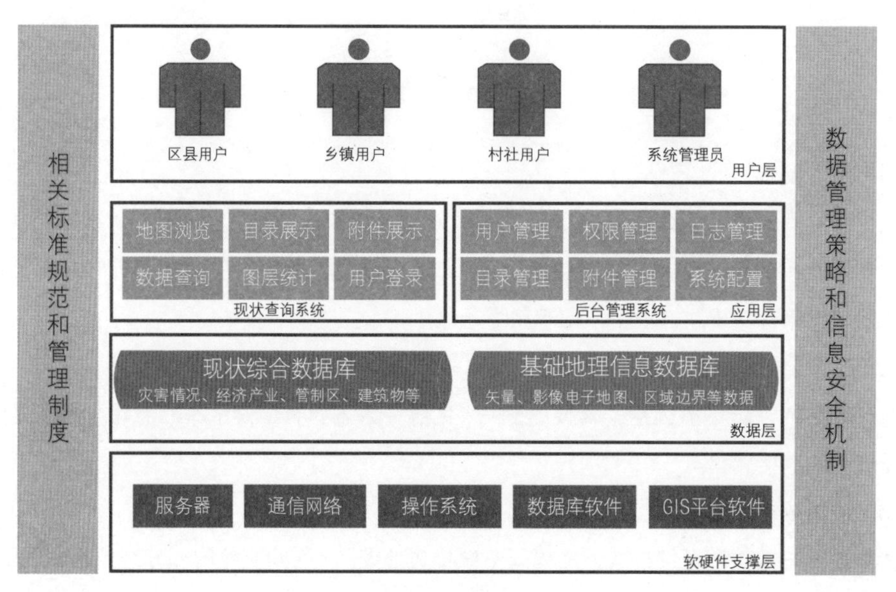

图 2-10　技术架构

1）软硬件支持层

软硬件支撑层主要包含支持系统运行的软件和硬件设备，软件系统主要包含有 Windows Server 2008 操作系统，MySQL 数据库、文件存储系统及相应的 GIS 平台软件如 ArcGIS 和用于网络发布应用的软件 Tomcat。

2）数据层

数据层主要包含现状综合数据库与基础地理信息数据库。其中现状综合数据库包括灾害情况、经济产业、管制区、建筑物等现状数据；基础地理信息数据库主要包含了矢量、影像、晕渲电子地图数据及相关区域边界数据。数据层包含了相关数据资源，表现为逻辑库，具体的数据存储根据数据的种类与使用方式的不同，可以由FileGDB、文件系统进行存储。

3）应用层

应用层包含现状查询系统与后台管理系统两部分。其中现状查询系统实现基于行政区划与专题目录的各类现状概况信息、专题数据、附件信息的查询与浏览，包括地图浏览、目录展示、附件展示、数据查询、图层统计、用户登录等模块。后台管理系统主要对系统用户、数据目录、概况信息进行配置管理，为查询系统的正常运行提供支撑，包括用户管理、权限管理、日志管理、目录管理、附件管理、系统配置等模块。

4）用户层

用户层根据用户层级不同分为区县用户、乡镇用户、村社用户及系统管理员，不同用户具备不同的功能及数据权限。区县用户可对全区的现状信息进行查询浏览；乡镇用户可对乡镇辖区内村现状信息进行查询浏览；村社用户只能查看当前村范围内容的现状信息；系统管理员负责进行用户管理、目录管理及相关附件数据管理工作。

（2）软件系统模块设计

1）客户端应用系统

客户端应用系统为用户直接使用，为用户提供数据展示、数据叠加、地图定位等功能，由用户登录、服务目录、地图浏览、数据展示、信息搜索、个人中心六大部分组成（表2-2）。

客户端应用系统功能模块一览表 **表2-2**

序号	功能模块	功能项	功能描述
1	用户登录	用户登录	第一次使用该系统时，用户必须联网登录系统，并确定用户名、密码，第一次登录完成后，客户端记录用户名及密码至本地，并进行相应的加密以后用户每次激活系统时，将对本地的用户名及密码进行验证，验证通过后可正常使用，如果验证不通过将退出系统，要求用户重新输入用户名及密码进行登录
2	服务目录	时间目录	支持根据选择的时间年份，快速筛选出相关年份的数据
3		区划目录	支持通过区域对信息进行查询展示，包括各级行政区划和功能区域两种方式。根据所选区域，可筛选相关区域数据，并快速缩放地图至相关区域
4		专题目录	支持按照专题分类，即根据信息本身的主题进行查询展示，如城市运行情况、经济发展情况等
5		收藏列表	是一个用户个性化目录的实现，用户可以将常用的相关数据全部放在该目录下，方便浏览及查看
6		推荐列表	通过后台大数据分析，将所有用户最常看的数据、与用户当前查看数据最相关的数据推送至客户端方便用户快速查看

续表

序号	功能模块	功能项	功能描述
7	地图浏览	地图定位	地名定位在线情况下调用天地图地名服务，在离线环境下调用本地数据库
8		地图切换	支持多种底图的切换，包括灰度地图、矢量地图、影像地图、晕渲地图等 支持底图的配置接口，可以通过配置方式添加新的底图，可配置底图的显示层级、范围等 在调用在线地图的时候，需要系统能够判断网络情况，并给用户必要的提示信息
9		地图操作	地图基本放大、缩小、移动操作
10		底图缓存	对于浏览过的底图进行本地缓存，再次进入系统时不需要通过网络获取浏览过的底图数据
11	数据展示	专题图叠加	提供对地图数据的叠加显示
12		文件资源浏览	提供对非地图数据的文件资源浏览
13		详细信息查看	提供对已叠加到地图上的数据的详细信息查看
14		图例展示	对地图上所有叠加数据符号的说明，实现了对叠加图层的透明度设置、收藏、图层显示 / 隐藏、对叠加图层数据要素的搜索、定位以及图层顺序重置等功能
15	信息搜索	数据搜索	提供在搜索栏中输入数据名称的关键字，快速搜索到相关的数据
16		地名地址检索	提供在搜索栏中输入关键字，快速检索和定位相关地名地址
17	个人中心	内容更新	主要展示服务器上面新增或修改的数据列表，通过内容更新可以批量下载更新的内容
18		我的文档	主要是对后台推送的文档数据的一个展示，通过对后台文档的管理，在移动端实时更新对应文档数据
19		版本更新	主要用来进行软件下载更新
20		意见反馈	用户通过意见反馈模块可以提交有关软件使用过程中的意见或者建议
21		使用说明	主要为用户提供使用中一些隐蔽性功能的使用方法，让用户能够充分了解该软件
22		关于我们	主要为用户提供联系软件技术支持的联系方式

a. 用户登录

系统提供统一登录界面，实现一站式登录与应用；按照用户的权限不同，展示不同的功能模块。用户初次使用该系统需要基础数据下载和账户验证。之后在没有进行密码重置的情况下，客户端默认不再需要用户登录，而是在后台进行自动登录和信息验证。

b. 服务目录

数据目录提供按时间序列、按区域序列按数据专题序列三种查询方式，并提供收藏列表，推荐列表两种个性化查询方式。

时间目录：支持根据选择的时间年份，快速筛选出相关年份的数据。

区划目录：支持通过区域对信息进行查询展示，包括各级行政区划和功能区域两种方式。

根据所选区域，可筛选相关区域数据，并快速缩放地图至相关区域。

专题目录：支持按照专题分类，即根据信息本身的主题进行查询展示，如城市运行情况、经济发展情况等。

收藏列表：收藏列表是一个用户个性化目录的实现。用户可以将常用的相关数据全部放在该目录下，方便浏览及查看。

推荐列表：推荐列表部分是系统中的一个智能用户行为分析模块，该功能通过后台大数据分析，将所有用户最常看的数据、与用户当前查看数据最相关的数据推送至客户端方便用户快速查看。

c.地图浏览

地图定位：提供对用户所在位置的快速定位功能。

地图切换：支持对矢量、影像、地形等地图底图的快速切换。

地图操作：提供放大、缩小、移屏等地图的基本操作。

底图缓存：对于浏览过的底图进行本地缓存，再次进入系统时不需要通过网络获取浏览过的底图数据。

图例展示：对地图上所有叠加数据符号的说明。同时实现了对叠加图层的透明度设置、收藏、图层显示 - 隐藏、对叠加图层数据要素的搜索、定位以及图层顺序重置等功能。

d.数据展示

系统支持空间数据和非空间数据展示。其中，空间数据包括瓦片数据、空间矢量数据等类型；非空间数据包括 pdf、png、在线 html、离线 html、word 、excel 等数据类型。数据展示的主要功能包括专题图叠加、文件资源浏览、详细信息查看等。专题图叠加提供对地图数据的叠加显示，通过专题图数据后面的叠加按钮，将该专题数据叠加至地图上。文件资源浏览提供对非地图数据的文件资源浏览，通过非地图数据后面的打开按钮来查看非地图数据的文件资源。详细信息查看提供对已叠加到地图上的数据的详细信息查看，对已叠加到地图上的数据，可以显示对已选数据的相关文字描述，帮助用户对数据的详细信息情况进行了解，同时可以选择隐藏或显示已叠加数据的图例信息。此外，详细信息查看还提供对数据和图例的搜索功能，以及对已选数据的编辑功能，包括数据图层顺序的切换、单个数据的删除和所有已选数据的删除等操作。

e.信息搜索

系统分别提供了数据搜索和地名地址搜索功能。数据搜索提供在搜索栏中输入数据名称的关键字，快速搜索到相关的数据。地名地址检索提供在搜索栏中输入关键字，快速检索和定位相关地名地址。

f.个人中心

个人中心实现是该系统的一个辅助功能，包括了内容更新、我的文档、版本更新、意见反馈、使用说明以及关于我们六个模块。

内容更新：内容更新部分主要展示服务器上面新增或修改的数据列表。通过内容更新可以批量下载更新的内容。内容更新列表中包括更新数据的标题、数据所在的具体目录信息、数据的更新时间以及数据下载状态。除数据管理员外，其他用户只能接收系统推送的数据内容，不会影响到当前数据库的版本和具体内容。

我的文档：对后台推送的文档数据的一个展示，通过对后台文档的管理，在移动端实时更新对应文档数据。

版本更新：版本更新界面主要用来进行软件下载更新。有新的版本时，版本更新界面会出现下载更新按钮，并提示新的版本做了哪些更新。

意见反馈：用户通过意见反馈模块可以提交有关软件使用过程中的意见或者建议。

使用说明：使用说明主要为用户提供使用中一些隐蔽性功能的使用方法。让用户能够充分了解该软件。

关于我们：主要为用户提供联系软件技术支持的联系方式。

2）后台管理系统

后台管理系统主要为其移动客户端软件提供后台服务，使运维人员可以方便地管理客户端软件。后台管理系统提供了数据更新、管理、信息推送等功能，同时能够对客户端数据使用情况进行分析统计，并且提供了用户从客户端进行意见或建议反馈的接口。主要由系统主界面、系统管理、管理员管理、用户管理、配置管理、数据发布、数据管理、统计分析、查询监控、其他功能九大部分构成（表 2-3）。

后台管理系统功能模块一览表　　表 2-3

序号	功能模块	功能项	功能描述
1	系统主界面	更新欢迎界面	配置环境界面图片，推送至客户端，实现欢迎界面更新
2	系统管理	目录管理	实现后台管理系统整体目录的删除添加和修改
3		日志管理	记录后台运维人员的相关数据操作
4		系统设置	实现整体系统中相关信息如系统名称、系统时区、同时上传数据最大数量等方面的设置
5	管理员管理	管理组别	后台管理人员的组别添加、修改及删除
6		管理员列表	所有管理人员的列表及信息修改
7	用户管理	所有用户	所有客户端用户的列表及相关信息展示 用户信息的修改、添加及删除
8		用户组别	所有组列表及相关信息展示 用户组信息的修改、添加及删除
9		用户部门	用户的部门信息列表展示 部门信息的修改、添加及删除
10	配置管理	内容类型配置	实现系统中所设计到的所有数据类型的相关信息配置功能
11		区域数据配置	客户端相关区域信息的配置功能
12		单位信息配置	实现客户端用户中心的技术支持部分的信息配置功能
13	数据发布	数据发布	实现已发布数据的目录、属性等更新 现实数据的按用户组发布功能 实现发布数据的增、删、改、查

续表

序号	功能模块	功能项	功能描述
14	数据管理	数据管理	实现所有原始数据的增、删、改功能
15		文件上传	数据进入系统的唯一入口
16		地图管理	包括系统中涉及的底图信息的相关更新
17		目录导入	实现数据目录的批量导入功能
18		数据文件刷新	实现新增数据的对比及更新推送功能
19	统计分析	用户登录统计图	实现对用户登录访问情况的统计，并以图表的方式直观展示
20		栏目访问统计表	实现对系统数据访问的统计，并以列表的方式进行统计
21		栏目访问统计图	实现对系统数据访问的统计，并以图表的方式进行展示。可查看具体每个用户查看的数据及查看数据的次数
22		用户版本日志表	记录用户当前的客户端系统版本及软件版本
23	监控查询	数据更新记录监控	实现按照时间、空间查询并监控数据的更新情况
24	其他功能	建议管理	实现对用户反馈信息的管理
25		版本管理	实现对客户端软件版本的管理
26		推送管理	实现对推送信息的管理

3）数据加密与检查工具

为配合数据处理与整合人员开展数据生产和发布所使用的工具，主要辅助数据生产人员开展 GDB 数据浏览、切片数据浏览、HTML 数据浏览、PNG 图片浏览、GDB 数据加密、切片数据加密、HTML 数据加密、PNG 图片加密等功能（表 2-4）。

数据加密与检查工具功能模块一览表 **表 2-4**

功能模块		功能描述	备注
数据检查工具	GDB 数据浏览	浏览 GDB 类型数据	底图调用在线和离线电子地图，要能够切换底图模式（矢量、影像、晕渲）
	切片数据浏览	浏览切片类型数据	
	HTML 数据浏览	浏览 Html 类型的数据	主要是各种报告、统计报表信息
	PNG 图片浏览	浏览 PNG 图片	增加支持多张图片的展示能力
数据加密工具	GDB 数据加密	加密 GDB 类型数据	
	切片数据加密	加密切片类型数据	
	HTML 数据加密	加密 Html 类型的数据	
	PNG 图片加密	加密 PNG 图片	

数据检查工具：数据检查工具主要是对数据生产成果是否标准化的一个检查与校验，方便数据生产人员快速地查看数据是否符合标准，以及在系统中的展示效果。

第3章　重庆乡村人居环境规划管理导向的信息化建设

THREE

3.1　乡村规划决策的重要因素

重庆市规划行政主管部门和国土资源行政主管部门要求村规划要按照“多规合一”的思路，以空间布局、土地利用为重点，明确划定村域生态空间、农业空间、建设空间，充分考虑农村第一、二、三产业融合发展、基本农田和标准化现代特色效益农业产业基地建设、休闲农业和乡村旅游发展等需求，合理安排农村各类用地，并提出乡村土地利用和村规划建设的管控要求，引导村域土地合理利用和有序建设[①]。乡村规划决策是通过数据采集与分析、系统开发与维护、模型构建与运行等，辅助政府部门对乡村是否需要编制村规划、开展村规划编制的时序，以及规划指引内容等进行科学决策的过程。

在乡村规划决策过程中，需要充分考虑到乡村与城市的差异[②]，如空间要素构成的差异、人地关系的差异、生活方式及文化的差异等。另外，在乡村规划决策中，还要注重对耕地的保护、对土地的集约利用、对乡村自然特色和文化特色的维护与传承等。考虑到影响乡村发展的各类因素，在乡村规划决策中，借鉴了道氏“人类聚居学”的理论，其理论核心是以解决人居环境建设中的复杂问题为导向、以科学共同体[③]完成综合融贯研究的一个开放性研究系统，其目标指向为可持续发展的理想人居环境建设。该理论用系统的观念，从分解开始，把人居环境从内容上划分为五大系统：自然系统、人类系统、社会系统、居住系统、支撑系统。本文借鉴此理念，并按照《住房城乡建设部关于改革创新、全面有效推进乡村规划工作的指导意见》《土地利用总体规划编制审查办法》《中共重庆市委、重庆市人民政府关于印发＜重庆市2016年“三农”工作要点＞的通知》《重庆市人民政府办公厅关于加快乡村旅游发展的意见》等文件的精神，结合重庆市乡村规划管理的实际，提出了四大类别的要素，包括自然环境要素、社会经济要素、空间支撑要素与特殊要素。其中，自然环境要素包括地形地貌、灾害、资源信息；社会经济要素包含区位、人口、产业以及文化相关信息；空间支撑要素包含用地类型、建筑、市政及规划信息；在此基础上，增加了特殊要素，按照“以人民为中心”的要求，在规划决策中增加了对村民发展意愿、地理标志产品的调查。以各个村全域为研究范围，以现状地形、基础测绘和土地利用

① 重庆市规划局、重庆市国土房管局关于村规划编制工作的指导意见（渝规发〔2016〕66号）。

② 雷长群．村规划和村基础设施现状调查——以重庆市合川区聂家村为例[J]．调研世界，2012(7)：37-40.

③ 在科学社会学中，科学共同体的概念首先突破了地域的限制，更多地是指一种关系共同体。它强调科学家群体所具有的共同信念、共同价值、共同规范，以区别于一般社会群体和社会组织。

现状变更调查成果等为基础，全面调查、分析村域的资源环境、经济社会、土地利用、地质灾害、建设现状等。以此建立的以乡村规划决策为导向的区级综合数据库，避免了在规划决策上的主观性与随意性，增强了规划决策的合理性与科学性，同时对主城及远郊各区县开展村规划决策具有重要的参考价值。以下，将详述各个要素对规划决策的影响力以及重要性。

3.1.1 自然环境要素：地形地貌、灾害、资源

影响乡村规划与建设的自然环境条件是多方面的，组成自然环境的要素有地形地貌要素、灾害要素、资源要素等。这些要素以不同程度、范围和方式对乡村规划产生着影响[①]。自然环境要素与乡村形成、发展的关系非常密切，自然环境不仅为乡村居民的生存提供所必需的条件，同时对乡村的形态和乡村的职能发挥都有相当大的影响，在一定程度上还影响着乡村社会的生活方式。所以在乡村规划工作中深入调查、分析乡村所在地区的自然环境条件，研究其和乡村的相互关系，将有助于提高乡村规划的合理性，并有助于保护地区的生态环境。

（1）地形地貌要素

地形地貌是乡村规划的重要影响因素之一，大到乡村选址、乡村形态、规划布局，小到各项工程设施、道路线，甚至一幢建筑物的布置，都与地形地貌条件有关。自进入工业化、信息化时代后，虽然地形地貌对乡村的影响越来越低，但是依然起着不可忽视的作用。地形地貌因素不仅深刻影响着乡村的用地布局、建筑形态等，同时对乡村风貌、村民生活、乡村精神、文化传统等方面产生重要影响。在乡村规划、建设中，也受到高差、坡度、坡向、地貌类型等地形地貌因素的影响[②]。由于地形地貌而造成的特殊规划条件对乡村结构的影响，决定了整个乡村规划结构方案的特点。在乡村规划的各个环节中，地形地貌要素始终是一个重要的规划设计依据。因此，研究村域范围内的地形地貌类型、特征及其组合特点，是进行乡村规划决策的重要基础工作。

（2）灾害要素

灾害要素能说明村内存在灾害隐患的类型、灾害情况及其空间分布等。重庆市地处于四川盆地东部、盆周山地及盆缘斜坡区，河溪深切，坡陡谷深，地质构造复杂，地表的软弱层及软弱结构发育较旺，加之降水丰沛，多大雨、暴雨等集中降雨过程，使得滑坡、危岩、崩塌、泥石流等地质灾害频发。近年来，随着城市规模扩大，城镇规划建设，三峡移民搬迁、水库蓄水以及交通、通信等基础设施的建设，对斜坡的改造力度不断加强，破坏作用日趋严重，造成了新的地质灾害的发生。而自然灾害的发生，重则毁灭乡村，造成大量居民伤亡，轻则损害部分建筑和设施，都会给国家和村民带来很大的损失。因此，在乡村规划中要注意自然灾害的影响，乡村规划应按照用地设计烈度及地质、地形情况，安排相宜的乡村设施，如重工业不宜放在软地基、古河道或易于滑塌的地区。为保证发生自然灾害时的救灾需要，对通信、消防、公安、

① 卢武强. 论自然环境条件对城市规划的影响 [J]. 高等继续教育学报，1995：49-52.

② 曹建农，马融. 城市规划的地形制约与 GIS 对策 [J]. 地图，1999（1）：20-23，16.

救护等机构不仅应有较高的设防标准，还必须有适宜位置，供水、供电、道路等公用设置方面也必须有安全措施。

（3）资源要素

自然资源是指人类能够从自然界获取以满足其需要与欲望的任何天然生成物及作用于其上的人类活动的结果，它包括了不可更新资源和可更新资源。自然资源是自然过程中所产生的天然生成物，如土壤肥力、地壳矿藏、水、野生动植物等，都是自然生成物。自然资源包括土地资源、水利资源、生物资源、矿产资源、气候资源等①。自然资源是人类赖以生存的物质基础，也是乡村生存的根本条件，它对维持乡村的生态平衡、可持续发展等具有十分重要的意义。合理地利用和保护自然资源可以为乡村未来的生存、发展和繁荣提供更多、更好的条件，更关系到乡村的可持续发展②。可见，在乡村规划决策中，自然资源条件是一个十分重要的影响因素。

3.1.2 社会经济要素：区位、人口、产业、文化

影响乡村规划决策的社会经济条件是多方面的，组成社会经济的要素有区位要素、人口要素、产业要素、文化要素等。这些要素都不同程度地对乡村的未来发展产生影响，对乡村人民生活质量的提高有着重要的作用。社会经济要素在一定程度上还影响着乡村社会的生活方式。村内社会经济的发展水平能从主要产业类型及其总产量或产值，村内招商引资项目，村民合作社组织的个数、规模、产品类型、经济效益等指标中体现出来。所以在乡村规划工作中深入调查与分析乡村的社会经济条件，能为乡村社会经济的未来发展指出明确的道路。

（1）区位要素

区位主要是指某事物占有的场所，含有位置、布局、分布、位置关系等方面的意义。从这个意义上讲，区位是人类活动所占有的场所。“区位”一方面指该事物的位置，另一方面指该事物与其他事物的空间的联系。农业、工业生产活动以及乡村的形成和发展都必须有一个确定的空间位置，也离不开与其他事物的联系，临近地区也会相互影响。乡村与周边区域的联系中一个重要的要素是交通，“要想富，先修路”，交通的便捷程度是影响乡村发展的重要因素。区位要素是一个综合的因素，所以在规划决策的过程中了解乡村的区位条件是非常有必要的。

（2）人口要素

道氏“人类聚居学”的核心是人居环境建设，以人为本。人居环境建设也是规划决策分析的基础内容，规划决策的最终目的也是为了提高人类居住及生活的质量。在人口要素中，人口规模会影响用地面积、建筑面积、各类设施容量等；各个年龄层次的人口对各种基础设施数量以及规划布局上有不同的需求；人口分布要求在空间上进行合理分配、有序流动。人口要素包括户籍人口、常住人口的规模、分布、密度，以及人口的年龄结构和性别结构等，对村域内的人口规模、结构、空间分布及其流动情况等的分析，能为规划决策提供更好的服务。

---

① 黄郭城，刘卫东，陈佳骊．新农村建设中新一轮乡村土地利用规划的思考 [J]．农机化研究，2006(12)：5-8.

② 陶战．我国乡村生态系统在国家生物多样性保护行动计划中的地位 [J]．农业资源与环境学报，1995：5-7.

（3）产业要素

乡村产业发展模式如何，现有的产业结构需要做哪些必要的调整，产业布局情况如何，都是规划部门需要考虑的因素。乡村经济的发展包含第一、二、三产业经济的协调发展，不同性质的乡村，三者的权重不同。对于乡村，主要重视第一产业的发展，创造符合可持续发展的绿色环保农业是其经济发展的基础，是人们赖以生存和发展的物质保证。建设社会主义新农村，需要对乡村的第二、三产业的结构进行调整，使乡村经济发展走向合理健康的道路。所以深入了解村内第一、二、三产业的发展情况，包括产业类型及用途、产业规模、项目个数、效益情况等，尤其是村内规模较大的产业项目、招商引资情况等，摸清其名称、规模、产品类型、经济效益，非常必要。

（4）文化要素

乡村不仅是物质的集合，更是对不同历史时期文化形象的表现[①]，它以其特色的人文景观形式，综合反映乡村的文化文明。由于一个地域的文化特色，是历史积累与沉淀的结果，因而不同地区的乡村间都会有或多或少的风格差异。当今的乡村风格是昨日乡村规划的体现，是各时期文化特色积累的结果。同时，各时期的乡村文化又对新时期的乡村规划起指导作用，从而使一个地区的文化历史得以延续。总之，乡村规划和乡村文化有着千丝万缕的联系。文化的表现方式也是多种多样的，体现在其建筑的形式、组织形式、民俗民风以及村民生活习惯等。把文化要素纳入乡村规划决策的影响因子中，能使乡村朝着文化环境良好、宜居、可持续的方向发展。

3.1.3 空间支撑要素：用地、建筑、市政、规划

乡村空间不同于城市空间，乡村空间相对比较稳定，乡村空间的变化多是自发的，较少出现突变。乡村空间的支撑要素包括用地、建筑、市政、规划等方面，这些要素直接影响乡村的未来发展方向和村民生活质量。乡村的建设规划，应当满足村民居住的基本条件，了解乡村空间的变化特征，遵循节约用地、集约发展的原则。在乡村规划工作中深入调查与分析乡村的空间支撑条件，有利于乡村村级社会事业的优化。

（1）用地要素

土地是非常重要的财产和生产资料，是经济发展的重要载体和保障，用地管理对乡村规划有着不可忽视的影响，和乡村规划建设密切相关。乡村的生产生活与土地这一农业生产要素紧密关联，基本农田保护区与生态保护红线区更是我国粮食安全与生态环境保护的重要基础。对村域土地利用类型的面积、分布情况充分了解后，需依据区县镇（乡）土地利用总体规划、镇（乡）土地整治规划、镇（乡）规划，及其确定的主要指标和村域经济社会发展目标为依据，并考虑到生态可持续发展，合理确定村域范围内的土地利用结构、规模和布局，细化村域内各类集体

① 吴星海，孙丽云. 浅谈城市规划的影响因素及规划思想 [J]. 创新科技，2013（1）：41.

建设用地布局，寻求土地的节约利用。有条件的地方就村域范围内的田、水、路、林、村进行综合整治，对重点项目进行部署与安排。

（2）建筑要素

乡村中的建筑常存在设计不合理、建筑布局杂乱无章、浪费土地资源等问题。而这些问题，都是乡村规划需要考虑并加以解决的，如：规划集中居住的方案、进行危房整治、散居农房的重建和新建，注重新建筑的建筑质量和设计，提高村民的居住条件和生活环境等。乡村建筑会受到不同的文化历史以及不同的地理环境的影响，形成不同的建筑风格及特色，乡村规划需考虑当地特色的自然人文风貌、景观，对村内建筑进行统一风格规划，体现山、水、绿乡村特色，提升人居环境质量，建设美丽宜居乡村。

（3）市政要素

市政基础设施主要包括交通设施及供电、供水、排水、能源、环卫、广播电视、通信等基础设施。市政工程规划在整个规划建设中处于重要地位，对乡村的建设和发展以及村民生活质量的提高起着重要的作用。市政工程规划是规划体系的重要组成部分，是进行市政施工建设的蓝图[①]，具有经济性、系统性、综合性以及可实施性等特点。市政工程规划是为乡村建设服务的，因此其最重要的特性就是可实施性。市政工程规划能够促进乡村公共服务的完善，不断满足村民日益增长的物质文化生活需要。

（4）规划要素

乡村规划的根本作用是作为建设乡村和管理乡村的基本依据，是保证乡村合理地进行建设和乡村土地合理开发利用及正常经营活动的前提和基础，是实现乡村社会经济发展目标的综合手段。乡村规划，需要依据区县城乡总体规划，以城乡资源条件、现有生产基础为前提，进行规划现状分析、规划评估、规划研究，再进行规划编制。而各个镇街乡的自然、经济、资源的分析评价，社会、经济的发展方向、战略目标及地区布局的研究等，都必须以镇街乡的规划基本信息为支撑。在村域范围内划分以生态保护为主导功能的生态空间、以农业耕作为主导功能的农业空间、以乡村建设为主导功能的建设空间时，也需结合村域规划分析，突出村域特色。

3.1.4 特殊要素：村民发展意愿、地理标志产品

（1）村民发展意愿

我国以往的乡村规划大多属于自上而下的思路，自觉和不自觉地套用城市规划编制理论和方法，规划的动机和目标主要表现在如何实现乡村社会城市化，而这种规划模式既不符合乡村社会发展的实际，又不符合社会公平的原则。就全国的乡村规划编制情况来看，编制过程、分析方法、成果形式和审批环节都沿用城市规划编制和管理的方法[②]，乡村规划照搬城市规划模式、

① 李永红．市政工程规划在城市规划体系中的地位与作用分析[J]．山东工业技术，2017（2）：140.

② 孙肖远．新农村建设中的利益机制构建[J]．农村经济，2010（1）：33-36.

脱离村镇实际、指导性和实施性较差等问题普遍存在，导致乡村规划不能有效指导实际建设，致使乡村环境面貌改善甚微，甚至出现适得其反的后果。乡村地区由于在各方面有自身的逻辑和特点，在规划的思想和方法上也应是有独特之处的，决不能照搬城市规划。乡村规划决策不仅是对空间的规划，更是社会的责任。空间规划的结果固然重要，但尊重村民意愿的过程，以人为本，才显得意义重大。以农民为主体，把维护农民切身利益放在首位，充分尊重农民意愿，把群众认同、群众参与、群众满意作为根本要求，切实做好新形势下的群众工作，依靠群众的智慧和力量建设美丽宜居乡村。乡村规划决策的核心思想是尊重村民的意愿，只有围绕尊重村民意愿而做出的规划决策，所有的规划成果才是现实可行的。所以在乡村规划决策过程中，需要对村民意愿进行调查，充分考虑村民的发展意愿，辅助进行乡村规划决策。

（2）地理标志产品

地理标志产品，是指产自特定地域，所具有的质量、声誉或其他特性本质上取决于该产地的自然因素和人文因素，经审核批准以地理名称进行命名的产品。地理标志保护产品包括：一是来自本地区的种植、养殖产品；二是原材料来自本地区，并在本地区按照特定工艺生产和加工的产品[①]。地理标志产品具有强烈的地域标签，是所在区域特有的资源。生产者利用消费者对产品的认知度进行地理标志产品针对性的开发，有利于提高产品层次，减少竞争，提高产品附加值，创造更多利润，促进当地经济发展。将地理标志产品纳入考虑范围，有利于因地制宜地提高乡村规划决策的精准性。

3.2 数据的转换

3.2.1 数据采集与梳理

根据区（县）情的不同制定外业调查和报告编制方案，通过各街镇乡、村委会和村民配合，利用地形图、卫星影像、地理国情普查、土地利用现状等基础现状测绘资料和各类规划资料，辅以智能定位终端，采集村域现状及规划信息。在村情数据的采集中，需要摸清各村的自然环境要素、社会经济要素、空间支撑要素、特殊要素等信息，为村规划决策提供科学而且准确的基础数据与专题分析数据，支撑规划设计人员研究村域社会、经济的发展方向、战略目标及其地区布局等，制定村域规划的纲要与方案，科学、有序地对乡村发展进行规划引导与管理。数据采集与梳理流程如下：

（1）资料梳理和准备

由区县规划行政主管部门和编制单位共同收集市级、区县级各项已有的现状、空间管制、规划等相关数据资料，整合空间数据资源，掌握好外调前的村情信息。明确需要到镇街乡收集的、外业调查的数据资料，形成资料收集清单，并制作各村外调图纸、村域现状调查表等。

---

① 地理标志产品保护规定 [J]. 中国质量技术监督，2005，(9)：14-15.

（2）区县召开动员大会

由区县规划行政主管部门牵头，召集涉及镇街乡的规划－城建负责人，以及相关各行业部门人员，召开项目启动会，明确工作目的、内容和实施方法，建立项目组与镇街乡的联系渠道，并将需要委办局协助收集的清单提供区县规划行政主管部门，由区县规划行政主管部门进行资料收集协调。同时将需要各镇街乡收集和各村收集的资料清单提供给镇街乡规划负责人，由镇街乡人员会后发放给各村负责人，并请各镇街乡和村负责人在召开座谈会之前做好充分准备，以便在镇街乡座谈会时更好地配合编制单位。

（3）镇街乡座谈会

由编制单位工作小组联系各镇街乡召开镇街乡座谈会，各镇街乡城乡规划负责人负责召集各村相关人员进行座谈，建立村级联系网，了解各村情况。各镇街乡在座谈会上简要介绍镇街乡及各村的情况，提供资料清单上所列的资料。会上由编制单位与各村负责人共同填写村域现状调查表，将可落实空间位置的信息绘制到外调图纸上。根据分析报告成果，整理和更新形成各村空间数据集成果。

（4）实地踏勘

镇街乡座谈会上完成现状调查图表的填写与绘制后，由编制单位组织实地踏勘，要求村委会派出至少一名熟悉村情的工作人员，与编制单位共同完成对各类现状村情要素信息的实地踏勘，最终形成的外业调查图表成果须由镇街乡政府确认、盖章。

（5）成果整理与数据集生产

完成镇街乡座谈和实地踏勘后，及时按村分类进行整理，并做好记录。将整理好的外调成果矢量化形成空间数据集。

3.2.2 数据整合与建库

村域现状空间数据集的格式要求为矢量格式：dwg 格式或 shp 格式皆可，数据坐标系统要求为重庆独立坐标系。内容上要求各类现状要素须采用与实际位置相符的空间点位和范围线表达，同时须标注要素名称或在 shp 文件属性字段中填写要素名称（表 3-1）。

村空间数据集内容与格式要求 **表 3-1**

格式	要素表达形式	标注内容	坐标系统	数据范围
dwg 格式	现状要素的空间点位、范围	须将要素名称标注在距要素实地位置 20m 以内位置	重庆独立坐标系统	每村的数据集成果中应只包含本村范围内要素
shp 格式	现状要素的空间点位、范围	须在属性字段中注明要素名称		

形成乡村空间数据集后，要以村为单位，从其中大量的数据中提取出乡村规划决策中相应要素所需的数据。数据需要根据规划决策要素进行转换并与相关的数据进行整合（表 3-2）。

区级综合数据库数据资源目录 **表 3-2**

<table>
<tr><th>数据大类</th><th colspan="2">数据小类</th><th>数据名称</th></tr>
<tr><td rowspan="5">自然环境要素</td><td colspan="2">地形地貌</td><td>DEM</td></tr>
<tr><td colspan="2" rowspan="2">灾害情况</td><td>资质灾害隐患点</td></tr>
<tr><td>地质灾害易发程度分区</td></tr>
<tr><td colspan="2" rowspan="2">资源保护</td><td>自然景观</td></tr>
<tr><td>人文资源</td></tr>
<tr><td rowspan="23">社会经济要素</td><td colspan="2" rowspan="5">行政区划</td><td>区县界</td></tr>
<tr><td>乡镇（街）界</td></tr>
<tr><td>社区（村）界</td></tr>
<tr><td>社区（村）驻地</td></tr>
<tr><td>南岸 32 个村村界</td></tr>
<tr><td colspan="2" rowspan="4">人口及经济情况</td><td>常住人口</td></tr>
<tr><td>户籍人口</td></tr>
<tr><td>人均收入</td></tr>
<tr><td>流动人口</td></tr>
<tr><td rowspan="10">规划</td><td rowspan="10">管制区</td><td>四山管制区[①]</td></tr>
<tr><td>水源保护区</td></tr>
<tr><td>湿地公园</td></tr>
<tr><td>森林公园</td></tr>
<tr><td>公路防护范围</td></tr>
<tr><td>高压电力走廊</td></tr>
<tr><td>油气管道禁建控制范围</td></tr>
<tr><td>燃气管道禁建控制范围</td></tr>
<tr><td>历史洪水淹没范围</td></tr>
<tr><td>二级保护林地</td></tr>
<tr><td colspan="2" rowspan="3">经济产业</td><td>第一产业</td></tr>
<tr><td>第二产业</td></tr>
<tr><td>第三产业</td></tr>
<tr><td colspan="2">文化</td><td>文化产业</td></tr>
<tr><td rowspan="7">空间支撑要素</td><td colspan="2" rowspan="7">道路交通</td><td>高速公路</td></tr>
<tr><td>快速路</td></tr>
<tr><td>县道</td></tr>
<tr><td>乡道</td></tr>
<tr><td>乡村道路</td></tr>
<tr><td>隧道、桥梁</td></tr>
<tr><td>交通设施</td></tr>
</table>

① 重庆市为了切实保护好缙云山、中梁山、铜锣山、明月山地区的森林、绿地资源，改善城市生态环境，结合重庆实际，划定了四山管制区，包括禁建区、重点控建区和一般控建区，其中禁建区内禁止各类开发建设活动。

续表

数据大类	数据小类	数据名称
空间支撑要素	基础设施	给水设施
		电力设施
		燃气设施
		通信设施
		环卫设施
		集中居民点
	市政	教育设施
		医疗卫生设施
		文化及体育设施
		社会福利及殡葬设施
		宗教、文物保护设施
		邮政设施
		公园广场
		行政管理机构
		农贸市场
	用地	土地利用现状
	建筑	建筑物
特殊要素	村民发展意愿	

3.2.3 数据更新与查询

（1）数据更新

在综合数据库建设中，需要对数据进行持续更新，如果发现缺少某类信息须及时开展补充调查。为提高数据采集更新的效率，跟当地的镇街乡政府、村委会等建立了一套信息更新机制，由其定期或不定期，实时在线地提供人口、用地、产业、经济、社会等数据。同时为保证数据的准确性，充分利用遥感影像等辅助资料，并结合外业抽样调查等方式，对数据进行检查和校核。

（2）数据查询

1）地名地址查询

在搜索输入框中输入关键地名或地址，会返回优先级最高的 7 条数据。点击某一条搜索结果时，地图会居中定位到该位置（图 3-1）。

2）要素数据查询

系统可按照行政区划级别和要素类型分别进行数据查询。当点击某一镇街乡时，将高亮显示该镇街乡，同时展开属于该镇街乡的村数据（图 3-2）。

单击该镇街乡内某一村，将在区域模块高亮显示该村，随后弹出该村的概况信息。可查看该村的概况信息、建筑及特色资源的概要统计等（图 3-3）。

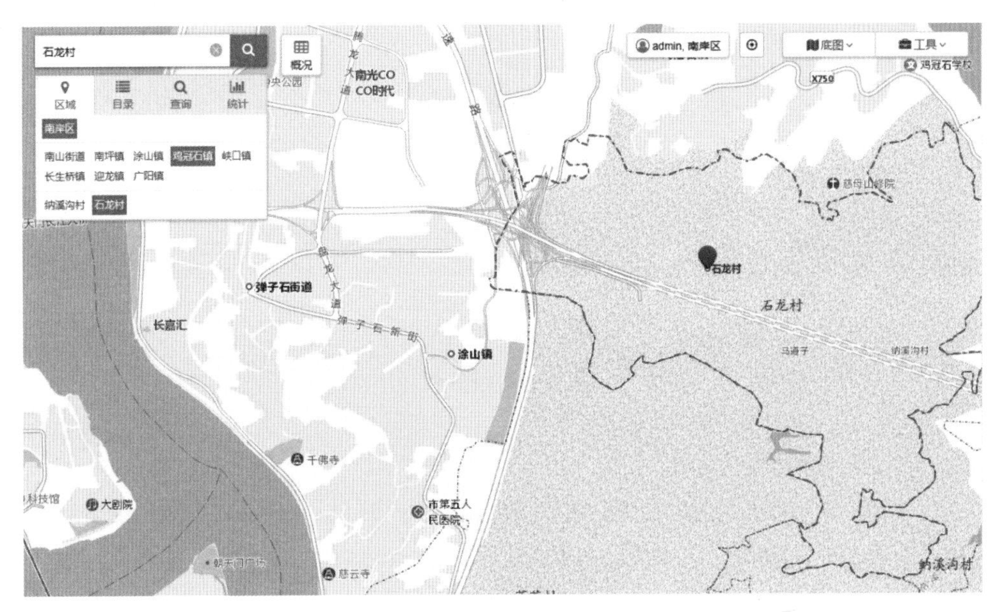

图 3-1　地名匹配结果

联合村 概况

概况　人口情况　土地利用情况　经济与产业　建筑　特色资源

人口情况		户籍人口	常住人口	户数			
		1061	1959	432			
	人口年龄	6岁以下	6-18岁	19-35岁	36-60岁	61岁及以上	合计
	户籍人口（人）	65	203	202	416	175	1061
	常住人口（人）	84	243	512	714	406	1959
	户籍-常住（人）	-19	-40	-310	-298	-231	-898

图 3-2　村数据展示

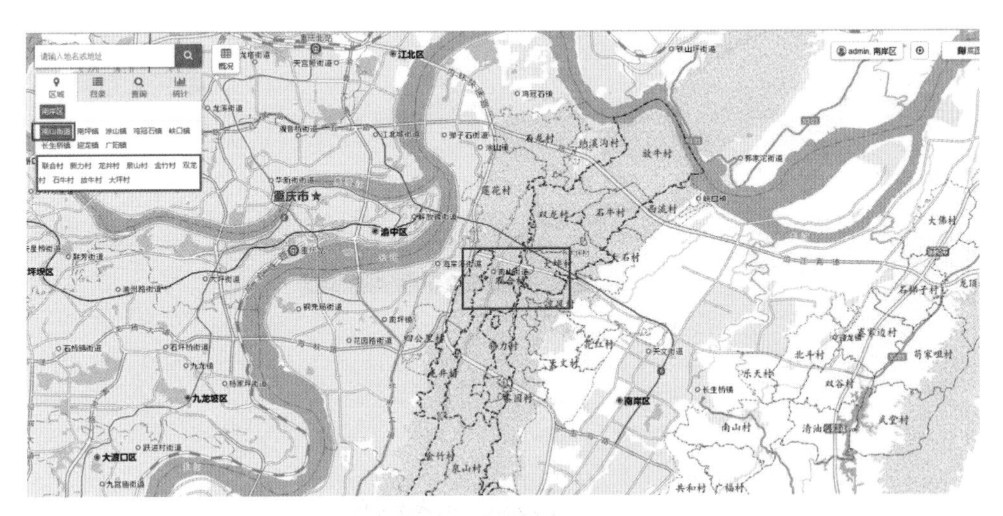

图 3-3　镇街乡数据展示

在目录模块中可对具体数据进行查询过滤，主要通过输入关键字进行查询，然后返回查询结果。同时系统可统计当前行政区划或自定义范围内点状要素的个数（如地质灾害隐患点），单击列表中的“查看”按钮可缩放至该点位（图 3-4）。

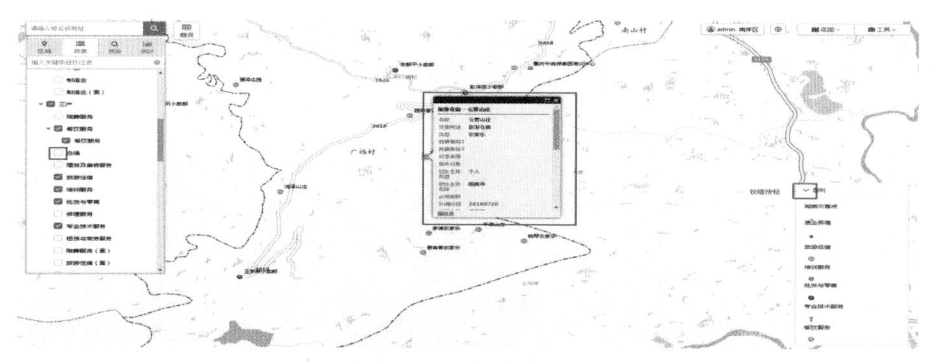

图 3-4　数据加载

（3）地理要素属性查询及照片浏览

在目录列表勾选需要添加的数据，该数据会叠加到地图上，同时在右下角出现图例窗口；点击该数据在地图上的要素，会弹出该要素的属性窗口（名称、权属、规模、类型等，图 3-5）。

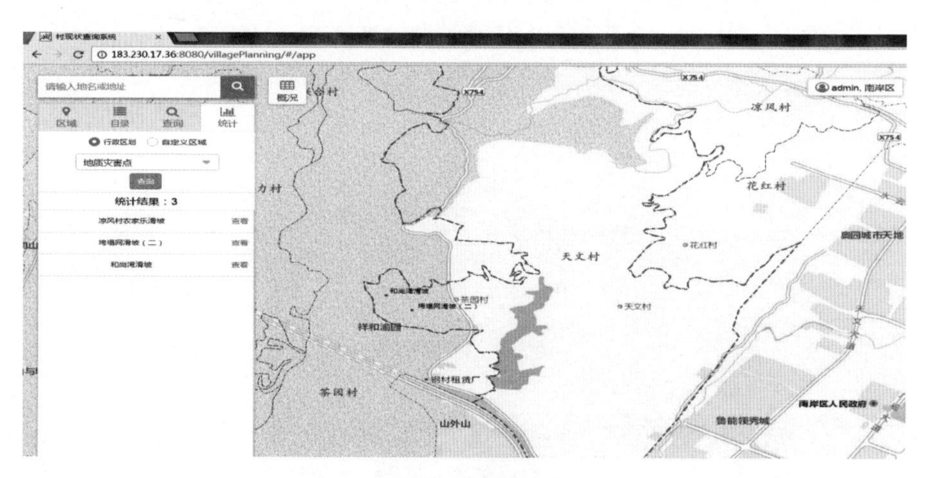

图 3-5　查询统计

勾选某一地理要素，可查看村内该要素的实景照片并显示照片数量（图 3-6）。

图 3-6　属性及照片查询窗口

3.3 南岸区村情综合数据库数据呈现

在市级综合信息数据库框架设计、乡村规划决策影响因素分析的基础上，以南岸区为例，提取出与乡村规划决策相关的数据信息，经数据的采集、梳理、整合、建库、更新等转换过程后，构建出乡村规划决策导向下的南岸区 32 个村综合信息数据库，然后，对南岸区 32 个村村情综合数据库的数据进行详细呈现。

南岸区地处重庆市主城区中部，是重庆主城区的重要组成部分，其位于长江南岸，依山傍水，仰拥“山城花冠”南山，俯临长江、嘉陵江，山水园林特色显著，风景秀丽、优美宜人。辖区西部、北部濒临长江，与九龙坡区、渝中区、江北区隔江相望，东部、南部与巴南区接壤。

南岸区位于川东平行岭谷区，背斜、向斜平行分布，构成低山、丘陵、平坝、河流的组合地貌特征。南岸区属亚热带季风气候，热量丰富，雨量充沛，无霜期长，风小日照少，湿度大，云雾多，春早夏长，秋短冬暖，四季分明，多年平均气温 18.5℃，降雨量 1097.8mm。

南岸辖区幅员面积 262km^2，辖 8 个街道、7 个镇，150 个社区（村）。本项目从村域现状分析与规划指引工作实际需求出发，排除规划城市建设用地覆盖比例较大，或征地拆迁比例较大的村，最终保留 7 个镇（街道）的 32 个村开展南岸区村情综合数据库建设（表 3-3）。

南岸区 32 个村一览表 **表 3-3**

<table>
<tr><th>镇（街道）</th><th>村</th><th>镇（街道）</th><th>村名</th></tr>
<tr><td rowspan="9">南山街道</td><td>联合村</td><td>涂山镇</td><td>莲花村</td></tr>
<tr><td>新力村</td><td>鸡冠石镇</td><td>石龙村</td></tr>
<tr><td>龙井村</td><td rowspan="2">峡口镇</td><td>西流村</td></tr>
<tr><td>泉山村</td><td>大石村</td></tr>
<tr><td>金竹村</td><td rowspan="8">迎龙镇</td><td>蹇家边村</td></tr>
<tr><td>双龙村</td><td>北斗村</td></tr>
<tr><td>石牛村</td><td>双谷村</td></tr>
<tr><td>放牛村</td><td>清油洞村</td></tr>
<tr><td>大坪村</td><td>武堂村</td></tr>
<tr><td rowspan="8">长生桥镇</td><td>共和村</td><td>苟家咀村</td></tr>
<tr><td>广福村</td><td>龙顶村</td></tr>
<tr><td>南山村</td><td>石梯子村</td></tr>
<tr><td>乐天村</td><td rowspan="3">广阳镇</td><td>大佛村</td></tr>
<tr><td>凉风村</td><td>银湖村</td></tr>
<tr><td>花红村</td><td>新六村</td></tr>
<tr><td>天文村</td><td colspan="2" rowspan="2"></td></tr>
<tr><td>茶园村</td></tr>
</table>

3.3.1 资源环境条件

（1）地形地貌

1）地貌类型

南岸区地处扬子板块川东褶皱带，褶皱构造为隔挡式地质构造，地貌类型属川东平行岭谷区的一部分，域内自西向东依次为重庆向斜—南温泉背斜（铜锣峡背斜）—广福寺向斜—明月山背斜。南温泉背斜在北部春天岭区域分成两支，中间夹纳溪沟向斜，南温泉背斜东支为铜锣峡背斜，与长江北岸的铜锣山背斜相连。整体上，顺应构造发育，域内背斜成山、向斜成谷，南温泉背斜、明月山背斜构造形成的南温泉山、明月山走向与构造线一致，呈北北东—南南西向展布，宽缓的向斜谷地是南岸区经济社会活动的主要分布区域，南坪组团、茶园组团分别位于重庆向斜、广福寺向斜内。广福寺向斜内部，在地质外营力作用下有倒置山分布，从广阳坝南部对岸的牛头山延伸至巴南的樵坪。区内喀斯特地貌发育，铜锣峡背斜山全部和南温泉背斜北端、明月山全部山体完整，呈“一山一岭”。黄山疗养院以南的南温泉背斜山段，喀斯特槽谷发育，呈“一山二岭一槽”或“一山二岭二槽”的地貌组合特征，南山功能区主要布局其中，山岭地区山高坡陡，植被覆盖良好。

本项目区涉及的南岸区32个村主要分布于南温泉背斜、铜锣峡背斜山岭以及东翼向广福寺向斜过渡的深丘区域，明月山背斜山及其西翼向广福寺向斜过渡的梁状深丘区域，以及广福寺向斜牛头山、樵坪等台状丘陵区（图3-7）。各村域内部由于界线划分不同，地貌类型多样，但总体上仍然以低山、丘陵为主要地貌类型（表3-4）。

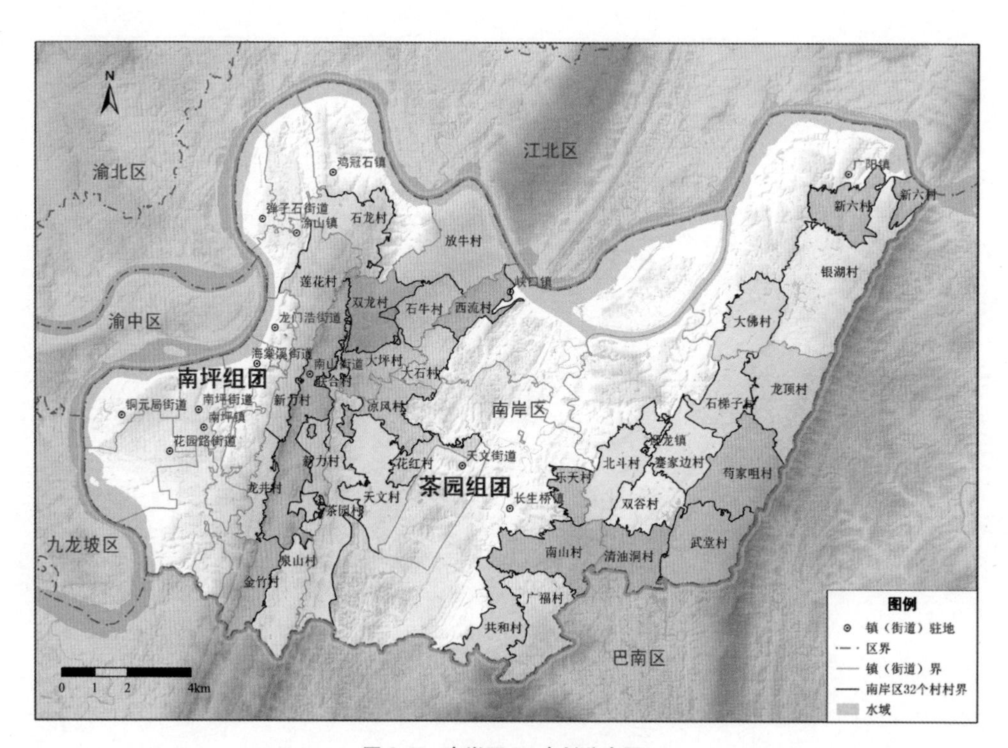

图3-7　南岸区32个村分布图

地貌类型分布情况表 **表 3-4**

镇街	村	低山		丘陵		台地		地貌分类
		面积（hm^2）	占比（%）	面积（hm^2）	占比（%）	面积（hm^2）	占比（%）	
南山街道	联合村	68	100	—	—	—	—	山地为主
	新力村	312	100	—	—	—	—	山地为主
	龙井村	241	100	—	—	—	—	山地为主
	泉山村	387	100	—	—	—	—	山地为主
	金竹村	214	100	—	—	—	—	山地为主
	双龙村	342	100	—	—	—	—	山地为主
	石牛村	231	100	—	—	—	—	山地为主
	放牛村	659	100	—	—	—	—	山地为主
	大坪村	261	97	7	3	—	—	山地为主
涂山镇	莲花村	385	85	66	15	—	—	山地为主
鸡冠石镇	石龙村	300	78	87	22	—	—	山地为主
峡口镇	西流村	185	82	40	18	—	—	山地为主
	大石村	88	48	94	52	—	—	山地、丘陵并重
长生桥镇	共和村	—	—	257	77	77	23	丘陵为主
	广福村	—	—	163	40	248	60	台地为主
	南山村	—	—	452	100	—	—	丘陵为主
	乐天村	—	—	150	100	—	—	丘陵为主
	凉风村	139	50	139	50	—	—	山地、丘陵并重
	花红村	—	—	152	100	—	—	丘陵为主
	天文村	200	41	287	59	—	—	山地、丘陵并重
	茶园村	490	96	22	4	—	—	山地为主
迎龙镇	蹇家边村	—	—	374	100	—	—	丘陵为主
	北斗村	—	—	326	100	—	—	丘陵为主
	双谷村	—	—	304	100	—	—	丘陵为主
	清油洞村	—	—	309	100	—	—	丘陵为主
	武堂村	218	45	271	55	—	—	山地、丘陵并重
	苟家咀村	249	48	275	52	—	—	山地、丘陵并重
	龙顶村	288	55	233	45	—	—	山地、丘陵并重
	石梯子村	—	—	304	100	—	—	丘陵为主
广阳镇	大佛村	—	—	351	100	—	—	丘陵为主
	银湖村	507	54	428	46	—	—	山地、丘陵并重
	新六村	228	58	167	42	—	—	山地、丘陵并重

通过地貌识别归类与村个数统计，南岸区 32 个村中，有 13 个村以山地地貌为主，全部分布于南温泉背斜、铜锣峡背斜区域，山地为主的地貌使得该类村种植业发展条件欠佳，但森林植被覆盖较好，属南山森林公园主要分布区，具有一定的花卉林木、休闲旅游产业发展基础；有 10 个村以丘陵为主，主要分布于明月山西侧；有 8 个村山地、丘陵并重，主要沿明月山西麓分布，南温泉山东侧山缘区域也有分布；1 个村（迎龙镇广福村）南部有樵坪分布，台地比重高。南温泉山以东的部分村丘陵、台地集中分布，一方面为茶园组团城市建设用地布局提供了用地基础，促进农村地域、产业城市化；另一方面作为传统的农业分布区，也为城郊高效生态农业的发展布局提供了便利条件（图 3-8、图 3-9）。

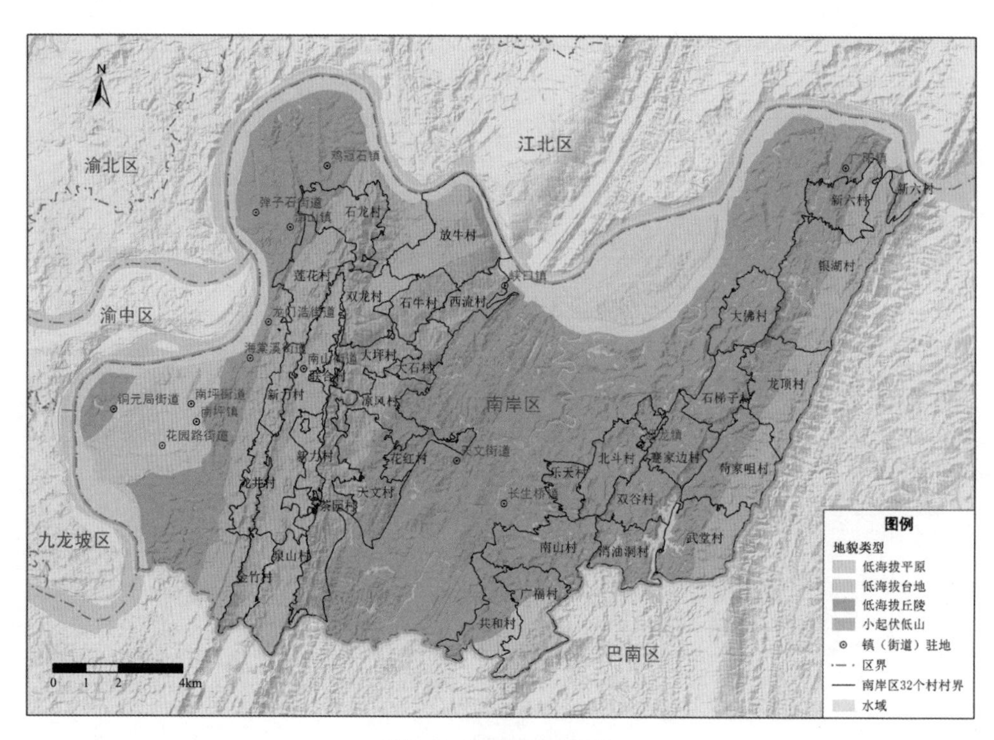

图 3-8　地貌分类分布图

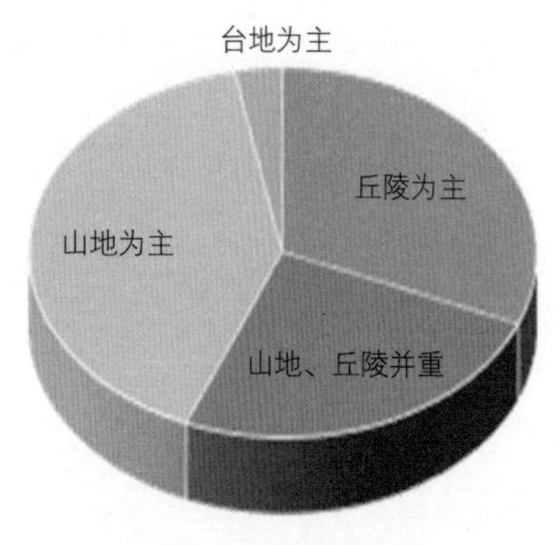

图 3-9　地貌分类统计图

2）海拔高度

本项目区涉及的南岸区 32 个村整体范围内，最高点海拔 679m，位于南山街道双龙村，最低海拔位于广阳镇新六村长江水面。除峡口镇西流村、南山街道放牛村濒临长江、200m 以下高程分布面积较大外，其他村海拔几乎均在 200m 以上；其中，广阳镇大佛村、新六村，长生桥镇共和村、乐天村、花红村等 14 个村 200~300m 高程面积占村域面积最大；南山街道大坪村、涂山镇莲花村、鸡冠石镇石龙村等 8 个村 300~400m 高程面积占村域面积最大；南山街道新力村、龙井村、泉山村、金竹村，长生桥镇茶园村等 7 个村 400~500m 高程面积占村域面积最大；南山街道的联合村、新力村、龙井村、双龙村、大坪村，长生桥镇的广福村、茶园村等 7 个村 500~600m 高程面积占村域面积比重在 20% 以上，具有一定的山地气候资源优势（表 3-5、图 3-10）。

高程分级占比统计表 **表 3-5**

镇（街道）	村	高程分级占比（%）				
		200m 以下	200~300m	300~400m	400~500m	500~600m
南山街道	联合村	—	—	—	32	68
	新力村	—	0	15	60	25
	龙井村	—	—	11	67	21
	泉山村	—	—	12	77	12
	金竹村	—	—	42	55	3
	双龙村	—	1	14	35	51
	石牛村	—	5	40	41	14
	放牛村	17	14	26	41	3
	大坪村	0	17	36	26	21
涂山镇	莲花村	0	25	31	28	15
鸡冠石镇	石龙村	0	25	38	30	7
峡口镇	西流村	27	61	12	—	—
	大石村	7	86	7	—	—
长生桥镇	共和村	2	66	26	6	—
	广福村	—	29	19	19	33
	南山村	1	49	50	—	—
	乐天村	—	63	37	—	—
	凉风村	—	48	41	8	3
	花红村	—	79	21	—	—
	天文村	—	13	77	9	1
	茶园村	—	—	27	43	31
迎龙镇	蹇家边村	—	94	6	—	—
	北斗村	—	84	16	—	—
	双谷村	—	95	5	—	—
	清油洞村	—	95	5	—	—
	武堂村	—	39	36	14	11
	苟家咀村	—	39	39	11	11
	龙顶村	—	24	36	21	18
	石梯子村	2	82	16	—	—
广阳镇	大佛村	6	72	22	0	—
	银湖村	0	14	49	22	14
	新六村	9	67	21	3	0

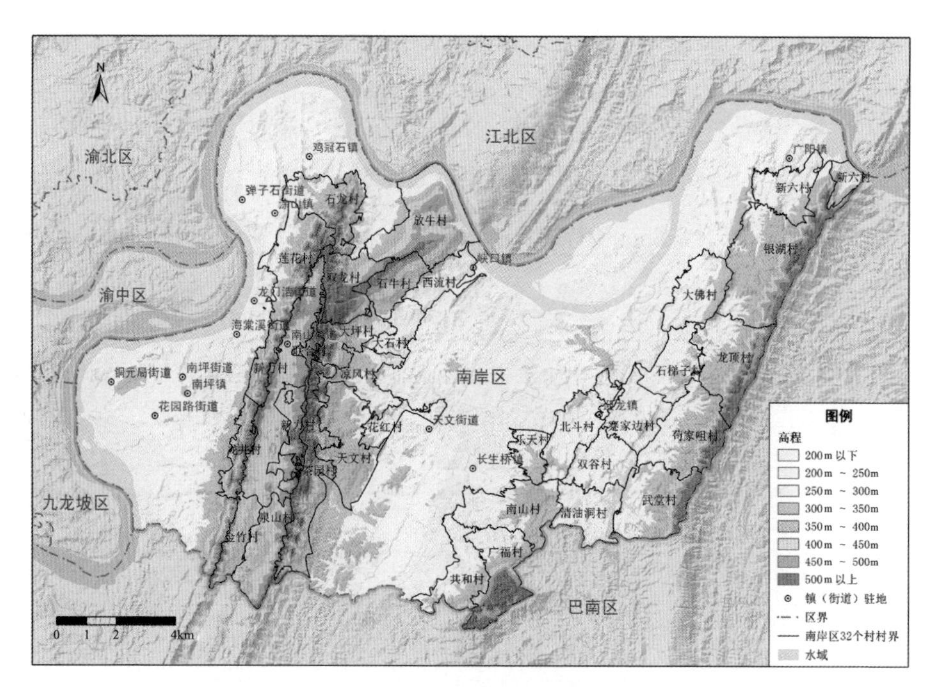

图 3-10　高程分级分布图

本项目区涉及的南岸区 32 个村中，村域高差低于 200m 的村有 11 个，相对集中于明月山西南侧的迎龙镇、长生桥镇区域，迎龙镇的蹇家边村、双谷村、清油洞村、北斗村等村域内高差相对较小，最高约为 150m，农业本底条件好，是南岸区规划的现代农业综合示范区。村域高差高于 200m 的村有 21 个，相对集中于南温泉山、明月山及其山麓区域，南山街道的双龙村、大坪村，长生桥镇的广福村，迎龙镇的武堂村、苟家咀村、龙顶村，广阳镇的银湖村村域内高差相对较大，均在 400m 以上（表 3-6、图 3-11）。

最高、最低、平均高程及高差统计表　　　　**表 3-6**

镇（街道）	村	平均高程（m）	最高海拔（m）	最低海拔（m）	高差（m）
南山街道	联合村	518	619	433	186
	新力村	457	597	281	316
	龙井村	458	569	311	258
	泉山村	442	597	375	222
	金竹村	415	548	356	192
	双龙村	492	679	245	435
	石牛村	413	540	243	298
	放牛村	350	534	160	374
	大坪村	400	632	200	432
涂山镇	莲花村	384	582	192	389
鸡冠石镇	石龙村	368	562	200	362
峡口镇	西流村	236	372	162	210
	大石村	251	372	184	188

续表

镇（街道）	村	平均高程（m）	最高海拔（m）	最低海拔（m）	高差（m）
长生桥镇	共和村	287	499	193	306
	广福村	406	612	205	407
	南山村	293	388	194	194
	乐天村	283	366	212	154
	凉风村	319	582	234	349
	花红村	281	383	205	178
	天文村	343	558	257	301
	茶园村	455	633	301	332
迎龙镇	蹇家边村	246	339	201	138
	北斗村	270	360	209	151
	双谷村	257	329	211	118
	清油洞村	265	348	215	132
	武堂村	352	660	214	446
	苟家咀村	345	638	206	432
	龙顶村	385	644	234	410
	石梯子村	256	348	177	171
广阳镇	大佛村	269	424	166	258
	银湖村	383	669	186	483
	新六村	273	533	159	374

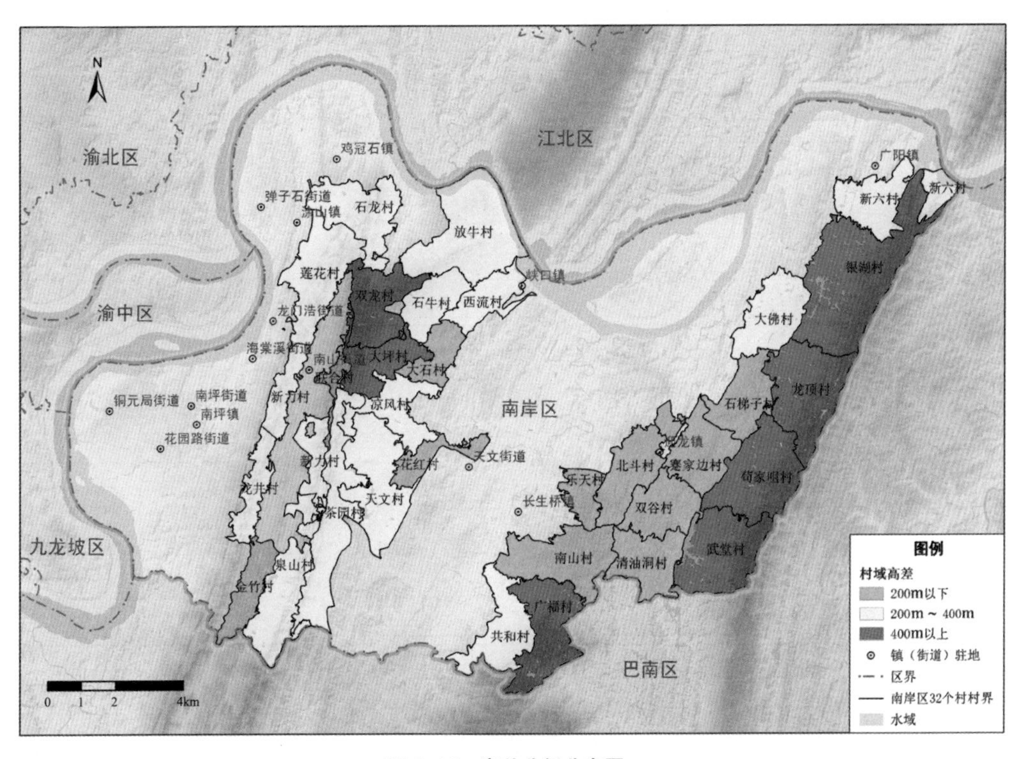

图 3-11　高差分级分布图

3）坡度分布

坡度是重要的地形表现，在人类活动和自然保护两方面都具有重要的意义，其影响方面包括水土保持、地质灾害、农业耕种、林地生长等，与城乡人民生活条件和生态环境保护策略都有所关联。

本项目区涉及的南岸区 32 个村均以陡坡地（坡度大于 25%）为主，其中，4 个村陡坡地占村域面积比例超过 80%，分别为鸡冠石镇石龙村、涂山镇莲花村、南山街道龙井村、长生桥镇茶园村；8 个村介于 70%~80%，主要分布于南山街道以及明月山西麓；6 个村介于 60%~70%；8 个村介于 50%~60%；6 个村介于 40% ~ 50%，主要分布于明月山西南侧的迎龙镇、长生桥镇区域。不同坡度条件影响村域种植业生产活动、村级建设活动的空间布局。从空间离散角度评价，南温泉山、明月山山岭区域，以及铜锣峡、明月峡临江区域地形较为陡峭，宜作为生态屏障区；山缘深丘的丘坡区域以及河谷岸线区域坡度也较为陡峭，农业生产利用条件较差，水土流失风险大，城乡建设改造利用工程量也较大；南温泉山槽谷区、宽缓的广福寺向斜谷地浅丘区是城镇建设活动的重要布局区。另外，明月山西南侧浅丘区受城镇建设活动干扰相对较小，农业生产条件相对较好，丘顶区域可辟为旱地，缓坡面可辟为梯田，谷底宜为稻田，具有发展现代农业的基础条件（表 3-7、图 3-12）。

坡度分级占比统计表 **表 3-7**

镇（街道）	村	坡度分级占比（%）				
		5° 以下	5° ~ 10°	10° ~ 15°	15° ~ 25°	25° 以上
南山街道	联合村	4	5	6	12	73
	新力村	6	6	6	10	73
	龙井村	3	3	3	7	83
	泉山村	11	8	7	14	61
	金竹村	17	13	12	16	42
	双龙村	3	4	5	11	76
	石牛村	4	7	9	24	55
	放牛村	15	4	5	17	59
	大坪村	3	4	6	15	72
南坪镇	四公里村	11	12	10	17	51
涂山镇	莲花村	4	3	3	8	82
鸡冠石镇	纳溪沟村	18	6	5	11	61
	石龙村	4	4	3	8	82
峡口镇	西流村	5	5	6	16	69
	大石村	4	5	7	18	66
长生桥镇	共和村	8	8	7	17	60
	广福村	7	7	6	17	64

续表

镇（街道）	村	坡度分级占比（%）				
		5° 以下	5° ~ 10°	10° ~ 15°	15° ~ 25°	25° 以上
长生桥镇	南山村	11	11	11	20	46
	乐天村	9	11	11	20	50
	凉风村	8	8	8	17	58
	花红村	9	8	8	17	57
	天文村	11	9	7	16	58
	茶园村	2	2	3	8	86
迎龙镇	蹇家边村	14	12	10	16	49
	北斗村	12	13	11	21	43
	双谷村	13	12	11	18	45
	清油洞村	14	9	8	15	54
	武堂村	6	6	5	11	72
	苟家咀村	5	5	5	10	75
	龙顶村	5	5	5	10	76
	石梯子村	12	10	9	16	54
广阳镇	大佛村	14	11	10	19	46
	银湖村	7	5	4	10	73
	新六村	13	6	5	11	64

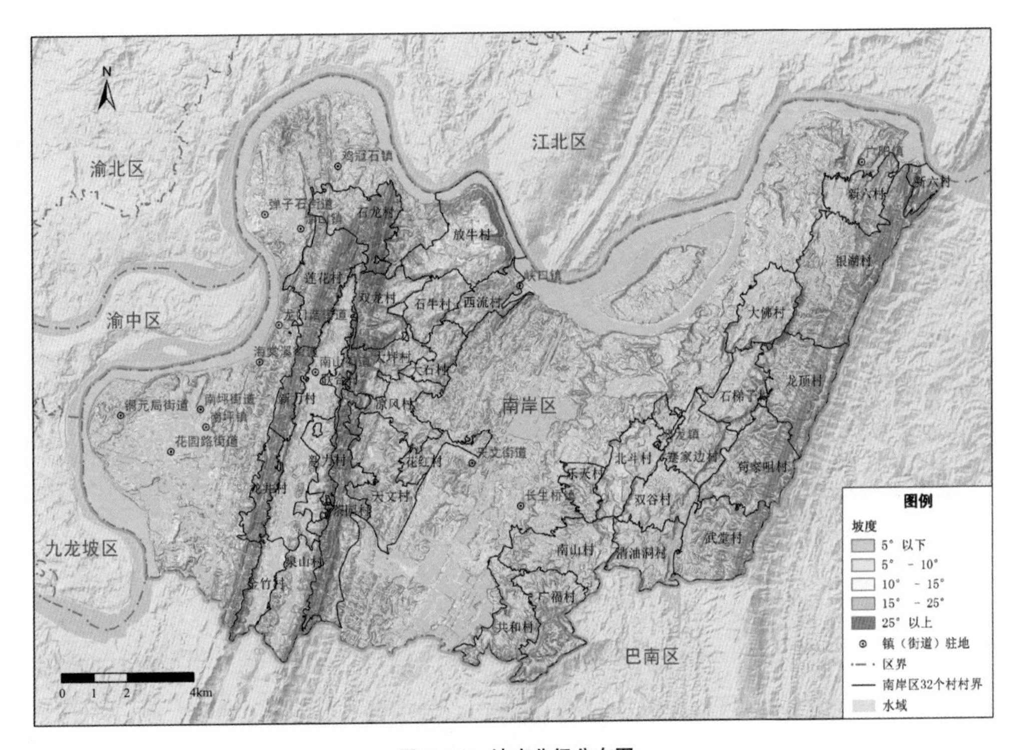

图 3-12　坡度分级分布图

（2）资源禀赋

1）土地资源

a. 耕地资源

本项目涉及南岸区 32 个村耕地资源面积共计 2802.97hm²，其中，耕地资源面积最大的是银湖村，为 314.05hm²；其次是南山村、苟家咀村、广福村，耕地资源面积也都超过了 200hm²；耕地资源面积介于 100~200hm² 之间的村有 9 个，具体为龙顶村、清油洞村、蹇家边村、武堂村、北斗村、新六村、共和村、大佛村、双谷村；其他村的耕地资源面积均在 100hm² 以下，其中，天文村、大坪村、联合村、大石村、茶园村、石牛村、双龙村的耕地资源面积不足 10hm²。空间分布上，西边的南温泉山片区各村耕地资源面积普遍较小，耕地面积均不足 100hm²，东边的明月山片区各村耕地资源面积普遍较大，除石梯子村、乐天村外，耕地面积均超过了 100hm²。因本项目区涉及的南岸区 32 个村距离城市建成区较近，需要考虑城市建设扩张对耕地资源的征用。目前，明月山片区西部临近重庆市经济技术开发区和规划重庆东站的新六村、银湖村、大佛村、石梯子村、蹇家边村、北斗村、双谷村、乐天村、南山村、广福村、共和村等村的部分区域已被城市控规覆盖，近期存在部分耕地转化为工业、居住、商业用地的可能性（图 3-13、表 3-8）。

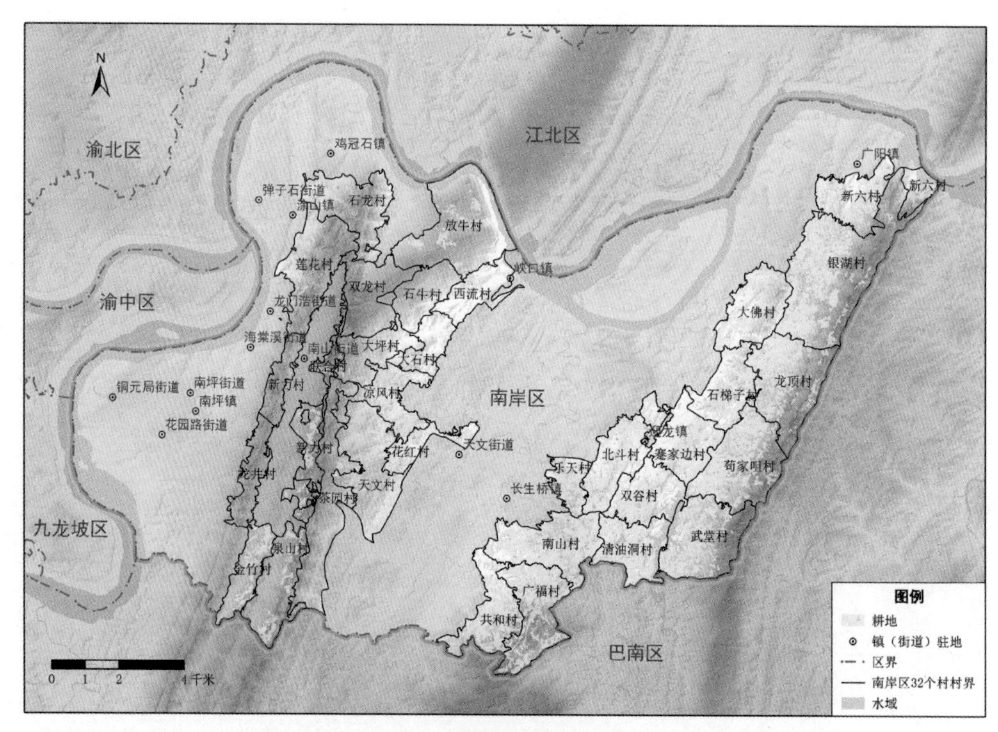

图 3-13　耕地资源分布图

耕地类型构成上，仅包括水田和旱地，无水浇地。南岸区 32 个村水田面积共 1086.25hm²，占耕地总面积的 38.75%，旱地面积共 1716.72hm²，占耕地总面积的 61.25%，整体上 32 个村耕地质量不高。空间分布上，水田和旱地的分布趋势与耕地基本一致，西少东多的特征均十分明显。

分类型耕地面积统计表（单位：hm^2） 表 3-8

镇街名称	村名称	水田	旱地	耕地合计
南山街道	联合村	—	6.83	6.83
	新力村	0.70	40.78	41.48
	龙井村	0.40	12.12	12.52
	泉山村	4.58	57.17	61.75
	金竹村	32.98	22.32	55.30
	双龙村	—	0.02	0.02
	石牛村	—	1.47	1.47
	放牛村	6.01	40.17	46.18
	大坪村	1.01	6.88	7.89
涂山镇	莲花村	—	27.88	27.88
鸡冠石镇	石龙村	0.09	24.26	24.35
峡口镇	西流村	—	24.55	24.55
	大石村	—	6.01	6.01
长生桥镇	共和村	52.00	71.10	123.10
	广福村	89.26	121.66	210.92
	南山村	110.24	148.46	258.70
	乐天村	28.71	29.22	57.93
	凉风村	14.87	35.49	50.36
	花红村	20.66	42.35	63.02
	天文村	1.86	7.17	9.02
	茶园村	0.48	3.20	3.67
迎龙镇	蹇家边村	49.23	94.46	143.68
	北斗村	40.74	85.93	126.68
	双谷村	39.13	65.30	104.44
	清油洞村	66.95	90.67	157.62
	武堂村	87.24	40.09	127.34
	苟家咀村	105.79	121.24	227.03
	龙顶村	86.94	90.41	177.35
	石梯子村	35.24	54.15	89.39
广阳镇	大佛村	49.01	70.32	119.33
	银湖村	138.04	176.00	314.05
	新六村	24.06	99.06	123.12

南岸区 32 个村中，莲花村、西流村、联合村、大石村、石牛村、双龙村 6 村无水田分布，其他各村中除武堂村、金竹村水田面积较旱地面积大之外，旱地面积均大于水面面积。结合水田和旱地面积及其比例关系来看，明月山片区各村耕地质量相对较高，而南温泉山片区除金竹村外，其他各村的耕地质量不高。考虑到耕地的规模、质量以及城市发展对耕地的征用等因素，明月

山片区东侧集中连片的武堂村、苟家咀村、龙顶村、清油洞村及其周边各村，耕地有一定规模、耕地质量相对高、距西侧的茶园组团有一定距离，适宜发展规模农业（图3–14）。

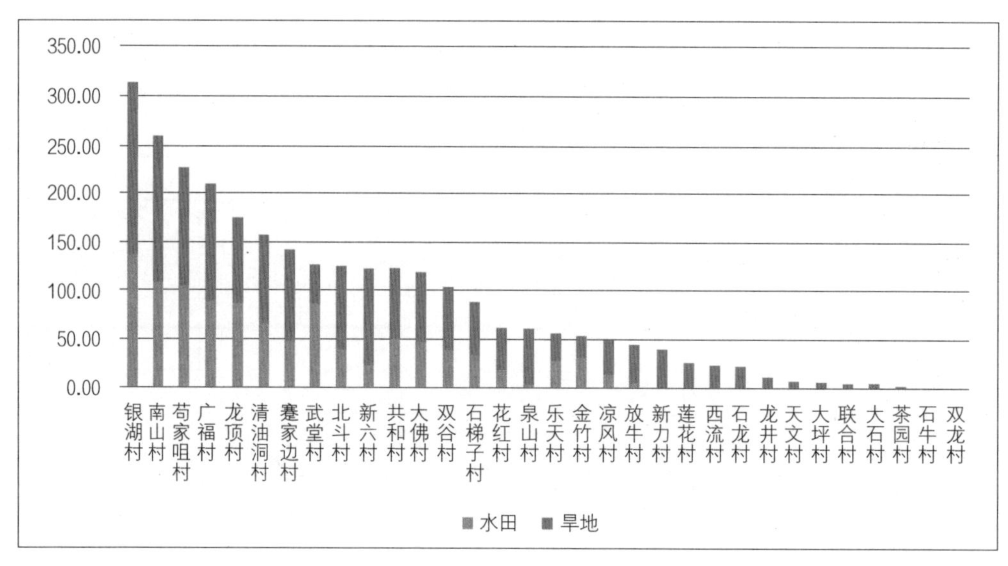

图3–14　耕地构成及面积排序图（单位：hm^2）

综合户籍人口来看，人均耕地面积最大的是花红村，达到了0.305hm^2（4.57亩）；此外人均耕地面积超过0.13hm^2（2亩）的村还包括乐天村、广福村、新六村、苟家咀村、共和村和龙顶村；人均耕地面积小于0.13hm^2（2亩）大于0.067hm^2（1亩）的村有8个；其他村人均耕地面积不足0.067hm^2（1亩），其中双龙村、石牛村、大石村的人均耕地面积不足0.007hm^2（0.1亩）。各村的人均耕地面积在空间分布上也呈现出西少东多的趋势，除人均耕地最多的花红村位于西边的南温泉山片区外，人均耕地面积超过0.067hm^2（1亩）的村均位于东边的明月山片区，南温泉山片区各村除红花村外人均耕地面积均不足0.067hm^2（1亩）。整体上，南岸区32个村人均耕地面积偏少，务农带来的收入微薄，多数村民外出或就近务工、经商、求学、投靠亲人等，加上政策因素的叠加，土地流转现象比较普遍。土地流转解决了土地细碎化的问题，也提高了土地利用效率，为发展现代农业、规模农业提供了可能（图3–15）。

b. 园地资源

本项目涉及南岸区32个村园地资源面积共计1367.71hm^2，其中，园地资源面积最大的村是大石村，达到了133.75hm^2，其次是银湖村，园地资源面积也超过了100hm^2，为118.48hm^2；园地资源面积介于50~100hm^2的村有9个，具体为大坪村、西流村、共和村、放牛村、凉风村、双龙村、武堂村、龙顶村、石牛村；其他村的园地资源面积均在50hm^2以下，其中，双谷村、联合村、蹇家边村、新力村、泉山村、龙井村、石龙村、茶园村8村的园地资源面积不足10hm^2，园地资源面积最小的茶园村仅为1.45hm^2。园地资源是各村发展面向都市的水果、花卉、苗木等种植业的基础，同时具有发展观光农业、体验农业、综合农业等潜力（表3–9、图3–16）。

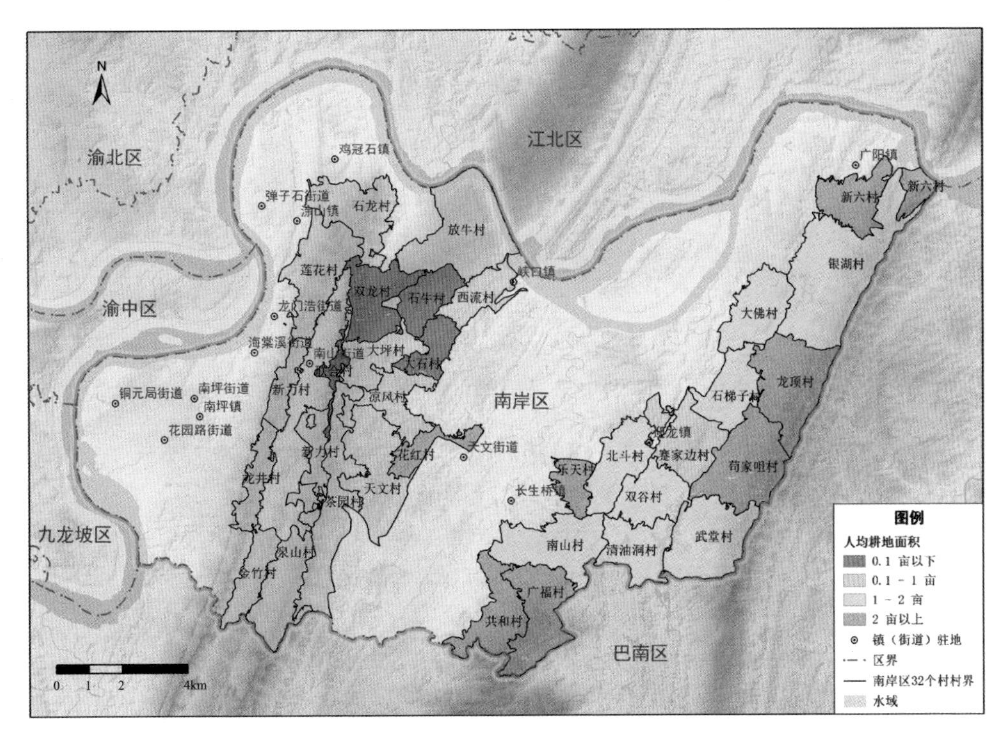

图 3-15 户籍人均耕地分级分布图

分类型园地面积统计表（单位：hm^2） **表 3-9**

镇街名称	村名称	果园	其他园地	园地合计
南山街道	联合村	—	9.58	9.58
	新力村	3.51	2.94	6.45
	龙井村	—	5.63	5.63
	泉山村	3.00	3.01	6.01
	金竹村	33.27	8.41	41.68
	双龙村	0.98	67.76	68.74
	石牛村	—	56.93	56.93
	放牛村	0.01	74.99	75.00
	大坪村	0.02	94.83	94.85
涂山镇	莲花村	—	47.19	47.19
鸡冠石镇	石龙村	0.72	3.96	4.68
峡口镇	西流村	17.87	72.29	90.16
	大石村	11.23	122.51	133.75
长生桥镇	共和村	28.62	50.33	78.95
	广福村	42.56	1.52	44.08
	南山村	13.23	11.90	25.13
	乐天村	14.90	5.06	19.96
	凉风村	—	70.87	70.87

续表

镇街名称	村名称	果园	其他园地	园地合计
长生桥镇	花红村	0.33	22.92	23.25
	天文村	—	10.60	10.60
	茶园村	—	1.45	1.45
迎龙镇	蹇家边村	0.27	8.20	8.47
	北斗村	20.25	14.68	34.93
	双谷村	2.22	7.37	9.59
	清油洞村	7.77	20.54	28.31
	武堂村	34.49	26.87	61.36
	苟家咀村	18.26	14.26	32.52
	龙顶村	30.00	30.43	60.44
	石梯子村	17.24	10.47	27.71
广阳镇	大佛村	8.25	31.36	39.61
	银湖村	27.74	90.74	118.48
	新六村	4.99	26.37	31.36

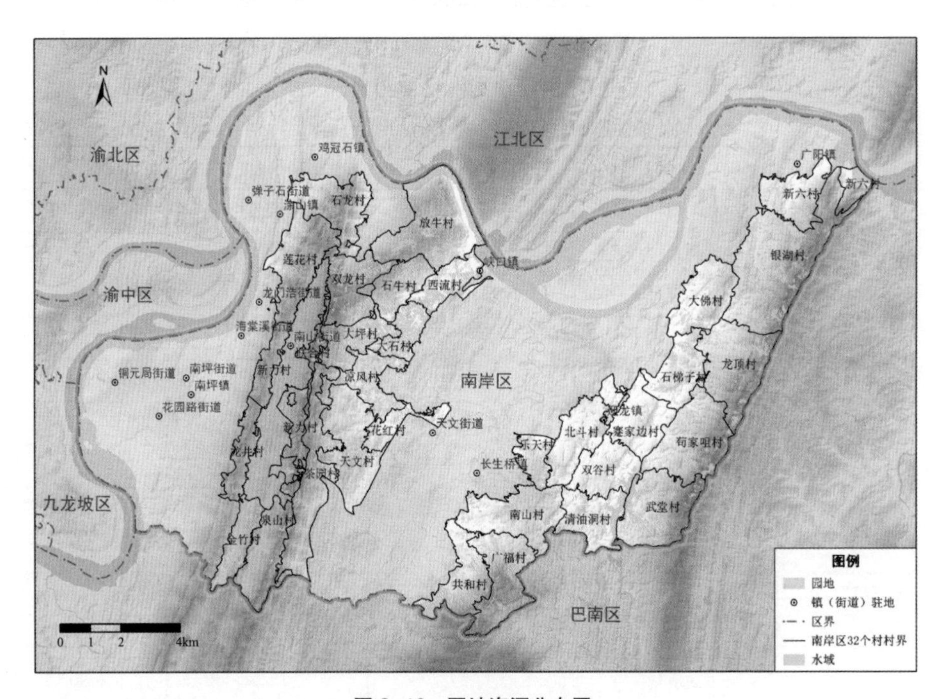

图 3-16　园地资源分布图

园地类型构成上，仅包括果园和其他园地，无茶园。南岸区 32 个村果园面积共 341.73hm^2，占园地总面积的24.99%，其他园地面积共 1025.97hm^2，占园地总面积的 75.01%。32 个村中除凉风村、石牛村、莲花村、天文村、龙井村、茶园村 6 村无果园分布外，其他各村中，广福村果园面积最大，为 42.56hm^2，联合村果园面积最小，尚不足 0.01hm^2。32 个村均有其他园地分布，其中，大石村的其他园地面积最大，为 122.51hm^2，茶园村的其他园地面积最小，仅为 1.45hm^2（图 3-17）。

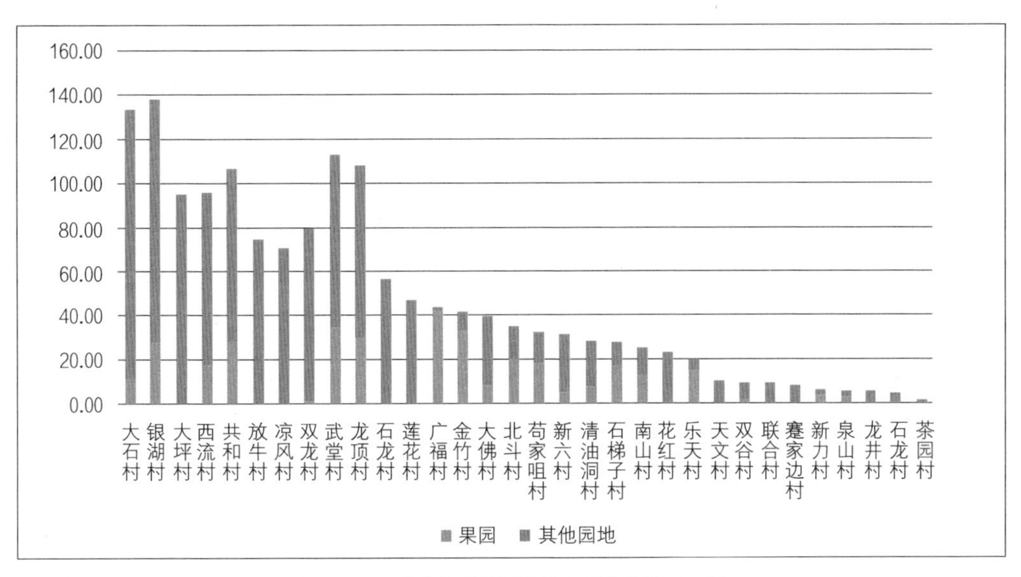

图 3-17 园地构成及面积排序图（单位：hm^2）

c. 林地资源

本项目涉及南岸区 32 个村林地资源面积共计 4517.49hm^2，其中，林地资源面积最大的村是茶园村，面积达到了 474.38hm^2，其次是放牛村，林地资源面积也超过了 400hm^2，为 402.05hm^2；林地资源面积在 100~300hm^2 之间的村共有 13 个，为天文村、银湖村、石龙村、莲花村、武堂村、双龙村、龙顶村、新力村、苟家咀村、龙井村、大坪村、广福村、石牛村；其他各村林地资源面积不足 100hm^2，其中，大石村的林地资源面积最小，仅为 12.86hm^2。空间分布上，林地资源相对集中于南温泉山片区和明月山片区的东部边缘区域，明月山片区的中西部区域林地资源比较分散。整体上，林地资源分布范围相对较广，规模较大。林地资源承担着较多生态保护的功能，林地面积多的区域，城镇发展相应会受到较多限制（表 3-10、图 3-18）。

分类型林地面积统计表（单位：hm^2） **表 3-10**

镇街名称	村名称	有林地	灌木林地	其他林地	林地合计
南山街道	联合村	35.07	2.06	0.89	38.01
	新力村	201.13	—	—	201.13
	龙井村	193.84	—	—	193.84
	泉山村	88.93	2.56	0.73	92.22
	金竹村	50.90	—	—	50.90
	双龙村	221.91	0.40	—	222.31
	石牛村	100.56	—	—	100.56
	放牛村	365.16	34.24	2.65	402.05
	大坪村	119.78	3.32	6.54	129.64
涂山镇	莲花村	248.14	8.05	—	256.19
鸡冠石镇	石龙村	257.20	3.75	—	260.95

续表

镇街名称	村名称	有林地	灌木林地	其他林地	林地合计
峡口镇	西流村	49.68	—	—	49.68
	大石村	12.86	0.01	—	12.86
长生桥镇	共和村	44.43	0.93	—	45.35
	广福村	114.12	4.57	2.74	121.43
	南山村	68.02	0.17	0.21	68.40
	乐天村	15.94	—	0.44	16.37
	凉风村	61.71	3.32	20.90	85.92
	花红村	12.47	0.98	0.12	13.57
	天文村	14.79	0.02	347.32	362.14
	茶园村	446.24	—	28.14	474.38
迎龙镇	蹇家边村	17.38	—	0.16	17.53
	北斗村	31.94	—	4.87	36.81
	双谷村	41.33	—	5.86	47.19
	清油洞村	37.67	—	2.45	40.13
	武堂村	244.27	1.38	2.18	247.83
	苟家咀村	195.54	2.48	2.45	200.46
	龙顶村	205.56	7.43	1.41	214.41
	石梯子村	48.85	5.00	0.77	54.61
广阳镇	大佛村	16.91	0.01	0.28	17.20
	银湖村	355.70	0.01	—	355.71
	新六村	85.20	2.49	—	87.69

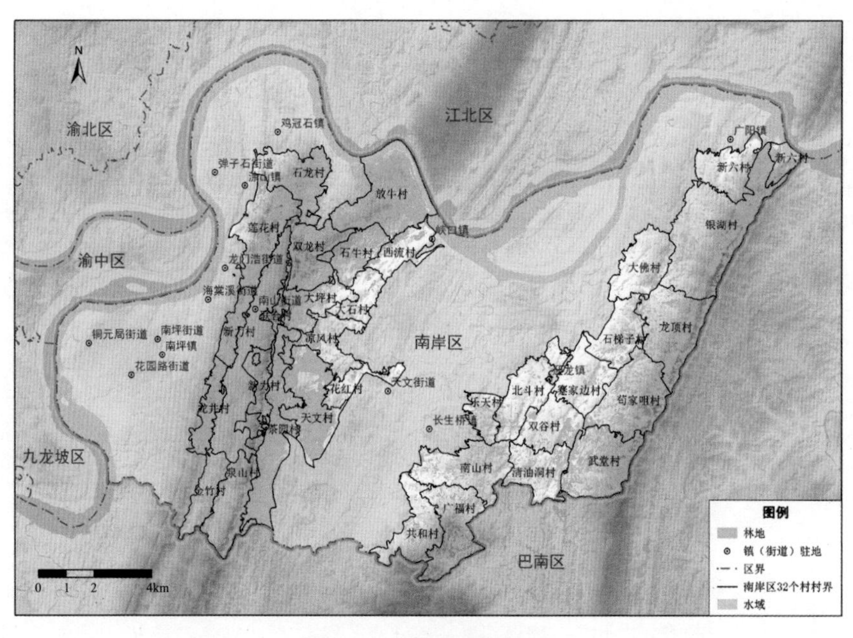

图 3-18　林地资源分布图

林地资源类型构成上，包括有林地、灌木林地和其他林地。南岸区 32 个村有林地面积最大，达到了 4003.23hm²，占林地总面积的 88.62%，灌木林地面积最小，仅为 83.17hm²，占林地总面积的比重仅为 1.84%，其他林地面积为 431.10hm²，占林地总面积的比重为 9.54%。从林地资源类型构成上看，林地资源整体质量较好。各村中除天文村以其他林地为主外，其他各村均以有林地为主，灌木林地在各村的比重均较低（图 3-19）。

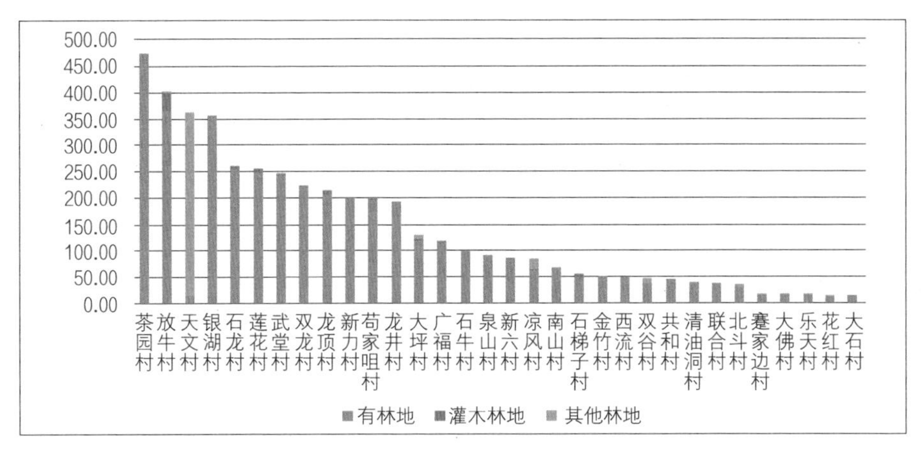

图 3-19 林地构成及面积排序图（单位：hm²）

d. 草地资源

本项目涉及南岸区 32 个村草地资源，无天然牧草地和人工牧草地，仅存在少量的其他草地。32 个村中，大石村、放牛村、花红村、金竹村、乐天村、莲花村、清油洞村、泉山村、石梯子村 10 村无草地分布；其他 22 村草地总面积仅为 42.8hm²，其中草地面积最大的村为苟家咀村，面积为 10.3hm²，草地面积最小的南山村面积仅为 0.01hm²（图 3-20、图 3-21）。

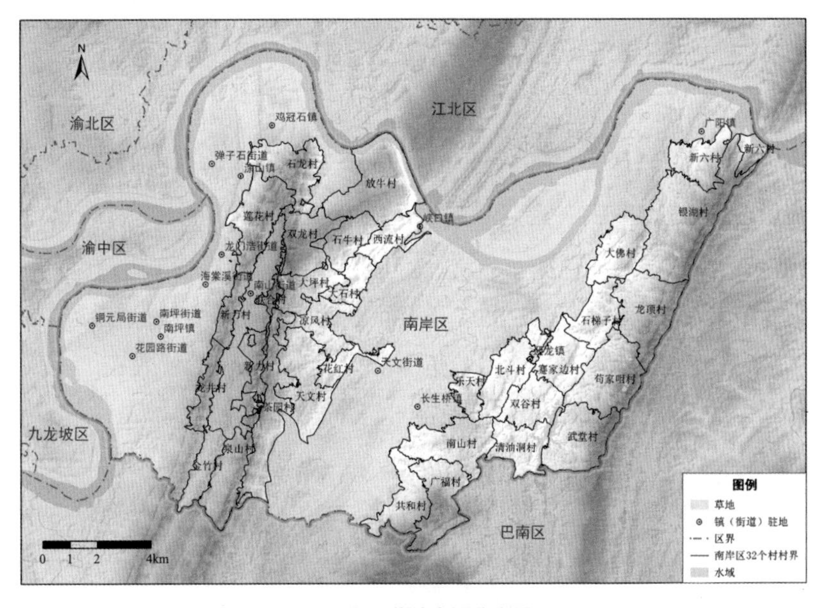

图 3-20 草地资源分布图

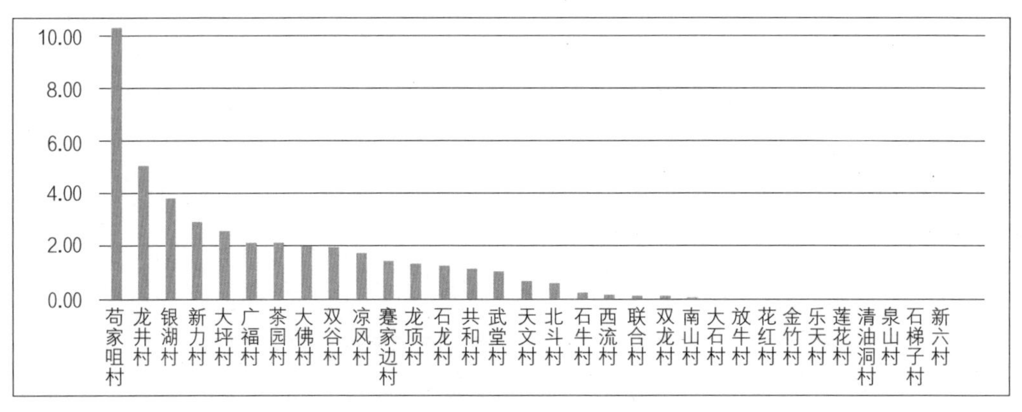

图 3-21　草地面积排序图（单位：hm^2）

2）农特资源

a. 花卉苗木类农特资源

花卉苗木类农特资源的种植区域以明月山片区的长生桥镇（凉风村、广福村、共和村、茶园村等）和南温泉山片区的南山街道（双龙村、放牛村、石牛村等）相对较多，另外，南温泉山片区的涂山镇、峡口镇也有分布，种植的主要品种有桂花、冬樱花、小叶榕、黄桷树、香樟等。优质花卉苗木的种植在给农户带来直观经济收入的同时，能拓宽观光农业等特色农业领域（表 3-11）。

花卉苗木种植类型及面积统计表（单位：hm^2）　　　　**表 3-11**

所属镇街	村名	种植类别及面积
涂山镇	莲花村	苗木：10.67（160 亩）
峡口镇	大石村	苗木：53.33（800 亩）
	西流村	苗木：44（660 亩）
长生桥镇	茶园村	苗木：40（600 亩）
	天文村	苗木：26.67（400 亩）
	广福村	花卉苗木：66.67 多（1000 多亩）
	花红村	苗木：5.33（80 亩）
	共和村	花卉苗木：60（900 亩）
	凉风村	苗木：106.67（1600 亩）
南山街道	大坪村	花卉、苗木：20（300 亩）
	放牛村	花卉：66.67（1000 亩）
	金竹村	莲藕：2（30 亩）
	石牛村	花卉、苗木：48.33（725 亩）
	双龙村	花卉：100（1500 亩）；苗木：100（1500 亩）
	苟家咀村	林木：10（150 亩）

b. 瓜果类农特资源

瓜果类农特资源的种植区域主要集中分布在迎龙镇的龙顶村、北斗村、石梯子村、双谷村，广阳镇的银湖村，峡口镇的西流村等区域。种植的主要品种有葡萄、梨、枇杷等。瓜果种植能带动农家乐、采摘农业等的发展，是推动农业产业链拓展和升级的资源基础（表 3-12）。

瓜果种植类型及面积统计表（单位：hm^2） **表 3-12**

所属镇街	村名	种植类别及面积
峡口镇	西流村	水果：26（390 亩）
广阳镇	银湖村	水果：66.67（1000 亩）
迎龙镇	北斗村	水果：23.33（350 亩）
	龙顶村	水果：120（1800 亩）
	石梯子村	水果：16.67（250 亩）
	双谷村	水果：15.33（230 亩）

c. 其他农特资源

除花卉苗木类、瓜果类农特资源外，南岸区 32 个村域内还有畜禽和渔业养殖等农特资源，其中禽畜养殖以村民散养和农业企业规模养殖的常规畜禽为主，另外，长生桥镇的广福村还养殖有梅花鹿；渔业养殖以生态鱼、草鱼、鲫鱼、鲢鱼为主。

3）旅游资源

a. 综合自然旅游地

本项目区涉及的南岸区 32 个村域内有多项市级或区级综合自然旅游地，包括南山—南泉风景名胜区、重庆市南泉森林公园、南山国家森林公园、重庆市凉风垭森林公园、重庆苦溪河市级湿地公园、重庆迎龙湖国家湿地公园等，涵盖风景名胜区、森林公园、湿地公园等类型（图 3-22）。

b. 温泉资源

南温泉位于南温泉山背斜两翼，分布于花溪河深切河床及近岸边坡，是重庆市四大名泉之一，主要有天然温泉 2 处，其范围涵盖本项目区的南山街道、长生桥镇等地。南温泉水质属硫酸钙微咸低温温热水，水温在 39℃ ~42℃之间，水质良好，现已打造成南山—南泉风景名胜区。区内景观资源丰富，景点类型众多，游览观光价值较高，具有山、水、林、泉、峡、洞、瀑等多类型的自然景观，其温泉、花卉和陪都遗址均具有较高的知名度。

c. 湖库景观

南岸区 32 个村有一定数量的水库景观，其中，迎龙湖是南岸区境内最大的水库，位于迎龙镇的武堂村、清油洞村和双谷村交界处，围绕该水库建成的迎龙湖国家湿地公园是重庆市主城区最大的郊野湿地公园，集生物物种资源保护、湿地科研与科普宣传教育、湿地游憩、观光览胜等功能于一体。广阳镇银湖村中部的银湖水库，湖水清澈，风景秀丽，景色宜人，水库旁临近便民服务中心处，还修建有银湖村社区公园，配套有游园人行便道，可供村内村民休闲娱乐。

d. 溶洞资源

广阳镇银湖村东部有一处未开发的溶洞，洞口凉风习习，从溶洞处流出的山泉水清澈冷冽，溶洞周边山体起伏绵延，植被覆盖率高，林木苍翠，空气清新，自然生态环境良好，景色优美。

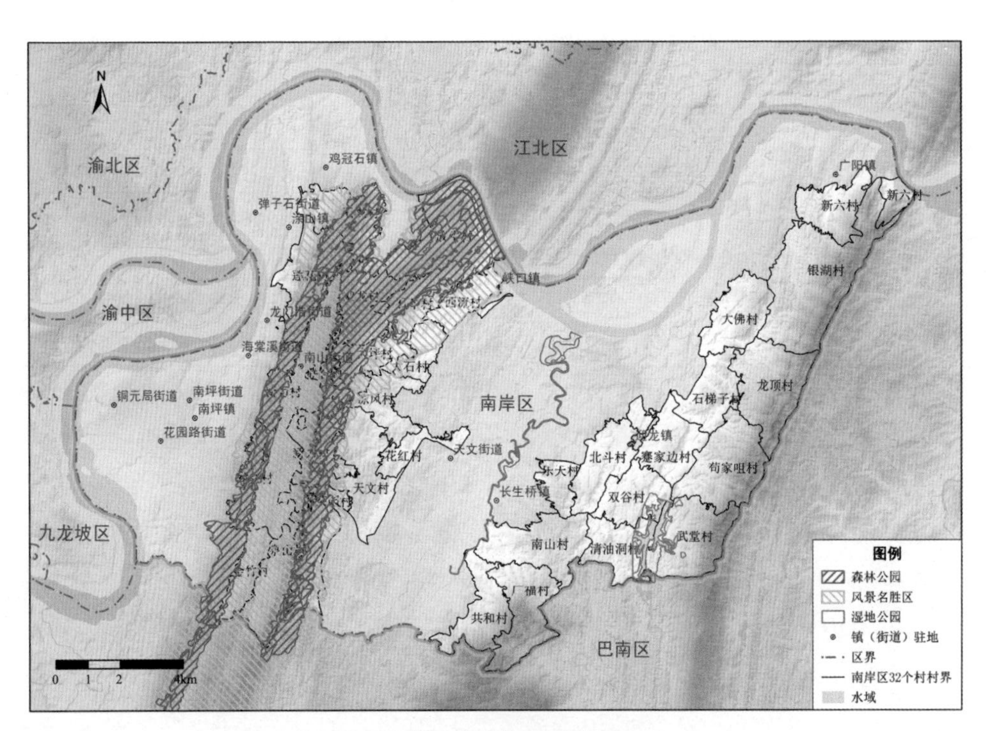

图 3-22　综合自然旅游地空间分布图

e. 生物景观

根据村域现状资源调查，本项目区涉及的南岸区 32 个村内共有古树 18 棵，其中以黄桷树居多，并零星分布有香樟、水冬瓜树、黄角兰、桂花树等品种（图 3-23）。从各镇街层面来看，迎龙镇古树数量最多，有 10 棵，其次为南山街道。从行政村层面来看，迎龙镇武堂村、南山街道石牛村的古树树木相对其他村较多。此外，南山街道放牛村拥有桃花园和腊梅园等自然景观。

f. 历史文化资源

本项目涉及南岸区 32 个村，范围内有类型丰富、数量众多的宗教、文物保护遗址遗迹等。统计数据显示，南岸 32 个村共有 54 项遗址遗迹。从空间分布看，因近代沿江开埠、使馆旧址众多、抗战文化丰富等历史原因，在南温泉片区自北向南沿涂山镇南山街道呈现出较为明显的带状聚集分布。从分镇街看，有 6 个镇街内分布有遗址遗迹，其中南山街道数量最多，达到 32 个，其次为涂山镇、长生桥镇和迎龙镇，鸡冠石镇和广阳镇地区遗址遗迹相对较少。从行政村层面看，南山街道的新力村遗址遗迹数量最多，达到了 12 个，其次是涂山镇的莲花村和南山街道的双龙村，各有 11 个（图 3-24、表 3-13）。

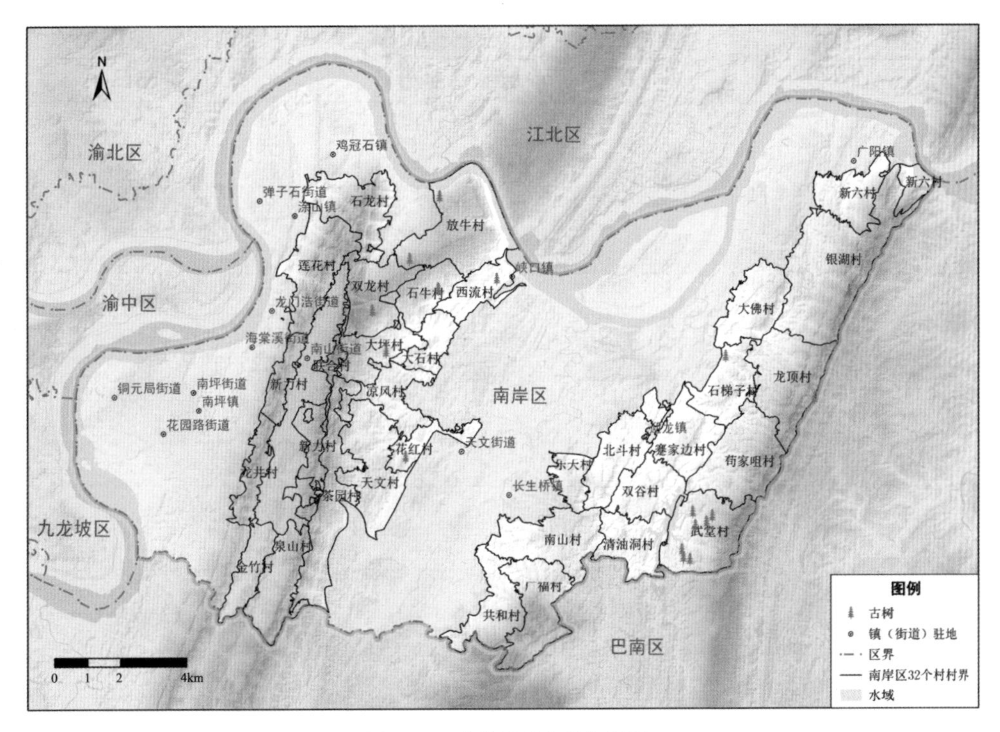

图 3-23 生物景观空间分布图

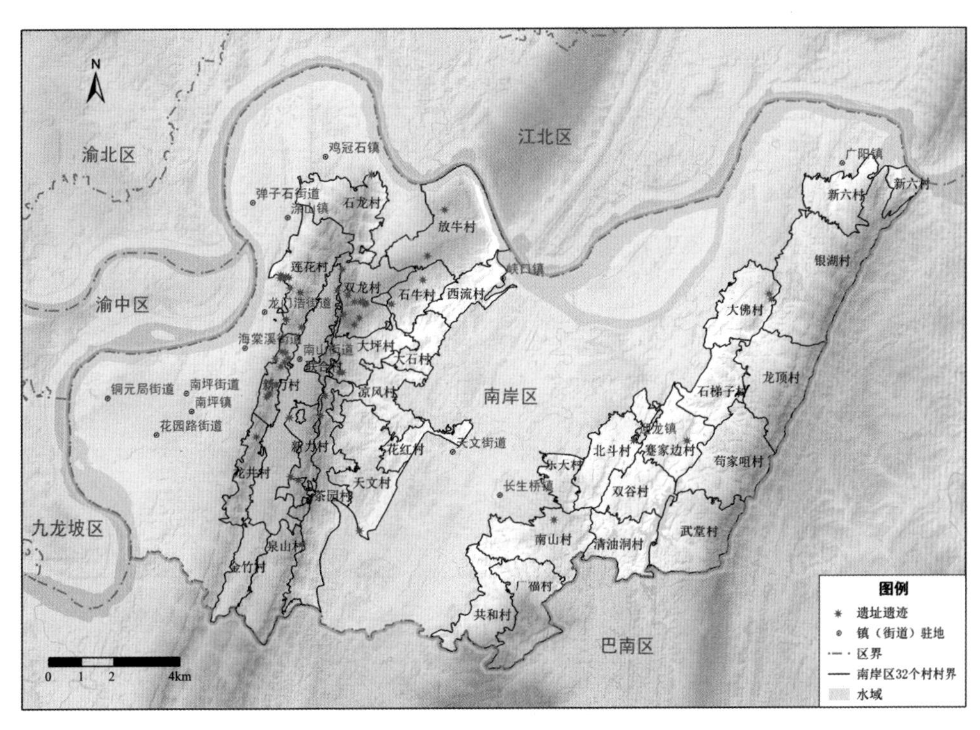

图 3-24 宗教、文物保护遗址遗迹空间分布图

宗教、文物保护遗址遗迹数量统计表 **表 3-13**

镇（街道）	村名	个数
南山街道	联合村	—
	新力村	12
	龙井村	2
	泉山村	1
	金竹村	—
	双龙村	11
	石牛村	2
	放牛村	2
	大坪村	2
长生桥镇	共和村	—
	广福村	—
	南山村	1
	乐天村	—
	凉风村	—
	花红村	—
	天文村	1
	茶园村	2
涂山镇	莲花村	11
鸡冠石镇	石龙村	1
峡口镇	西流村	—
	大石村	—
迎龙镇	蹇家边村	3
	北斗村	1
	双谷村	—
	清油洞村	—
	武堂村	—
	苟家咀村	—
	龙顶村	—
	石梯子村	—
广阳镇	大佛村	2
	银湖村	—
	新六村	—

南岸区 32 个村文物保护单位共计 16 处，其中市级文物保护单位 13 处、区县级文物保护单位 3 处。32 个村中，南山街道的新立村、双龙村文物保护单位数量最多，各有 5 处；另外，南山街道的龙井村和涂山镇的莲花村各有 2 处，南山街道的石牛村和广阳镇的大佛村各 1 处（表 3-14）。

文物保护单位统计表 **表 3-14**

镇（街道）	村名	文物保护单位名称	级别
南山街道	新力村	庙岗窑址	市级文物保护单位
		黄桷垭文峰塔	市级文物保护单位
		航灯场窑址	市级文物保护单位
		酱园窑址	市级文物保护单位
		王庄窑址	市级文物保护单位
	龙井村	老房子窑址	市级文物保护单位
		杨家官山窑址	市级文物保护单位
	双龙村	南山抗战遗址	市级文物保护单位
		印度专员公署旧址	市级文物保护单位
		法国使馆旧址	市级文物保护单位
		苏联大使馆旧址	市级文物保护单位
		美军招待所旧址	市级文物保护单位
	石牛村	抗战时期空军烈士墓地	市级文物保护单位
涂山镇	莲花村	南天门节孝碑	区县级文物保护单位
		美国使馆酒吧旧址	区县级文物保护单位
广阳镇	大佛村	金紫山大佛摩崖造像	区县级文物保护单位

（3）自然灾害

1）地质灾害

将南岸区国土部门提供的《重庆市南岸区地质灾害防治规划图 1∶50000》空间化后显示，南岸区 32 个村全域涉及地质灾害高、中、低易发区，并以中、高易发区覆盖区域最为广泛，其中，地质灾害高易发区主要分布于明月山片区和南温泉山片区北部和西部边缘，地质灾害中易发区主要分布于南温泉山片区，地质灾害低易发区主要分布于明月山片区西部边缘和南温泉山片区东部边缘。明月山片区东侧的苟家咀村、武堂村、龙顶村、清油洞村、双谷村、广福村 6 村全部位于地质灾害高易发区，明月山片区其他各村处于地质灾害高易发区和地质灾害低易发区的过渡地带，且大都以地质灾害高易发区为主；该区域在政策制定上应引导局地村民生态搬迁与集中居住，在产业定位上应以服务都市区的城郊现代农业为主导产业。南温泉山片区内，放牛村、西流村、石龙村的北部和莲花村的西南部有少量地质灾害高易发区分布，花红村全域、天文村和凉风村东部、莲花村和石龙村西部有地质灾害中易发区分布，其他区域都处于地质灾害低易发区（图 3-25）。

根据南岸区国土部门提供的地质灾害隐患点数据，结合现场调研得知，南岸区 32 个村地质灾害隐患点共计 58 处，其中大多数的灾害类型为滑坡，共 47 处，另有 5 处不稳定斜坡，2 处泥石流，3 处危岩，1 处崩塌。空间分布上，有 42 个地质灾害隐患点分布于明月山片区，占总量的近 3/4，南温泉山片区有 16 个地质灾害隐患点，占总量的 1/4 左右。32 个村中，有 21 个村分布有地质灾害隐患点，65.63% 以上的村内部存在地质灾害隐患点，其中，长生桥镇广福村

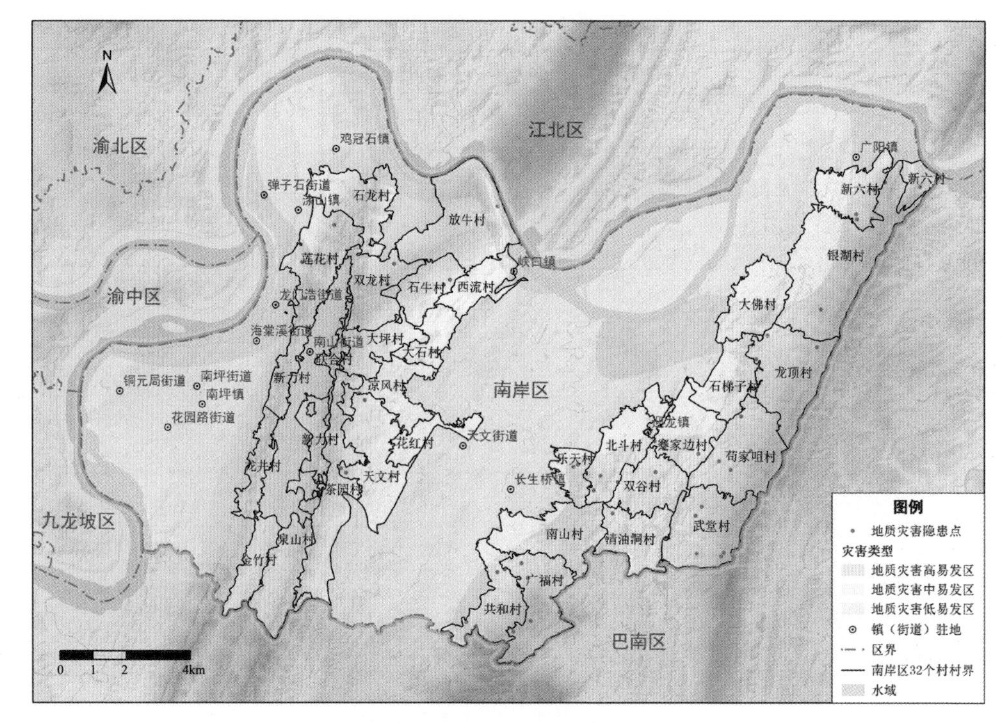

图 3-25　地质灾害分布图

的地质灾害隐患点最多，达到 6 个，广阳镇新六村和应龙镇武堂村次之，地质灾害隐患点达到 5 个；另外，龙顶村、荀家咀村、莲花村、共和村、天文村、北斗村、清油洞村 7 村的地质灾害隐患点也超过 3 个；其他各村地质灾害隐患点都在 3 个以下，其中石龙村、大坪村、金竹村、联合村、泉山村、新力村、茶园村、花红村、大佛村 9 村无地质灾害隐患点分布（图 3-26）。

地质灾害的存在不仅威胁附近村民的生命财产安全，还影响周边地区的规划建设，村域范围内在进行规划建设之前，须开展地质灾害评估工作。

2）洪水灾害

根据外业调查收集到的相关资料，本项目涉及南岸区 32 个村，整体而言洪水灾害较小，根据村民指认，仅有 1 处历史洪水淹没范围，位于峡口镇西流村，主要为长江 20 年一遇洪水线的区域。历史洪水淹没区一定程度上影响村民生产和生活，甚至危及村民生命及财产安全，并对水系周边建设造成一定影响。为保障村民生产生活安全，在未开展工程防护措施的之前，历史洪水淹没范围内禁止进行乡村建设。

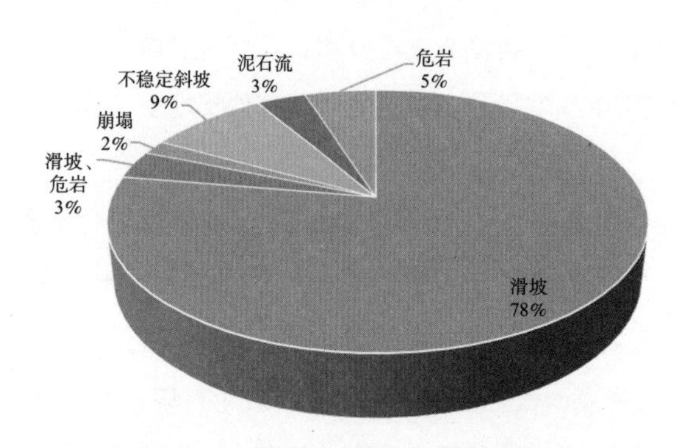

图 3-26　地质灾害隐患点分类型统计图

3.3.2　经济社会发展

（1）区位条件

本项目区北沿长江干流与江北区隔江相望，西临重庆市主城区核心区域，南部和东部接壤巴南区，从地理位置上可以分为西边的南温泉山片区和东边的明月山片区两个板块。南温泉山片区包括南山街道、涂山镇、峡口镇、鸡冠石镇、长生桥镇的 17 个村，明月山片区包括广阳镇、迎龙镇、长生桥镇的 15 个村。南温泉山片区西部紧临弹子石 CBD 和南坪商圈，东部紧临茶园新城；境内有轨道交通 6 号线横穿而过，并在西侧和东侧外围附近设有站点；内环快速路（G65）沿西部边缘自北向南环绕，然后向东折转穿境而过，并在西北部的石龙村、西部的莲花村、西南部的新力村、龙井村和东部的天文村边缘附近设有出入口；省道 S103 线、东西大道、峡江路等交通干道贯穿境内，连通主城区发达的交通路网，因而南温泉山片区可以快捷高效的通达主城各片区，区位交通条件十分优越。明月山片区位于重庆绕城高速公路（G5001）两侧、长江干流南侧，西北部紧临东港码头作业区，境内有重庆绕城高速、沪渝南线高速（G50s）、省道 103 线、省道 105 线等在此交汇贯通，连通内外；规划中的重庆东站作为重庆“三主两辅”客运枢纽体系中的主客运站点，已经选址于此，将为该区域带来大的发展机遇（图 3-27）。

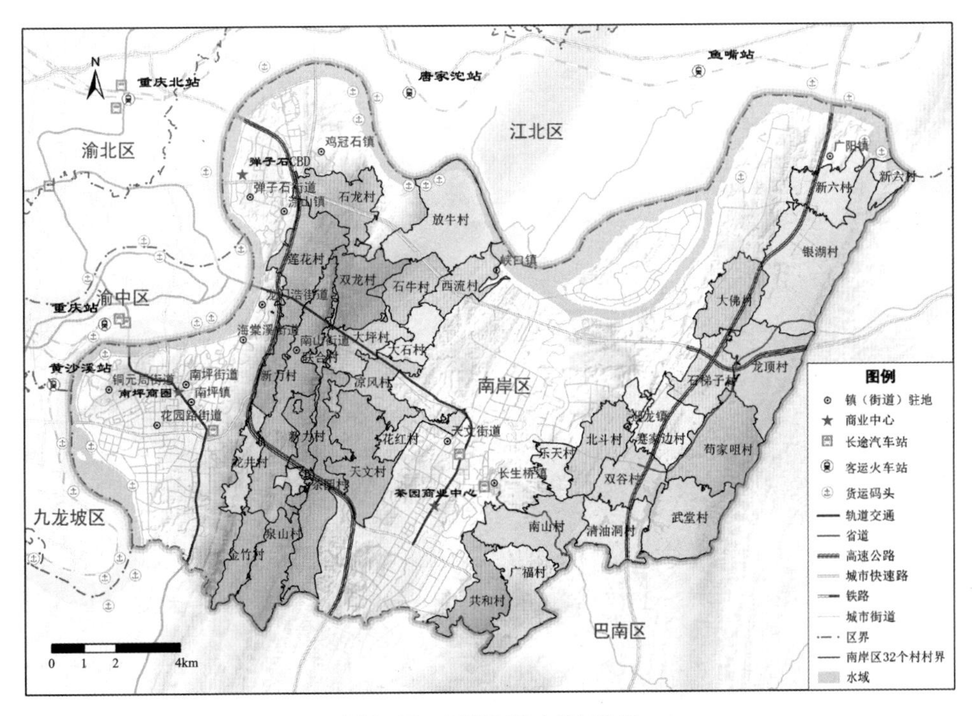

图 3-27　南岸区 32 个村区位图

（2）产业发展

空间上与城市用地的远近、交通联系的便捷程度使得南岸区 32 个村具有不同的区位特征，与本地土地资源数量分布相作用，造就了各村不同的产业发展特征。总体上，第一产业仍然作为较为重要的产业形式存在着，但加工工业等城市工业的外延拓展、建材生产的就近取材，为农村区域带来了一定产值第二产业的经济现象，体验农业、度假山庄、休闲养老的日渐活跃，也为农村经济带来了多样化的发展契机。

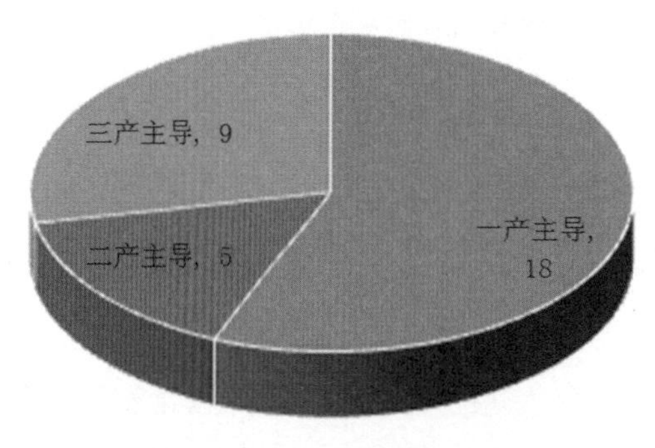

图 3-28　产业主导类型统计图

1）产业类型与结构

南岸区 32 个村第一产业为主的村有 18 个，第二产业为主的村有 5 个，第三产业为主的村有 9 个，因此第一产业仍是多数村的主要产业类型。空间上，以第一产业为主的村集中分布于明月山片区，其中包括迎龙镇的 8 个村，这里同时也是南岸区规划的现代农业综合示范区。第二产业主导的村主要分布于临近城市组团或工业园区的区域，比如莲花村、石龙村临近南坪—弹子石片区；泉山村临近南山—黄桷垭独立功能区，是南山传统工业聚集区，村内拉法基水泥厂是重庆市重要的建材基地；长生桥镇的南山村临近茶园工业园；广阳镇的新六村临近东港工业园。临近城市市场、相对低廉的土地租金、具有一定的交通优势等，是以上各村第二产发展相对较好的主要原因。第三产业为主的村主要分布在南山—南泉风景名胜区范围内，以南山街道分布数量最多，包括双龙村、石牛村、龙井村、金竹村、联合村、放牛村，其次是周边的西流村、凉风村。长生桥镇广福村临近樵坪山，第三产业在村域经济中也占据主导地位，详见附表 A-1（图 3-28、图 3-29）。

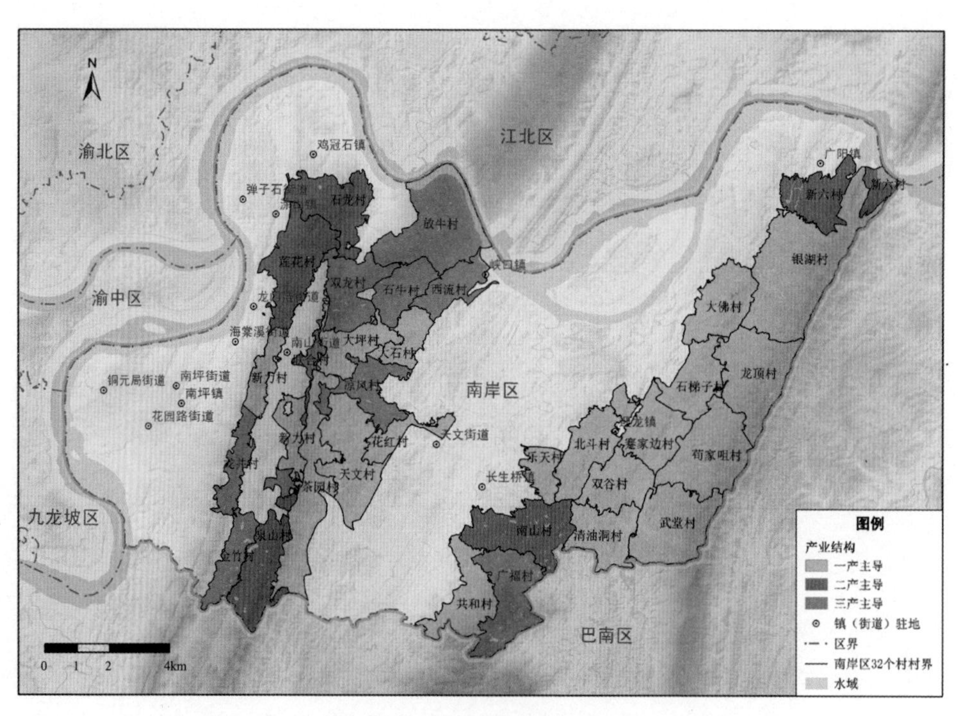

图 3-29　产业主导类型分布图

按产业经济类型分析，南岸区 32 个村普遍保留家庭联产承包责任制的农业经营模式，但同时，由于临近城市，城郊农业发展优势明显，25 个村都不同程度地存在农村专业合作社、个体规模化经营、农业企业市场化和规模化经营等新型的农业产业化经营模式。农业产业化经营加速了农村土地资源的整合，面向城市园林绿化市场需求发展花卉苗木或瓜果种植成为其中 19 个村农业产业市场化的重要方向，但由于产品同质化相对严重，存在产能过剩的现象。体验农业、观光农业等是当前农业发展的蓝海，大型农业企业的入驻推动了位于迎龙镇、广阳镇明月山片区的蹇家边村、北斗村、苟家咀村、龙顶村、石梯子村等 10 余个村现代农业的发展。

拥有第二产业布局的 24 个村普遍以中小型加工工业为主，门类包括机械加工、塑料制品加工、橡胶制品加工、木材加工、食品加工、金属制品加工、服饰加工等，多为传统的劳动密集型企业，对土地租金和劳动力成本敏感程度较高。蹇家边村临近朝天门国际商贸城的市场区位优势，对于吸引皮鞋、服装加工企业的入驻具有一定影响。建材生产在 11 个村有分布，多属原材料指向型工业，主要是利用本地相对丰富的石灰石资源发展水泥制品生产业，满足周边区域城市建设的建材需求。

除个体经营商店外，25 个村分布有餐饮、住宿、汽修等相关服务行业，其中，有 21 个村有农家乐经营，多依托南山—南泉风景名胜区、明月山、樵坪山等景观资源条件优越的区域分布。南山街道的龙井村、泉山村、石牛村、双龙村以及长生桥镇的凉风村依托南山—南泉风景名胜区还布局有康体、养老等产业。乐天村、凉风村、南山村、龙井村、石梯子村、双谷村等有租赁服务企业分布，主要利用本区域租金相对低廉的土地作为仓储基地。另外，餐饮企业分布较为密集的南山街道金竹村、联合村、龙井村、泉山村等，主要依托南山相对知名的旅游目的地市场，服务质量相对较高；涂山镇莲花村、鸡冠石镇石龙村等则主要服务于该区域较多的企业务工人口，服务质量相对一般。

2）土地流转与产业发展态势

a. 土地流转产业流向

根据实地调查和咨询，对于本项目涉及的南岸区 32 个村土地流转的产业流向进行分析。除涂山镇莲花村、鸡冠石镇石龙村、南山街道联合村外，其他 29 个村均存在土地流转现象。

24 个村存在向第一产业的土地流转，流转量达到 200hm^2（3000 亩）以上的 5 个村分别是迎龙镇的苟家咀村、蹇家边村、龙顶村、石梯子村和广阳镇的大佛村；广阳镇的银湖村，长生桥镇的茶园村、天文村、广福村、共和村，南山街道的金竹村，迎龙镇的清油洞村、双谷村 8 个村向第一产业的土地流转量也达到 20hm^2（300 亩）以上。以上 13 个村中有 10 个村分布与明月山片区，尤其是南岸区现代农业综合示范区。

9 个村存在向第二产业的土地流转，流转量达到 6.67hm^2（100 亩）以上的 5 个村分别是广阳镇的新六村、长生桥镇的南山村、南山街道的金竹村、泉山村、迎龙镇的北斗村，临近南山传统工业区或新兴工业园区。

13 个村存在向第三产业的土地流转，其中迎龙镇的武堂村流转规模达到了 320hm^2（4800 亩），主要流向重庆环湖实业有限公司依托迎龙湖水库打造的集生物资源保护、湿地科研、科普宣教、湿地游憩、观光览胜等功能于一体的大型湿地公园项目。南山街道的放牛村依托南山景区打造的桃花园和腊梅园旅游项目流转土地也达到 40hm^2（600 亩）。第三产业土地流转量达到 3.33hm^2

（50亩）以上的还包括广阳镇的西流村、大佛村，长生桥镇的广福村、凉风村，以及迎龙镇的石梯子村。

b. 产业发展态势

在土地流转产业方向梳理的基础上，结合产业历年变化情况的实地访谈调研资料，对南岸区32个村产业发展态势进行分类（表3-15）。

分产业土地流转及发展态势统计表（hm^2） **表3-15**

镇（街道）	村	土地流转量（一产）	土地流转量（二产）	土地流转量（三产）	一产发展态势	二产发展态势	三产发展态势
涂山镇	莲花村	—	—	—	稳定型	增长型	稳定型
峡口镇	大石村	1.53（23亩）	1.13（17亩）	1.2（18亩）	稳定型	增长型	稳定型
	西流村	—	0.93（14亩）	3.33（50亩）	稳定型	稳定型	增长型
鸡冠石镇	石龙村	—	—	—	稳定型	增长型	稳定型
广阳镇	大佛村	200（3000亩）	—	5.07（76亩）	增长型	稳定型	增长型
	新六村	—	29.73（446亩）	—	衰退型	增长型	稳定型
	银湖村	20.87（313亩）	—	—	增长型	稳定型	稳定型
长生桥镇	茶园村	20（300亩）	—	—	增长型	—	稳定型
	天文村	30.67（460亩）	—	—	增长型	稳定型	稳定型
	乐天村	16.13（242亩）	—	1.67（25亩）	增长型	稳定型	稳定型
	广福村	37.4（486亩）	0.93（14亩）	4.87（73亩）	增长型	稳定型	增长型
	花红村	2.53（38亩）	—	—	稳定型	—	稳定型
	共和村	26.73（401亩）	—	—	增长型	—	稳定型
	凉风村	2.27（34亩）	4.53（68亩）	11（165亩）	增长型	稳定型	增长型
	南山村	—	8.2（123亩）	—	稳定型	增长型	增长型
南山街道	大坪村	2.33（35亩）	—	—	稳定型	稳定型	—
	放牛村	13.33（200亩）	—	40（600亩）	增长型	—	增长型
	金竹村	20.33（305亩）	20.93（314亩）	—	增长型	增长型	增长型
	联合村	—	—	—	衰退型	增长型	稳定型
	龙井村	1.33（20亩）	—	—	增长型	稳定型	增长型
	泉山村	—	13.07（196亩）	—	衰退型	增长型	稳定型
	石牛村	2（30亩）	—	2.27（34亩）	增长型	稳定型	增长型
	双龙村	13.33（200亩）	—	—	增长型	—	增长型

续表

镇（街道）	村	土地流转量（一产）	土地流转量（二产）	土地流转量（三产）	一产发展态势	二产发展态势	三产发展态势
南山街道	新力村	6.67(100亩)	—	—	增长型	稳定型	稳定型
迎龙镇	北斗村	13.27（199亩）	19.47（292亩）	0.4（6亩）	增长型	增长型	稳定型
	苟家咀村	333.33(5000亩)	—	—	增长型	稳定型	稳定型
	蹇家边村	134.93(2024亩)	—	1.87（28亩）	增长型	增长型	稳定型
	龙顶村	363.8（5457亩）	—	—	增长型	—	增长型
	清油洞村	26.07（391亩）	—	—	增长型	—	潜在增长型
	石梯子村	138.33(2075亩)	—	3.33（50亩）	增长型	稳定型	稳定型
	双谷村	54.87（823亩）	—	1.47（22亩）	增长型	稳定型	稳定型
	武堂村	—	—	320（4800亩）	增长型	—	潜在增长型

第一产业增长型包括 22 个村，具有绝对数量优势，主要得益于近年来各村外出务工人员增加，土地流转加速，适应市场的花卉苗木经营以及体验农业、观光农业等现代农业带动传统农业的转型升级，提高了土地产出效率。第一产业稳定型包括 7 个村，包括涂山镇莲花村、鸡冠石镇石龙村、峡口镇大石村、西流村等；第一产业衰退型有 3 个村，分别是广阳镇新六村和南山街道联合村、泉山村，以上村多数耕地资源相对匮乏，规模化经营条件相对较差。

24 个有第二产业现状布局的村中，10 个属于增长型，包括涂山镇莲花村，峡口镇大石村，南山街道金竹村、泉山村，鸡冠石镇石龙村，广阳镇新六村等。临近传统或新兴市场，具有一定的交通优势，是以上各村吸引第二产业布局的主要原因。峡口镇西流村、广阳镇大佛村、长生桥镇天文村、迎龙镇双谷村、南山街道龙井村等 14 个村属于第二产业稳定型。南山森林公园、“四山”管控等政策因素以及产品市场本地化是多数村第二产业发展相对停滞的主要原因。

29 个有第三产业现状布局的村中，11 个属于增长型，包括峡口镇西流村、广阳镇大佛村、长生桥镇广福村、南山街道放牛村、迎龙镇龙顶村等，主要得益于域内南山、明月山、樵坪山等较好的自然景观资源。涂山镇莲花村、峡口镇大石村、鸡冠石镇石龙村、广阳镇新六村、南山街道联合村、长生桥镇天文村、迎龙镇蹇家边村等 18 个村属于第三产业稳定型，相对远离旅游景区，产品服务主要面向本地居民。另外，迎龙镇武堂村、清油洞村两个村依托临近迎龙湖湿地公园的旅游资源优势，吸引了重庆迎龙环湖实业有限公司入驻；该企业主要从事“现代农业 + 旅游”规模化综合开发，目前已经基本完成了项目前期的土地流转，因此可以判定，虽然武堂村、清油洞村暂无现状第三产业，但潜在增长趋势明显（图 3-30）。

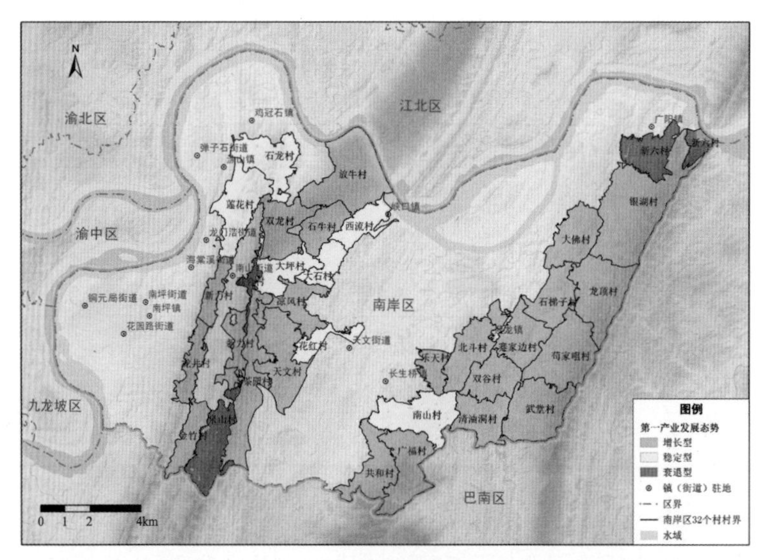

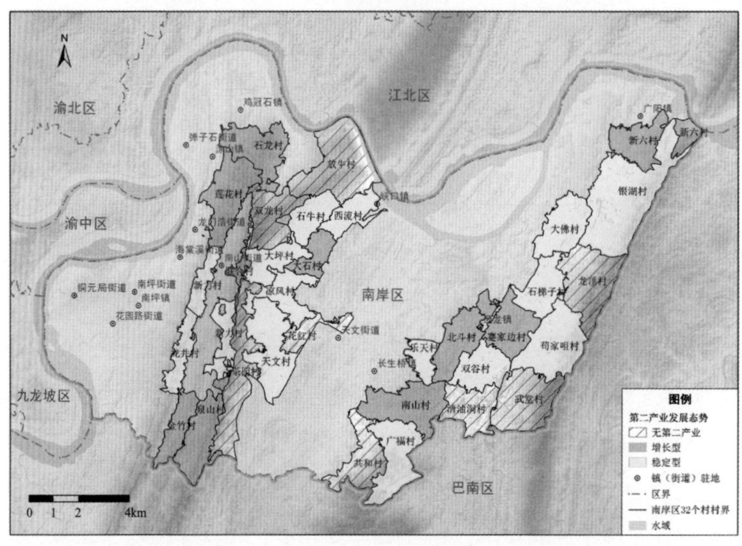

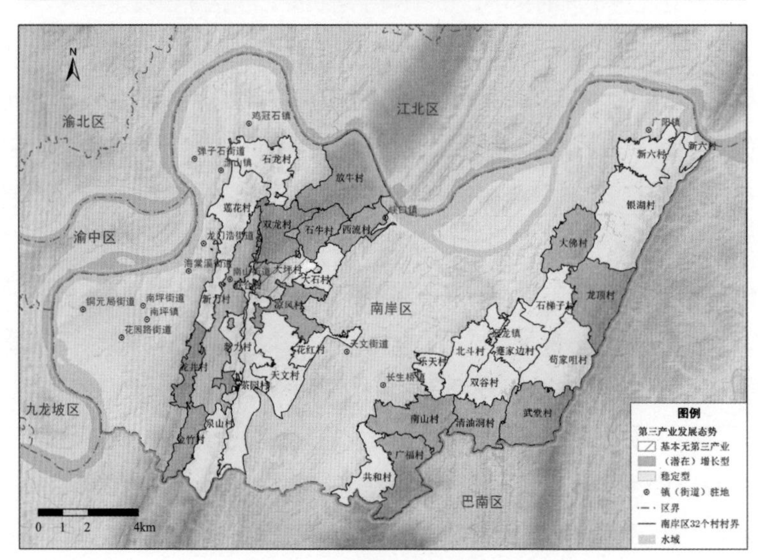

图 3-30　三次产业发展态势分布图

（3）人口情况

1）人口规模与流动情况

根据本项目区涉及的南岸区 32 个村填报数据，数据时间节点介于 2016 年 6~8 月，该时间段内 32 个村户籍人口数的合计值为 4.42 万人，常住人口 5.13 万人。户籍人口在 1000 人以下的村有 11 个，1000~2000 人的村有 15 个，2000 人以上的村有 6 个。常住人口在 1000 人以下的村有 13 个，1000~2000 人的村有 13 个，2000 人以上的村有 6 个。户籍人口密度在 300 人 /km^2 以下的村有 14 个，300~500 人 /km^2 的村有 7 个，500~1000 人 /km^2 的村有 9 个，1000 人 /km^2 以上的村有 2 个。常住人口密度在 300 人 /km^2 以下的村有 15 个，300~500 人 /km^2 的村有 6 个，500~1000 人 /km^2 的村有 7 个，1000 人 /km^2 以上的村有 4 个，其中，受城市建设用地布局影响，位于南温泉山槽谷区域的联合村、金竹村户籍和常住人口密度均高于 1000 人 /km^2。另外，南温泉山西翼临近弹子石片区的涂山镇莲花村、鸡冠石镇石龙村常住人口密度也在 1000 人 /km^2 以上（表 3-16）。

户籍人口、常住人口及其密度统计表 **表 3-16**

镇（街道）	村	户籍人口（人）	常住人口（人）	户籍人口密度（人 /km^2）	常住人口密度（人 /km^2）
南山街道	联合村	1061	1959	1559	2878
	新力村	703	753	225	241
	龙井村	1471	1801	609	746
	泉山村	2873	3301	734	844
	金竹村	2869	3705	1335	1724
	双龙村	1165	1483	341	434
	石牛村	1294	1371	561	595
	放牛村	1102	1095	166	165
	大坪村	731	638	273	238
涂山镇	莲花村	2209	7537	490	1673
鸡冠石镇	石龙村	938	3922	243	1015
峡口镇	西流村	1820	1840	811	820
	大石村	1226	1161	676	640
长生桥镇	共和村	886	935	263	277
	广福村	1252	1049	299	250
	南山村	2405	2835	530	625
	乐天村	335	350	224	234
	凉风村	1584	1538	570	554
	花红村	207	268	136	176
	天文村	702	729	144	149
	茶园村	292	351	57	68

续表

镇（街道）	村	户籍人口（人）	常住人口（人）	户籍人口密度（人/km^2）	常住人口密度（人/km^2）
迎龙镇	蹇家边村	2569	1208	687	323
	北斗村	1602	1587	492	487
	双谷村	938	778	308	256
	清油洞村	1583	938	508	301
	武堂村	1660	198	338	40
	荀家咀村	1447	1398	276	267
	龙顶村	1325	470	253	90
	石梯子村	958	888	315	292
广阳镇	大佛村	1587	1261	452	359
	银湖村	2706	3320	289	355
	新六村	735	613	186	155

人口流动方面，除鸡冠石镇石龙村由于存在大量的小型违建生产企业较难统计人口流出与流入情况外，其余 31 个村中流出人口在 100 人以下的村有 14 个，100~300 人的有 9 个，300 人以上的有 8 个；流入人口在 100 人以下的村有 15 个，100~300 人的有 8 个，300 人以上的有 8 个（表 3–17、图 3–31）。

人口流动情况统计表（人） **表 3–17**

镇（街道）	村	人口流出	人口流入	净流入人口	流出原因	流入原因
南山街道	联合村	12	910	898	务工	务工、投靠亲人
	新力村	50	100	50	务工、经商、求学	务工、经商、投靠亲人
	龙井村	85	415	330	务工	务工、投靠亲人
	泉山村	16	444	428	务工	务工、经商、投靠亲人
	金竹村	444	1280	836	务工	务工、经商
	双龙村	10	328	318	务工、上学	务工、经商
	石牛村	185	262	77	务工、经商、投靠亲人、求学	务工、经商、投靠亲人
	放牛村	52	45	−7	务工、上学	务工、经商
	大坪村	108	15	−93	务工、投靠亲人	投靠亲人
涂山镇	莲花村	346	5674	5328	务工	务工、经商、投靠亲人
鸡冠石镇	石龙村	—	—	2984	务工、投靠亲人	—
峡口镇	西流村	30	50	20	务工、上学	务工、投靠亲人
	大石村	85	20	−65	务工	务工、投靠亲人
长生桥镇	共和村	25	74	49	务工、经商	务工、投靠亲人
	广福村	252	49	−203	务工、经商	务工、经商、投靠亲人
	南山村	180	610	430	务工、上学	务工

续表

镇（街道）	村	人口流出	人口流入	净流入人口	流出原因	流入原因
长生桥镇	乐天村	2	17	15	务工	务工、经商
	凉风村	159	113	-46	务工、求学、投靠亲人	务工、投靠亲人
	花红村	25	86	61	务工、投靠亲人	农转非
	天文村	6	33	27	务工	务工、投靠亲人
	茶园村	30	89	59	务工	务工、投靠亲人
迎龙镇	蹇家边村	1491	128	-1363	土地流转、务工、经商、求学	务工、经商
	北斗村	143	128	-15	务工、经商	务工
	双谷村	220	60	-160	务工、经商、投靠亲人	务工
	清油洞村	645	0	-645	务工	
	武堂村	1480	18	-1462	土地流转、务工	务工
	苟家咀村	76	27	-49	务工	务工、投靠亲人
	龙顶村	867	12	-855	土地流转、务工	务工
	石梯子村	210	140	-70	务工、上学	务工
广阳镇	大佛村	502	176	-326	务工	务工、投靠亲人
	银湖村	309	923	614	务工、上学	农转非、务工
	新六村	247	125	-122	务工、经商、求学	务工

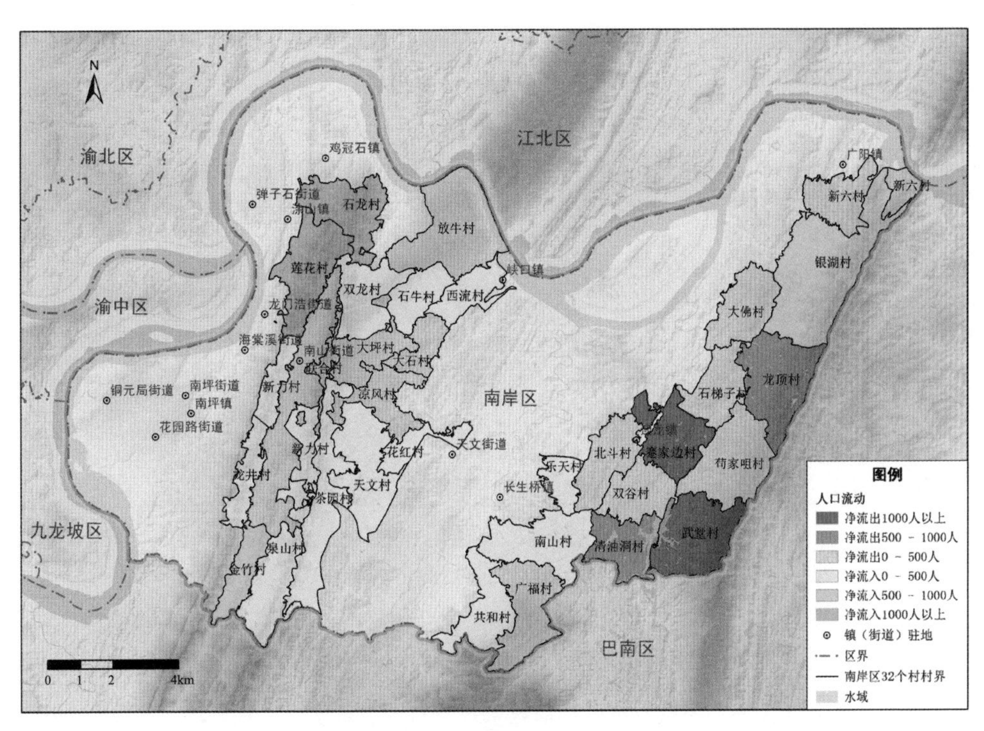

图 3-31　人口流动情况分布图

总体上，外出务工是多数村人口流出的主要因素。空间分布上，明月山片区的迎龙镇蹇家边村、武堂村、清油桐村、龙顶村以及广阳镇大佛村等人口流出较多，与该地区农业生产活动比重较高有一定关系，该地区是规划的南岸区现代农业综合示范区，社会资本的涌入、农业生产方式由传统种植业向假日农业、休闲农业、观光农业、旅游农业等新型农业形态的转变促进了农村人口的流动，例如，重庆环湖实业有限公司在该地区的规模化农业经营是促成迎龙镇蹇家边村、武堂村流出人口达到1400人以上的主要原因。这些村在南岸区现代农业综合示范区管委会的统一管理下，进行宅基地土地流转，由于农村新居异地统建尚未完成，企业发放临时过渡费引导户籍人口迁出并临时异地租住，导致大量户籍人口外出。

流入人口较多的村与南岸区第二、三产业分布较为一致，如外来务工人口流入较多的长生桥镇南山村、广阳镇银湖村与重庆经济技术开发区茶园工业园、东港工业园具有较好的空间重合度；南山街道的双龙村、联合村、龙井村、金竹村、泉山村依托南山—南泉风景名胜区，吸引了大量外来务工、经商人口流入；涂山镇莲花村、鸡冠石镇石龙村临近南坪－弹子石片区，较低的用地成本吸引了部分小型加工工业、仓储物流企业布局（其中部分属于私搭乱建厂房），也吸引了部分外来人口流入。

根据户籍人口和常住人口计算，净流入人口1000人以下的村有15个，主要分布在南山街道及长生桥镇；净流入人口1000人以上的村有2个，分别是涂山镇莲花村、鸡冠石镇石龙村（图3-32）。净流出人口1000人以下的村有13个，主要分布于迎龙镇；净流出人口1000人以上的村有2个，分别是迎龙镇蹇家边村、武堂村。结合南岸区分区规划以及产业发展规划，总体上，32个村人口流动趋势同南岸区产业布局现状与相关规划匹配程度较高，临近城市组团、工业园区以及南山旅游景区的村域范围内第二、三产业基础条件较好，吸引人口流入；南岸区现代农业综合示范区覆盖的村域人口疏散是主导趋势。

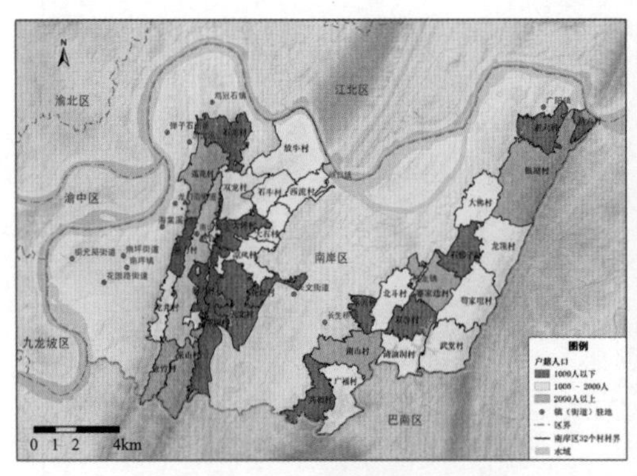

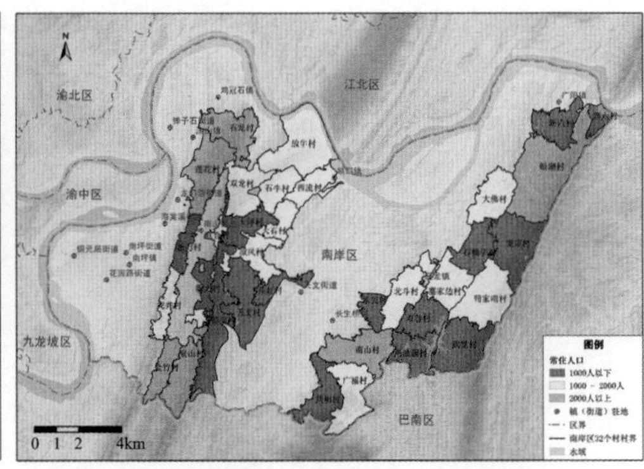

图3-32 户籍人口（左）、常住人口（右）分级分布图

2）人口年龄结构

人口年龄结构数据主要反映村域学龄前人口数量、受教育阶段人口数量以及劳动力资源状况，其中学龄前人口数量、受教育阶段人口数量对于村域教育设施尤其是幼儿园及小学配套等规划具有重要指导意义。

以常住人口为统计对象，0~5 岁人口数量在 30 人以下的村仅 4 个，分别是南山街道大坪村、长生桥镇茶园村、迎龙镇龙顶村和武堂村。多数村 0~5 岁人口在 30 人以上，其中 30~60 人的村有 7 个，60~90 人的村有 9 个，90 人以上的村有 12 个。6~18 岁人口数量在 45 人以下的村仅 4 个，分别是长生桥镇茶园村和花红村、迎龙镇龙顶村和武堂村；45~90 人的村有 4 个，分别是南山街道大坪村、迎龙镇石梯子村、广阳镇新六村、长生桥镇乐天村；其余各村 6~18 岁人口在 90 人以上，其中 90~135 人的村有 10 个，135 人以上的村有 14 个（表 3-18、表 3-19、图 3-33）。

18 岁以下年龄段人口统计表 **表 3-18**

镇（街道）	村	户籍人口（人）		常住人口（人）	
		0~5 岁	6~18 岁	0~5 岁	6~18 岁
南山街道	联合村	65	203	84	243
	新力村	100	100	120	110
	龙井村	116	190	146	240
	泉山村	136	423	171	492
	金竹村	189	588	166	562
	双龙村	48	111	57	146
	石牛村	46	170	54	174
	放牛村	52	122	68	118
	大坪村	43	80	29	74
涂山镇	莲花村	128	360	434	1249
鸡冠石镇	石龙村	78	108	172	480
峡口镇	西流村	123	210	125	218
	大石村	92	100	90	96
长生桥镇	共和村	65	92	65	92
	广福村	64	159	45	130
	南山村	169	193	169	193
	乐天村	33	46	33	46
	凉风村	123	203	120	187
	花红村	35	26	35	26
	天文村	50	101	50	101
	茶园村	22	38	25	38
迎龙镇	蹇家边村	123	235	62	175
	北斗村	115	184	114	184
	双谷村	85	114	80	105
	清油洞村	99	199	76	108
	武堂村	121	410	8	9

续表

镇（街道）	村	户籍人口（人）		常住人口（人）	
		0~5 岁	6~18 岁	0~5 岁	6~18 岁
迎龙镇	苟家咀村	96	131	85	130
	龙顶村	72	118	18	42
	石梯子村	84	84	71	84
广阳镇	大佛村	139	147	104	117
	银湖村	122	239	166	309
	新六村	50	73	37	57

18 岁以上年龄段人口占比统计表 **表 3-19**

镇（街道）	村	户籍人口		常住人口	
		19~60 岁人口占比（%）	60 岁以上人口占比（%）	19~60 岁人口占比（%）	60 岁以上人口占比（%）
南山街道	联合村	58	16	63	21
	新力村	57	15	56	14
	龙井村	71	8	70	8
	泉山村	60	20	59	21
	金竹村	64	9	59	21
	双龙村	66	20	68	18
	石牛村	62	21	62	22
	放牛村	65	19	67	16
	大坪村	62	21	61	23
涂山镇	莲花村	71	7	71	7
鸡冠石镇	石龙村	69	11	80	3
峡口镇	西流村	64	17	64	17
	大石村	64	20	63	21
长生桥镇	共和村	57	25	59	24
	广福村	58	25	56	28
	南山村	63	22	68	19
	乐天村	65	12	66	11
	凉风村	61	18	61	19
	花红村	64	6	45	32
	天文村	73	6	74	6
	茶园村	65	14	71	11
迎龙镇	蹇家边村	62	24	48	32
	北斗村	60	22	59	22
	双谷村	67	12	64	12

续表

镇（街道）	村	户籍人口		常住人口	
		19~60 岁人口占比（%）	60 岁以上人口占比（%）	19~60 岁人口占比（%）	60 岁以上人口占比（%）
迎龙镇	清油洞村	63	18	52	29
	武堂村	46	22	32	60
	苟家咀村	58	27	58	26
	龙顶村	62	24	52	35
	石梯子村	57	25	57	26
广阳镇	大佛村	65	17	65	17
	银湖村	68	19	69	17
	新六村	64	19	59	26

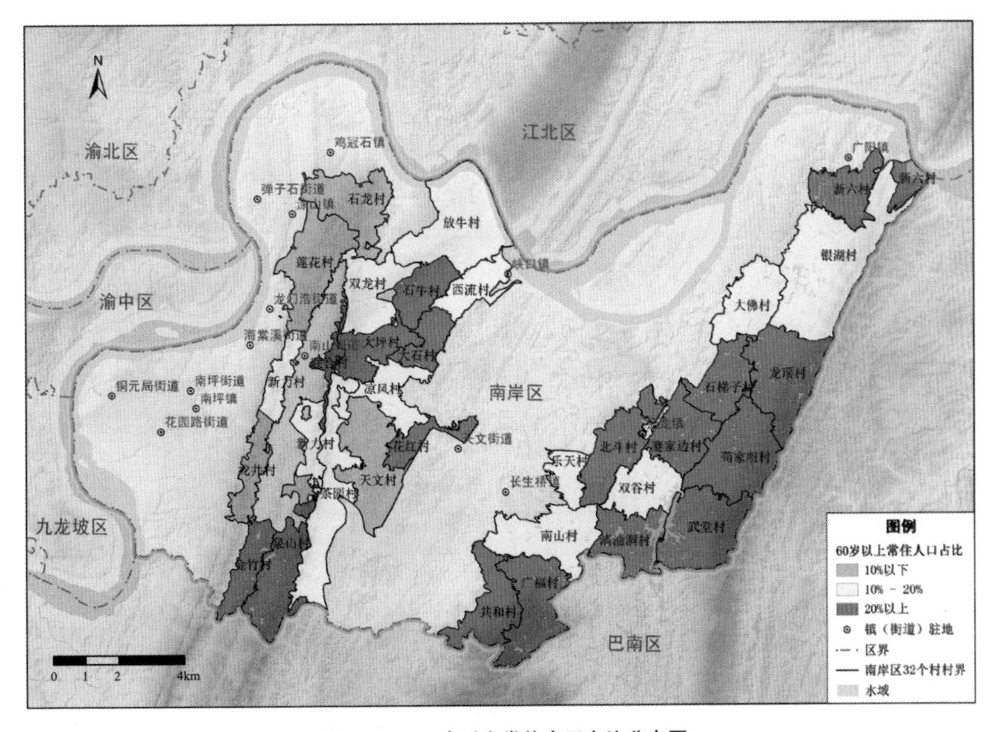

图 3-33　60 岁以上常住人口占比分布图

人口老龄化程度是人口年龄结构的重要指标之一，反映了总人口中因年轻人口数量减少、年长人口数量增加而导致的老年人口比例增高的程度，其与劳动年龄人口呈反比。南岸区 32 个村中 60 岁以上户籍人口比重低于 10% 的村仅 5 个，分别是南山街道龙井村和南山街道金竹村、涂山镇莲花村、长生桥镇天文村和花红村；10%~20% 的村有 13 个；20% 以上的村有 14 个。南岸区 32 个村中 60 岁以上常住人口比重低于 10% 的村仅 4 个，分别是南山街道龙井村、涂山镇莲花村、鸡冠石镇石龙村、长生桥镇天文村；10%~20% 的村有 11 个；20% 以上的村有 17 个。无论是户籍人口还是常住人口，明月山片区的迎龙镇大多数村以及樵坪山片区的几个村 60 岁以上老年人口比重明显高于其他区域，一定程度上有利于该区域耕地资源的流转、整合以及传统农业向现代农业的转型。总体上，由于缺乏高效的产业支撑，借助临近城市的地域优势，本地农村人口流动趋势明显，户籍人口农转非或常年在城市务工定居，加之计划生育政策影响，多数村60岁以上老年人口占比超过了国际老龄化标准（60岁以上人口在10%以上）（图3-34）。

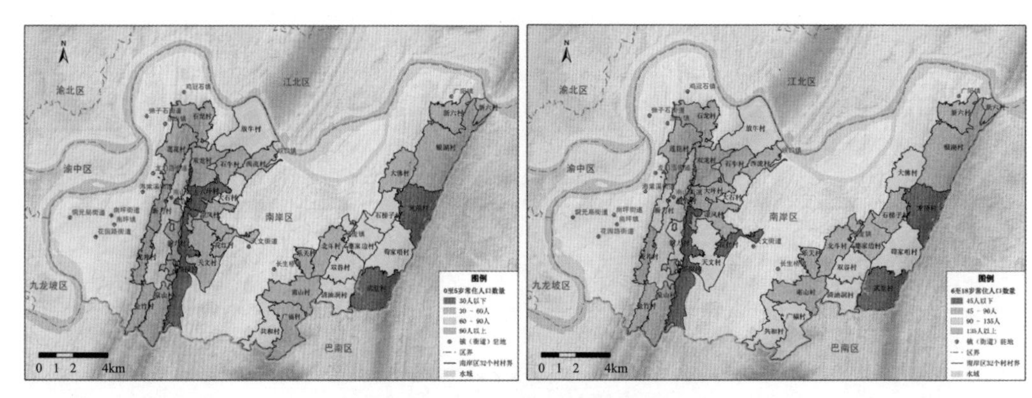

图3-34　18岁以下常住人口分布图

（4）人文活动

南岸区是重庆巴渝文化、抗战文化、红色文化、山水文化和移民文化的重要汇聚之地，除物质性旅游资源较为丰富外，还具有厚重的历史文化底蕴。根据资料梳理和实地踏勘，南岸区现存有传统技艺、民间口头文学等多种非物质文化遗产。其中包括广阳民间故事、桐君阁传统丸剂制作技艺两类国家级非物质文化遗产，陪都传统膏药制作技艺、迎龙镇民间莲萧、南泉豌豆面传统制作技艺等12项市级非物质文化遗产表（表3-20）。其中，广阳民间故事、迎龙镇民间莲萧、广阳龙舟会等非物质文化遗产与本项目涉及的南岸区32个村有紧密的地域联系。

非物质文化遗产详情表　　表3-20

级别	名称	主要分布
国家级	广阳民间故事	广阳镇
	桐君阁传统丸剂制作技艺	—
市级	陪都传统膏药制作技艺	—
	迎龙镇民间莲萧	迎龙镇
	南泉豌豆面传统制作技艺	长生桥镇
	巴人漆艺	—
	南山古琴艺术	南山街道
	南岸狮舞	—
	桥头火锅调料传统熬制技艺	—
	饶氏桃核雕刻技艺	—
	贾氏桂花酒传统酿造技艺	南山街道
	根雕技艺	—
	南山盆景技艺	南山街道
	广阳龙舟会	广阳镇

3.3.3 空间支撑要素

（1）现状建设情况

本项目涉及南岸区 32 个村的建设用地主要为城镇村及工矿用地和交通运输用地，总面积约 2450.90hm^2，占 32 个村总面积的 21.13%。

城镇村及工矿用地：

南岸区 32 个村城镇村及工矿用地面积 2112.18hm^2，占 32 个村总面积的 18.21%；村均城镇村及工矿用地面积 66.01hm^2。其中城市用地面积 662.37hm^2，占本类用地面积的 31.36%，占 32 个村土地面积的 5.71%；建制镇用地面积 169.78hm^2，占本类用地面积的 8.04%，占 32 个村土地面积的 1.46%；村庄用地面积 1007.17hm^2，占本类用地面积的 47.68%，占 32 个村土地面积的 8.68%；采矿用地面积 181.24hm^2，占本类用地面积的 8.58%，占 32 个村土地面积的 1.56%；风景名胜及特殊用地面积 91.62hm^2，占本类用地面积的 4.34%，占 32 个村土地面积的 0.79%。

从用地类型上看，村庄用地是本项目涉及南岸区 32 个村最主要的建设用地类型，占本类用地面积的 47.68%，广泛且零碎地分布于各村内，为村民自建住宅、集中居民点建设所用，人均村庄用地 196.41m^2。城市用地主要位于与城市组团或工业园区相邻的区域，该区域是城市建设拓展、延伸的主要区域。建制镇用地多集中在项目区中部和北部沿江区域；采矿用地主要分布在项目区西南部的南山街道的泉山村，现状为暂未使用的流转用地；风景名胜及特殊用地相对较少，主要为分布在南山周边的风景名胜用地（图 3-35）。

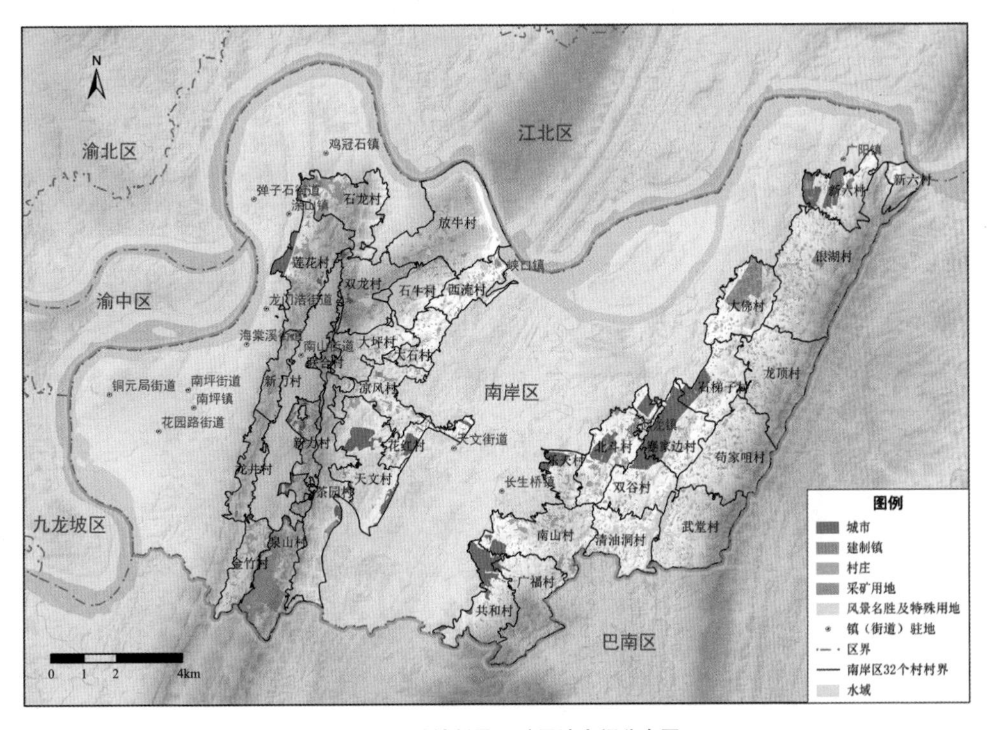

图 3-35　城镇村及工矿用地空间分布图

从行政村层面来看，城镇村及工矿用地分布主要呈现东部分散、西部相对集中的空间格局。经统计，32 个村中城镇村及工矿用地面积大于 200hm² 的仅南山街道的泉山村，该村城镇村及工矿用地以采矿用地为主，有 164.16hm² 的采矿用地。城镇村及工矿用地面积在 100~200hm² 的村有 5 个，分别为蹇家边村、大佛村、新六村、北斗村和莲花村，其中重庆朝天门国际商贸城位于蹇家边村，该村城市用地面积在 32 个村中居首，达 149.54hm²。城镇村及工矿用地面积在 50~100hm² 的村共 10 个，分别为共和村、南山村、石龙村、天文村、银湖村、石牛村、石梯子村、金竹村、新力村和双谷村，主要位于西部的南温泉山片区。城镇村及工矿用地面积小于 50hm² 的村共 16 个，其中联合村、龙井村城镇村及工矿用地面积小于 20hm²，两村均为与南山街道，村城镇村及工矿用以城市和村庄用地为主（图 3-36、图 3-37、表 3-21）。

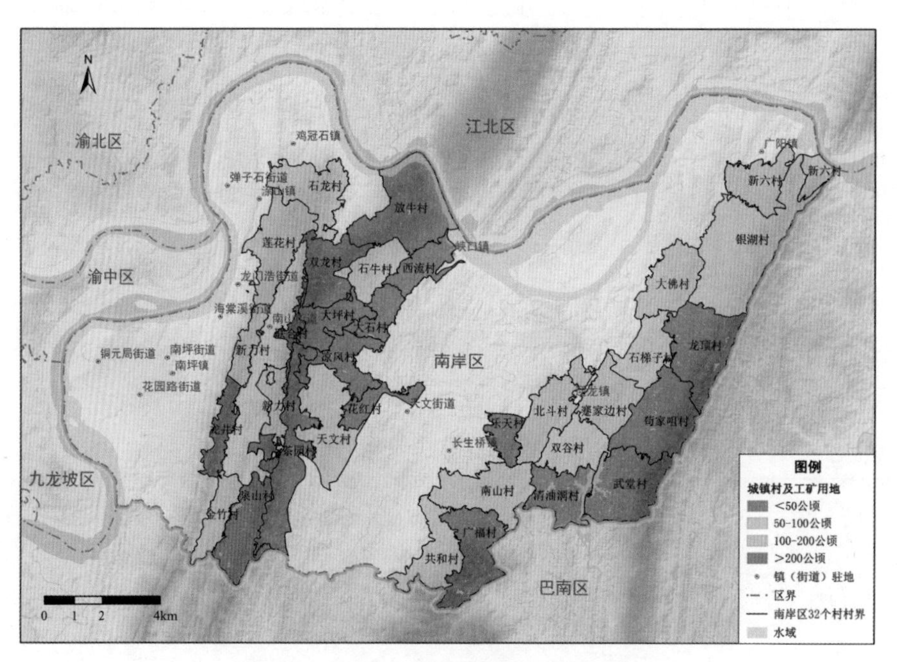

图 3-36　城镇村及工矿用地面积分级分布图

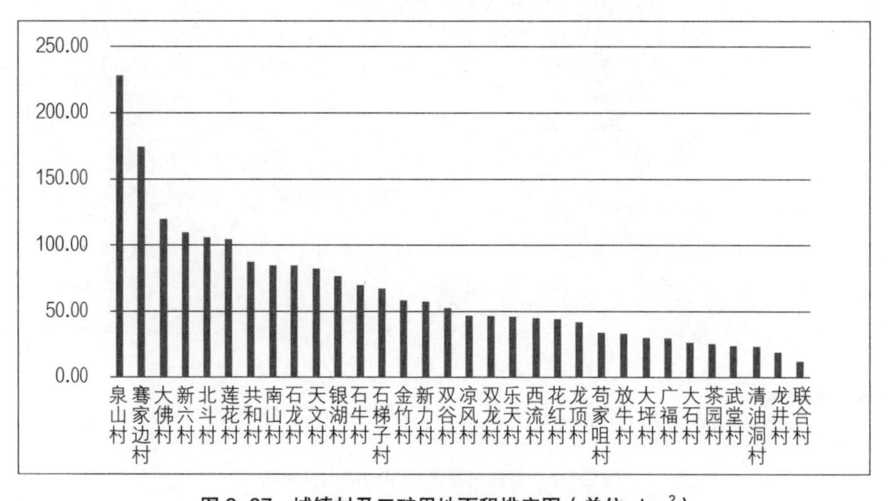

图 3-37　城镇村及工矿用地面积排序图（单位：hm²）

城镇村及工矿用地面积统计表（单位：hm^2）　　表 3-21

镇（街道）	村	城镇村及工矿用地	城市	建制镇	村庄	采矿用地	风景名胜及特殊用地
广阳镇	大佛村	120.52	—	77.73	40.87	1.92	—
	新六村	110.27	56.12	28.68	25.48	—	—
	银湖村	77.16	—	6.25	69.75	0.79	0.37
鸡冠石镇	石龙村	84.76	8.43	15.17	57.37	-	3.79
南山街道	大坪村	30.67	0.08	—	18.41	0.22	11.95
	放牛村	33.44	—	0.11	30.73	0.42	2.18
	金竹村	58.82	3.49	0.26	54.81	0.25	—
	联合村	13.30	1.61	—	11.69	—	—
	龙井村	19.93	11.28	—	8.59	—	0.07
	泉山村	228.77	2.95	0.35	61.31	164.16	—
	石牛村	70.29	—	6.03	19.33	2.88	42.05
	双龙村	47.38	7.40	0.01	27.97	1.87	10.13
	新力村	58.17	21.70	1.55	27.63	0.74	6.56
涂山镇	莲花村	104.93	40.71	—	52.20	5.27	6.76
峡口镇	大石村	27.13	0.10	—	27.03	—	—
	西流村	46.25	—	6.23	33.99	0.16	5.86
迎龙镇	北斗村	106.35	42.61	15.58	45.94	2.10	0.12
	苟家咀村	34.83	—	0.12	34.39	—	0.32
	蹇家边村	175.04	149.54	1.53	23.92	—	0.06
	龙顶村	42.70	—	0.05	42.45	0.07	0.12
	清油洞村	23.99	—	—	23.99	—	—
	石梯子村	67.63	43.93	2.45	20.93	0.32	—
	双谷村	53.49	30.29	0.37	22.83	—	—
	武堂村	24.81	—	—	24.74	—	0.06
长生桥镇	茶园村	26.23	11.34	—	14.87	—	0.02
	共和村	87.27	75.18	—	12.09	—	—
	广福村	30.08	7.48	—	22.59	—	—
	花红村	45.31	28.10	0.70	16.33	—	0.19
	乐天村	47.12	32.88	—	14.17	0.06	—
	凉风村	47.72	0.34	4.11	42.24	—	1.03
	南山村	85.21	19.70	1.28	64.23	—	—
	天文村	82.62	67.13	1.21	14.29	—	—

从二级分类看，32个村中共有23个行政村涉及城市用地，这些村主要集中分布在长生桥镇和南山街道邻近城市建设区的区域，并且这些村大多都位于重庆市城乡总体规划确定的城市建设区域或城镇发展备选区域内，并布局有城市及区域型项目，如重庆朝天门国际商贸城、长

生桥镇垃圾处理厂、鸿笙苑居住小区、重庆邮电大学教职工经济适用住房等。32 个村中共有 21 个村涉及建制镇用地，其中有 67% 的村同时涉及城市用地，这些村一部分邻近镇区所在社区，如新六村、西流村和北斗村等，一部分作为工业或产业园区用地，如广阳镇大佛村西北部大面积建制镇用地为控规规划的工业园区用地（图 3-38）。

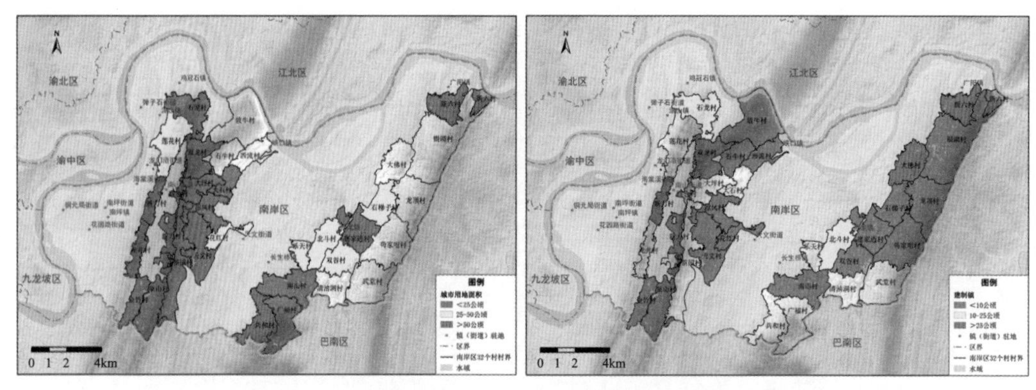

图 3-38 城市用地面积（左）和建制镇面积分级分布图（右）

（2）交通运输用地

本项目涉及南岸区 32 个村交通运输用地面积 338.72hm^2，占 32 个村总面积的 2.92%。其中公路用地面积 330.17hm^2，占本类用地面积的 97.48%，占 32 个村土地面积的 2.85%；农村道路用地面积 1.64hm^2，占本类用地面积的 0.48%，占 32 个村土地面积的 0.01%；港口码头用地 6.91hm^2，占本类用地面积的 2.04%，占 32 个村土地面积的 0.06%（图 3-39~ 图 3-41、表 3-22）。

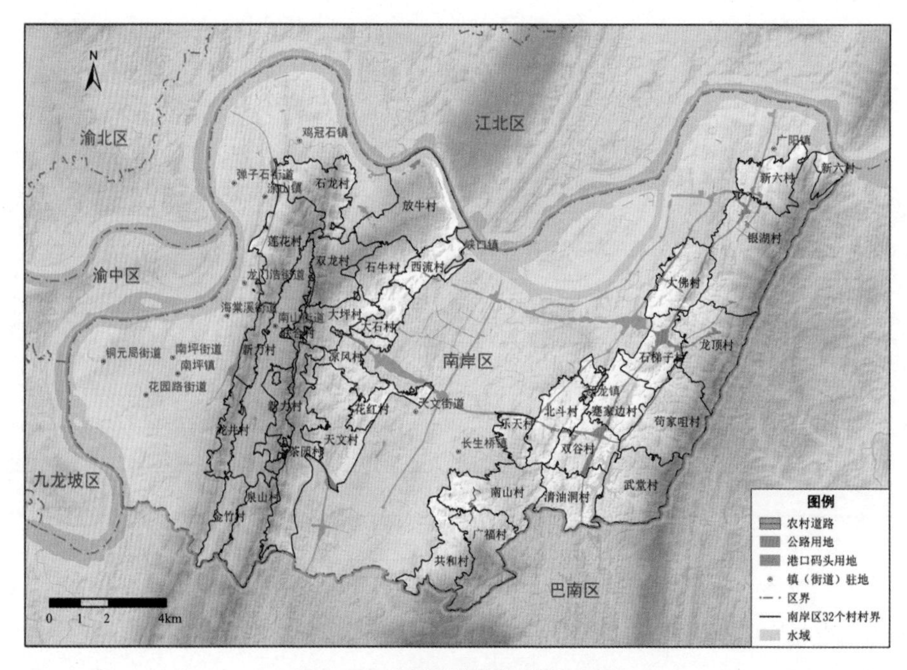

图 3-39 交通运输用地空间分布图

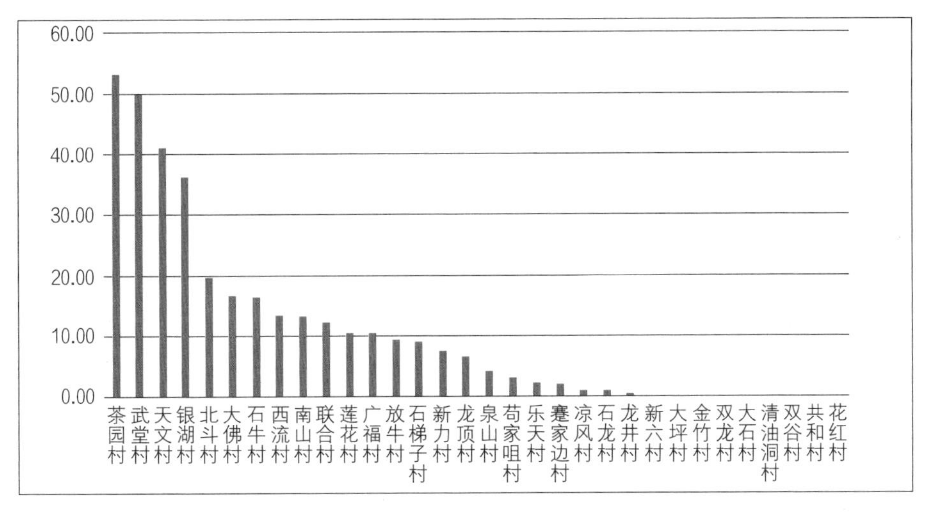

图 3-40 交通运输用地面积排序图（单位：hm^2）

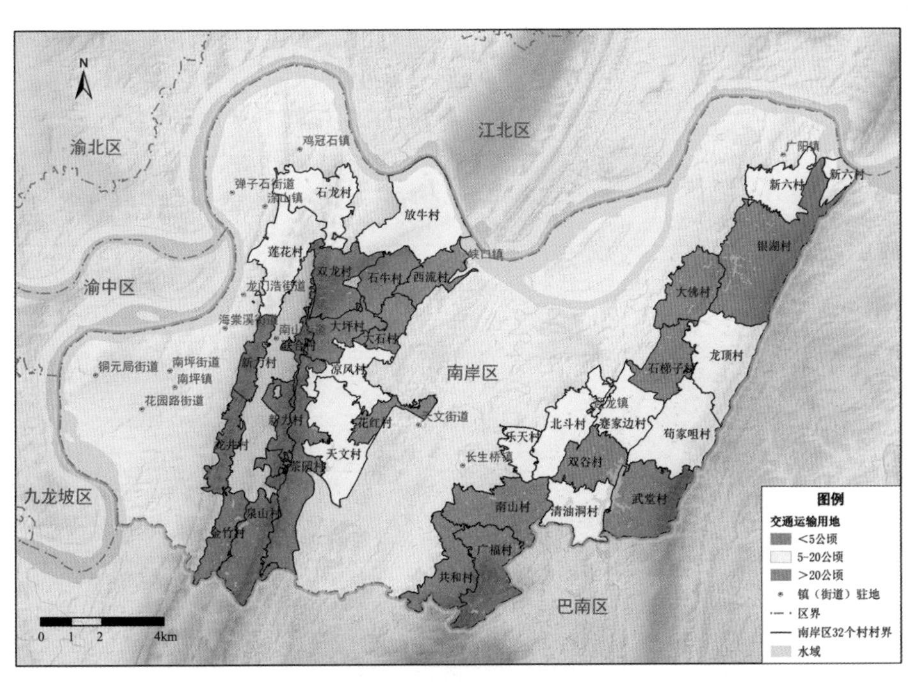

图 3-41 交通运输用地面积分级分布图

交通运输用地面积统计表（单位：hm^2） 表 3-22

镇（街道）	村	交通运输用地	公路用地	农村道路	港口码头用地
广阳镇	大佛村	16.57	16.57	—	—
	新六村	0.08	0.08	—	—
	银湖村	36.30	36.30	—	—
鸡冠石镇	石龙村	0.93	0.93	—	—
南山街道	大坪村	—	—	—	—
	放牛村	9.33	2.41	—	6.91

续表

镇（街道）	村	交通运输用地	公路用地	农村道路	港口码头用地
南山街道	金竹村	—	—	—	—
	联合村	12.20	12.20	—	—
	龙井村	0.42	—	0.42	—
	泉山村	4.15	4.15	—	—
	石牛村	16.38	16.38	—	—
	双龙村	—	—	—	—
	新力村	7.55	7.55	—	—
涂山镇	莲花村	10.40	10.40	—	—
峡口镇	大石村	—	—	—	—
	西流村	13.34	13.34	—	—
迎龙镇	北斗村	19.77	19.77	—	—
	苟家咀村	3.10	3.10	—	—
	蹇家边村	1.97	0.76	1.21	—
	龙顶村	6.55	6.55	—	—
	清油洞村	—	—	—	—
	石梯子村	9.03	9.03	—	—
	双谷村	—	—	—	—
	武堂村	49.79	49.79	—	—
长生桥镇	茶园村	53.19	53.19	—	—
	共和村	—	—	—	—
	广福村	10.24	10.24	—	—
	花红村	—	—	—	—
	乐天村	2.19	2.19	—	—
	凉风村	1.00	1.00	—	—
	南山村	13.22	13.22	—	—
	天文村	41.01	41.01	—	—

从行政村层面看，南岸区 32 个村交通运输用地受高速路走向影响，面积差异较大；高速路沿线各村及设有互通立交下道口的村交通运输用地面积较大，例如，位于明月山片区迎龙镇的双谷村、石梯子村和广阳镇的银湖村，均设有高速互通立交下道口，其交通运输用地面积位于 32 个村的前三位。32 个村中仅放牛村涉及港口码头用地，位于村北部沿长江区域。

（3）建筑物

1）建筑用途与规模

本项目涉及南岸区 32 个村，共有建筑物 27596 栋，其中，村建筑 26638 栋、非村建筑 958 栋。村建筑中，23863 栋为村民住宅建筑，110 栋为村庄公共服务建筑，2620 栋为村庄产业建筑，34 栋为村庄基础设施建筑，11 栋为设施农用建筑。非村建筑中，10 栋为对外交通设施建筑，948 栋为国有建筑（表 3-23）。

建筑类型统计表 **表 3-23**

建筑代码	建筑类型		建筑栋数（栋）	占比（%）
V	村建筑		26638	96.53
	其中	村民住宅	23863	86.47
		村庄公共服务建筑	110	0.40
		村庄产业建筑	2620	9.49
		村庄基础设施建筑	34	0.12
		设施农用建筑	11	0.04
		其他建筑	—	—
N	非村建筑		958	3.47
	其中	对外交通设施建筑	10	0.04
		国有建筑	948	3.44
合计			27596	100.00

从行政村层面看，建筑物栋数超过 1000 栋的村共 9 个，分别为泉山村、银湖村、金竹村、南山村、大佛村、新六村、石牛村、北斗村和凉风村，其中泉山村建筑物最多，共有 1848 栋；建筑物栋数介于 500~999 栋的村共 18 个；建筑物栋数介于 100~499 栋的村共 5 个；栋数最少的为蹇家边村，全村共有建筑物 230 栋。总体上，南岸区 32 个村建筑以村民住宅建筑为主，其次为村庄产业建筑和村庄公共服务建筑，村庄基础设施建筑、国有建筑次之，对外交通设施建筑和设施农用建筑最少。32 个村中，仅双谷村和清油洞村分布有对外交通设施建筑，栋数分别为 9 栋和 1 栋；仅广福村、西流村和新力村分布有设施农用建筑，分别为 6 栋、2 栋和 3 栋，各街镇分类型建筑栋数统计详见附表 A-2（图 3-42）。

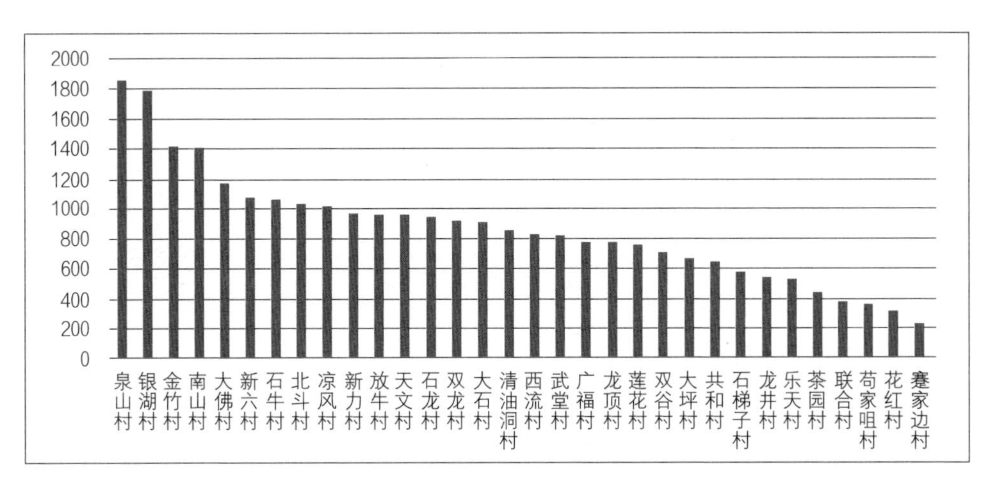

图 3-42 建筑数量排序图

2）建筑结构

本项目涉及南岸区 32 个村的建筑物，建筑结构以砖混结构为主，建筑栋数 22850 栋，占全部建筑的 83%；其次为生土结构建筑，建筑栋数 2958 栋，占全部建筑的 10%；其他主要建筑结构类型有砖石结构建筑、钢筋混凝土结构建筑和钢结构建筑，建筑栋数分别为 1089 栋、547 栋和 152 栋，比例分别为 4%、2% 和 1%，各街镇分结构类型建筑栋数统计详见附表 A-3（图 3-43、图 3-44）。

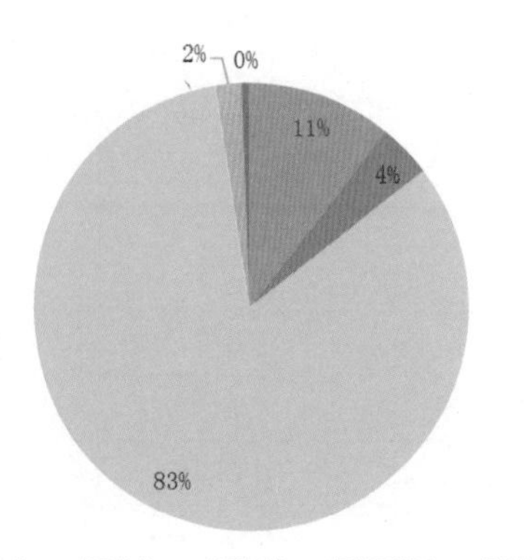

图 3-43　分结构类型建筑栋数构成图

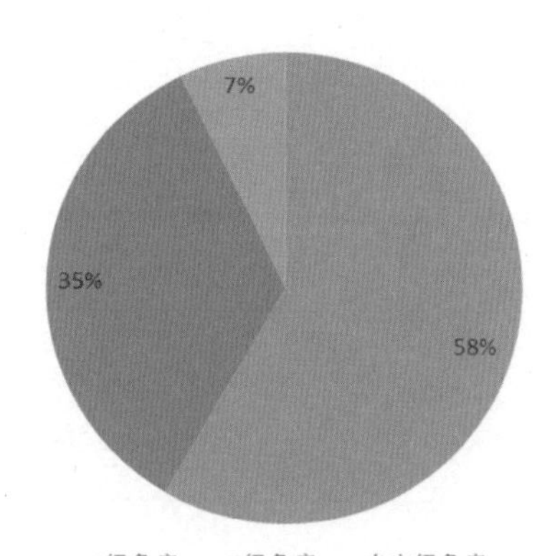

图 3-44　危房建筑栋数构成图

32个村共涉及危房1788栋，其中C级危房1044栋、D级危房615栋，其他未分级危房129栋。从镇街层面来看，南山街道危房数量对多，共 1123 栋，占全街道建筑数量的 12.85%，村平均危房 125 栋；其次是广阳镇 106 栋、峡口镇 155 栋、迎龙镇 211 栋、长生桥镇 193 栋；鸡冠石镇的石龙村和涂山镇的莲花村均没有危房。从行政村层面来看，南山街道的联合村和放牛村危房栋数最多，分别为 431 栋和 370 栋，均以 C 级危房为主；危房栋数超过 100 栋的村还有石牛村、大坪村和大石村；危房栋数 1~100 栋的共有 20 个村；没有危房分布的村共有 7 个，分别为石龙村、莲花村、天文村、金竹村、清油洞村和茶园村，各街镇危房建筑栋数统计详见附表 A-4（图 3-45）。

（4）设施配套

1）道路交通设施

道路交通设施上，本项目 32 个村内有重庆内环快速（G65）、重庆绕城高速（G5001）、沪渝南线高速（G50S）、省道 S103 线、省道 S105 线、东西大道、渝巴路、峡江路等干线道路构成的快速交通网络，加上其他公路、城市道路、乡村道路，构成纵横交织的综合交通系统。

2）对外交通情况

a. 高速 - 内环快速路通行情况

根据内环快速以及高速路互通式立交的功能，将道路互通式立交分为四种类型：内环快速枢纽互通、内环快速服务互通、高速服务互通、高速枢纽互通。其中，枢纽互通是两条及两条以上高速之间或内环快速之间车辆转换通道；服务互通是高速路或内环快速与地方路网的出入口，即出入口;仅服务互通可以方便接入高速或内环快速路网，提升所在地的对外交通通行能力。本项目区涉及的南岸区 32 个村中，有高速公路（或内环快速路）通过的村共 17 个，涉及的高速公路（或内环快速路）为重庆内环快速（G65）、重庆绕城高速（G5001）、沪渝南线高速（G50S），涉及的高速公路（或内环快速路）出入口有 6 个，分别为盘龙立交、南山立交、江南立交、茶园立交、迎龙互通、绕城东互通和广阳互通（图 3-46）。

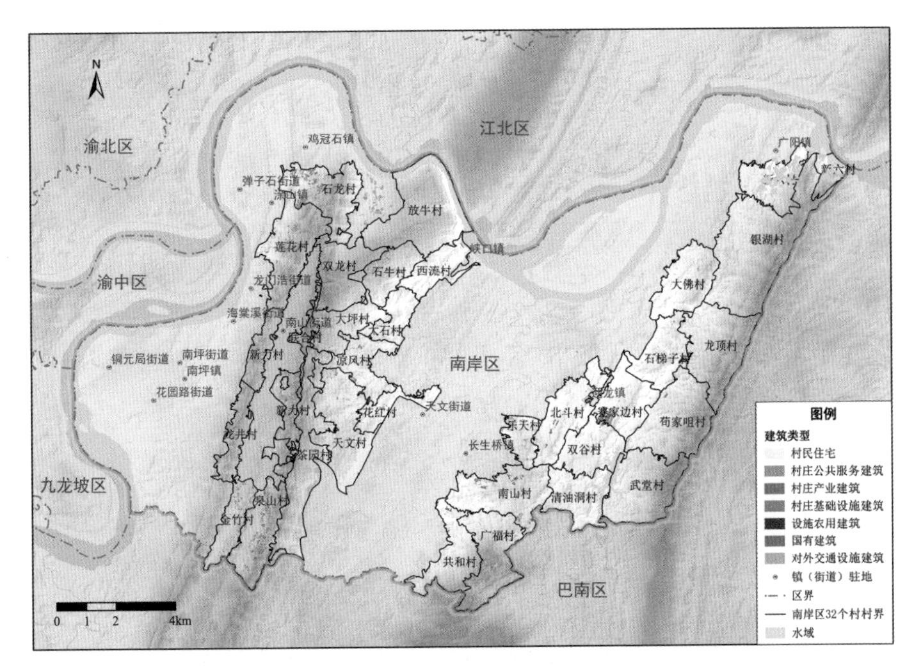

图 3-45　分类型建筑物空间分布图

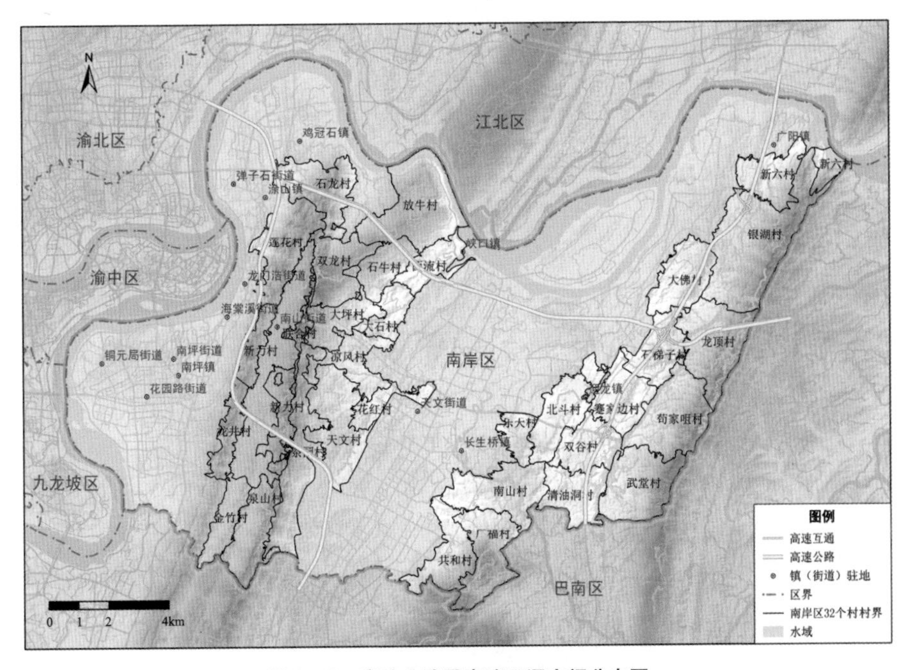

图 3-46　高速公路及高速互通空间分布图

b. 等级公路

按公路管理类别划分，本项目涉及南岸区 32 个村，等级公路通车里程总长约 126.69km，其中，省道总长约 13.51km，县道总长约 64.87km，乡道 48.31km。村级层面上，南岸区 32 个村中有 5 个村无等级公路通过，为石龙村、莲花村、新力村、龙井村、共和村，占村总数的 15.6%，其中 4 个村内有城市道路通过，对外交通也依靠城市道路，交通便捷，共和村内也有乡村道路与城市道路相接。其他有等级公路通过的村中，15 个村的等级公路合计总长在 5km 以下，占村总数的 46.88%；10 个村等级公路合计总长介于 5~10km，占村总数的 31.25%；2 个村等级公路合计总长大于 10km，仅占村总数的 6.25%，各街镇等级公路组成情况及公路总长度统计详见附表 A-5、A-6（图 3~47）。

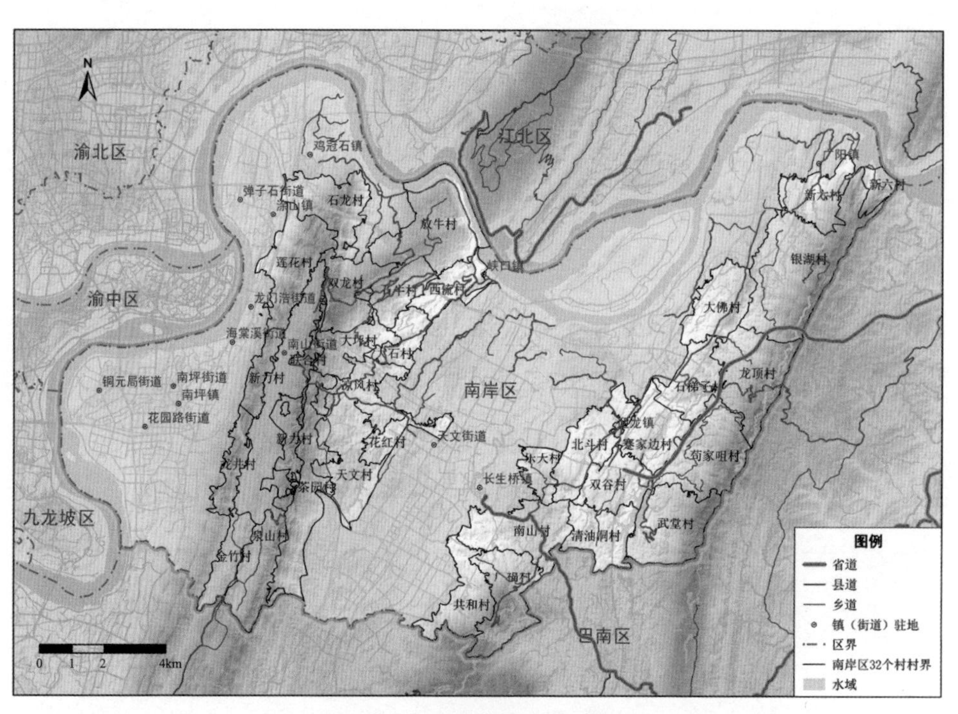

图 3-47　等级公路空间分布图

按照等级公路的管理类别，可知各村大致的对外可达性条件，南岸区 32 个村中，村内公路管理类别最高为省道、可通过省道前往主城区的村共 9 个；村内公路管理类别最高为县道、可通过县道接入省道（或高速）至主城区的村 16 个；村内公路管理类别最高为乡道、须通过乡道接入更高管理类别公路至主城区的村 2 个；村内无等级公路通过的村有 5 个。

c. 村内硬化机动车道

村级机动车道为等级公路以外的村内、村间通车道路，按路面铺设形式可分为村级硬化机动车道和村级未硬化机动车道，其中村级硬化车道多为水泥硬化路面，路面宽度多在 3~6m 之间；未硬化村道多为泥结石、泥土以及碎石路面，宽度多在 3~5m，晴天时通行条件尚可，雨天则通行条件较差。本项目区涉及的南岸区 32 个村中都不同程度的对村级机动车道做了不同程度的硬化工作，但各村村级机动车道长度不一、硬化条件差异较大。硬化机动车道长度在 5km 以下的村有 25 个；硬化机动车道长度在 5~10km 之间的村有 5 个；硬化机动车道长度在 10~20km 之间的村有 2 个，分别为南山街道放牛村、长生桥镇广福村，其长度分别为 13.5km、10.9km，各街镇硬化村级机动车道长度情况详见附表 A-7。

村级硬化机动车道密度上，6 个村的村级硬化机动车道密度小于 0.5km/km^2；10 个村的村级硬化机动车道密度在 0.5~1km/km^2；12 个村的村级硬化机动车道密度在 1 ~ 2km/km^2；4 个村的村级硬化机动车道密度在 2km/km^2 以上，其中排名前三的村依次为长生桥镇的广福村、泉山村和南山街道的放牛村，对应密度分别为 2.6km/km^2、2.43km/km^2、2.04km/km^2，各街镇硬化村级机动车道密度情况详见附表 A-8。

3）市政基础设施

市政基础设施即服务城镇居民生活的配套基础设施，是社会经济活动正常运行的基础，主要包括供电、供水、排水、环卫、燃气等设施。城镇基础设施、区域性基础设施除布局在城镇范围内，另有许多是占用的农村空间。

a. 供电设施

本项目涉及南岸区 32 个村的范围，有部分服务城镇的供电设施，具体包括：垃圾填埋沼气发电厂 1 座（重庆长生桥垃圾填埋场沼气发电厂），110kV 变电站 3 座，220kV 变电站 2 座（图 3-48、表 3-24）。

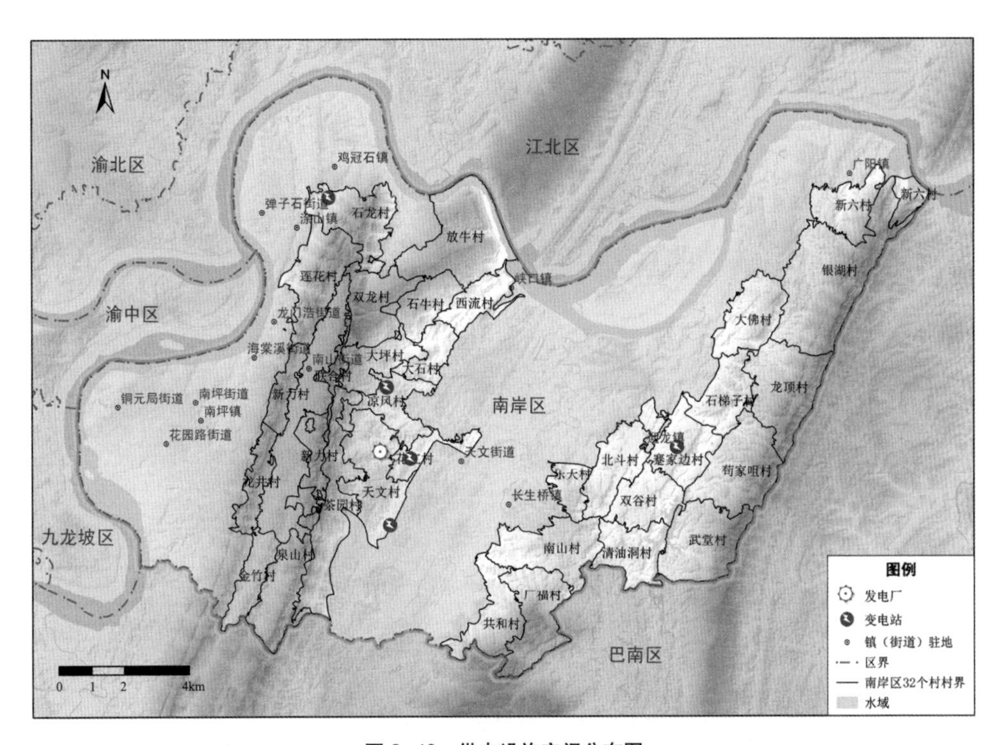

图 3-48　供电设施空间分布图

供电设施情况表 **表 3-24**

序号	设施名称	类型	所在镇街	村
1	武堂 110kV 变电站	变电站	迎龙镇	蹇家边村
2	鸡冠石 220kV 变电站	变电站	鸡冠石镇	石龙村
3	天文 110kV 变电站	变电站	长生桥镇	天文村
4	百步梯 110kV 变电站	变电站	长生桥镇	花红村
5	花红 220kV 变电站	变电站	长生桥镇	凉风村
6	重庆长生桥垃圾填埋场沼气发电厂	发电厂	长生桥镇	茶园村

b. 供水设施

本项目涉及南岸区 32 个村的范围，涉及的城镇供水设施包括 1 个供水站（大岚垭供水站）、4 个自来水厂、4 个农村自饮水工程、3 个蓄水池（图 3-49、表 3-25）。

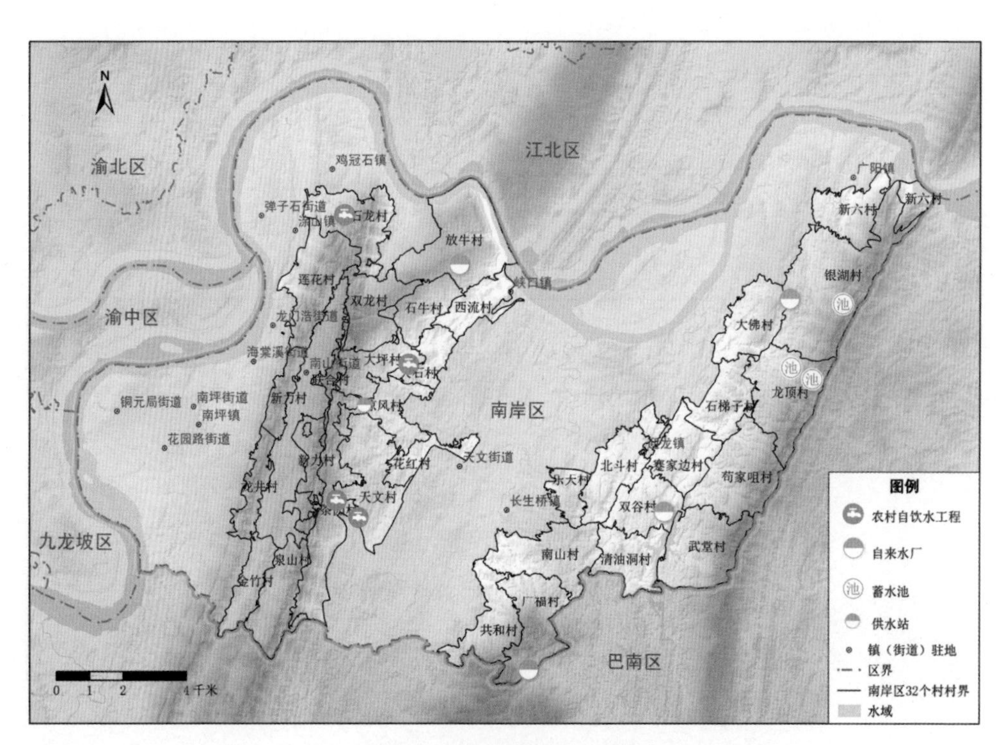

图 3-49 供水设施空间分布图

供水设施情况表 **表 3-25**

类型	名称	所在镇街	村名
供水站	大岚垭供水站	长生桥镇	凉风村
自来水厂	南山水厂	南山街道	放牛村
自来水厂	银湖水厂	广阳镇	银湖村
自来水厂	双谷水厂	迎龙镇	双谷村

续表

类型	名称	所在镇街	村名
自来水厂	广福水厂	长生桥镇	广福村
农村自饮水工程	五马供水站	鸡冠石镇	石龙村
农村自饮水工程	祠堂坡供水站	长生桥镇	茶园村
农村自饮水工程	大石水厂	峡口镇	大石村
农村自饮水工程	天文茶园供水站	长生桥镇	茶园村
蓄水池	蓄水池	广阳镇	银湖村
蓄水池	蓄水池	迎龙镇	龙顶村
蓄水池	蓄水池	迎龙镇	龙顶村

c. 排水设施

根据外调踏勘数据收集到的污水处理设施数据，本项目涉及南岸区 32 个村中共有 1 个污水处理厂，即黄桷垭污水处理厂，位于南山街道金竹村。

d. 环卫设施

本项目涉及南岸区 32 个村，有 1 处环卫停车场、1 处垃圾清纳场、1 处垃圾站、1 处垃圾卫生填埋场、10 处垃圾转运站、1 处压缩站（表 3-26）。

环卫设施情况表 **表 3-26**

类型	名称	所在镇街	村名
环卫停车场	重庆市南岸区环卫停车场	涂山镇	莲花村
垃圾清纳场	重庆市主城区（南岸区）建筑垃圾清纳场	广阳镇	银湖村
垃圾卫生填埋场	重庆市长生桥垃圾填埋场	长生桥镇	茶园村
垃圾站	双谷垃圾站	迎龙镇	双谷村
垃圾转运站	垃圾转运站	迎龙镇	清油洞村
垃圾转运站	垃圾转运站	迎龙镇	石梯子村
垃圾转运站	垃圾转运站	迎龙镇	龙顶村
垃圾转运站	黄荆庙压缩站	涂山镇	莲花村
垃圾转运站	垃圾转运站	涂山镇	莲花村
垃圾转运站	垃圾站	广阳镇	大佛村
垃圾转运站	垃圾转运站	鸡冠石镇	石龙村
垃圾转运站	垃圾转运站	南山街道	龙井村
垃圾转运站	垃圾转运站	南山街道	龙井村
垃圾转运站	垃圾转运站	长生桥镇	南山村
压缩站	迎龙压缩站	迎龙镇	北斗村

e. 燃气设施

本项目涉及南岸区 32 个村范围内，村民以使用罐装液化气和烧柴为主，并辅助使用电力，亟须完善各村的燃气设施。

4）公共服务设施

根据《城市用地分类与规划建设用地标准》（GB 50137-2011），服务城镇的公共服务设施分为：文化设施、教育科研设施、医疗卫生设施、体育设施、社会福利设施等。

a. 文化及体育设施

文化设施方面，有服务城镇的文化艺术设施 1 处，即空军抗战纪念园，位于南山街道石牛村；有广播点 2 处，均位于长生桥镇凉风村。体育设施方面，有篮球场 3 处，分别位于迎龙镇蹇家沟村、长生桥镇茶园村和广福村；足球场 1 处，位于长生桥镇共和村；网球场 1 处，位于南山街道放牛村；健身场 2 处，均位于长生桥镇共和村；健身器材 1 处，位于涂山镇莲花村。

b. 教育设施

基础教育及学前教育设施方面，本项目涉及南岸区 32 个村共有幼儿园 10 所、小学 1 所、中学 1 所、中小学 4 所。这些学校共分布于 5 个镇街中，分别为南山街道、迎龙镇、长生桥街道、涂山镇、鸡冠石镇。其中以南山街道最多，幼儿园及幼教有 5 所、中小学有 3 所、小学 1 所（图 3-50、表 3-27）。

另外，位于项目范围内的 32 个村中还有 1 处高等教育设施（重庆第二师范学院）和 1 处特殊教育设施（重庆市特殊教育中心），分别位于南山街道的龙井村和石牛村（表 3-28）。

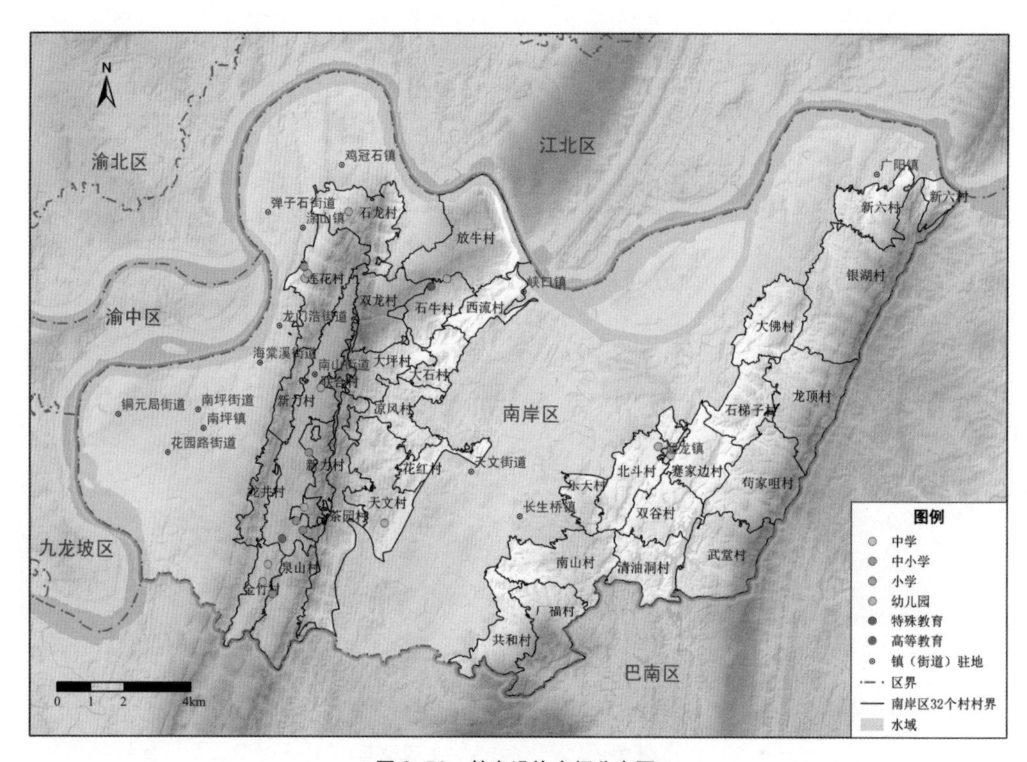

图 3-50　教育设施空间分布图

基础教育及学前教育设施情况表 表 3-27

镇街	村名	名称	等级
鸡冠石镇	石龙村	和平幼儿园	幼教
南山街道	石牛村	南山森林园	幼儿园
南山街道	金竹村	金竹沟幼儿园	幼教
南山街道	金竹村	贝贝幼儿园	幼教
南山街道	龙井村	南山街道中心幼儿园（妇联龙井幼儿园）	幼教
南山街道	联合村	蓓蕾幼儿园	幼儿园
南山街道	金竹村	金竹小学	中小学
南山街道	龙井村	南岸区文峰小学	中小学
南山街道	龙井村	重庆市广益中学文峰校区	中小学
南山街道	新力村	新市场小学	小学
涂山镇	莲花村	花果幼儿园	幼教
涂山镇	莲花村	春晖幼儿园	幼教
涂山镇	莲花村	兴隆湾小学	中小学
迎龙镇	北斗村	迎龙中心幼儿园	幼儿园
迎龙镇	蹇家边村	迎龙初级中学	中学
长生桥镇	天文村	新颖幼儿园	幼教

高等教育及特殊教育设施情况表 表 3-28

名称	类型	镇街	村庄
重庆第二师范学院	高等教育	南山街道	龙井村
重庆市特殊教育中心	特殊教育	南山街道	石牛村

c. 医疗服务设施

本项目涉及南岸区 32 个村范围内有服务城镇型的医疗卫生设施 1 处，位于南山街道的龙井村；另有 27 个村配置有村卫生室，村级卫生室配置率达到 84.4%；另外，有 5 个村尚未配置村卫生室，分别为峡口镇西流村、南山街道茶园村、迎龙镇苟家咀村、广阳镇新六村、长生桥镇花红村，亟需卫生医疗设施（图 3-51）。

d. 社会福利设施

本项目涉及南岸区 32 个村，共有五保家园 13 处、老年公寓 12 处、养老院 5 处、敬老院 5 处、养老公寓 1 处、社会服务机构 1 处、中老年人活动中心 1 处。从空间上看，这些社会福利设施分散分布在石牛村、凉风村、莲花村、银湖村等 20 个村，其中，石牛村的社会福利设施最多，达到了 10 处，其次是凉风村，有 6 处，另外，莲花村、银湖村的社会福利设施也超过了 2 处；大石村、乐天村、石梯子村等 12 村无社会福利设施分布，各街镇社会福利机构情况详见附表 A-9（图 3-52）。

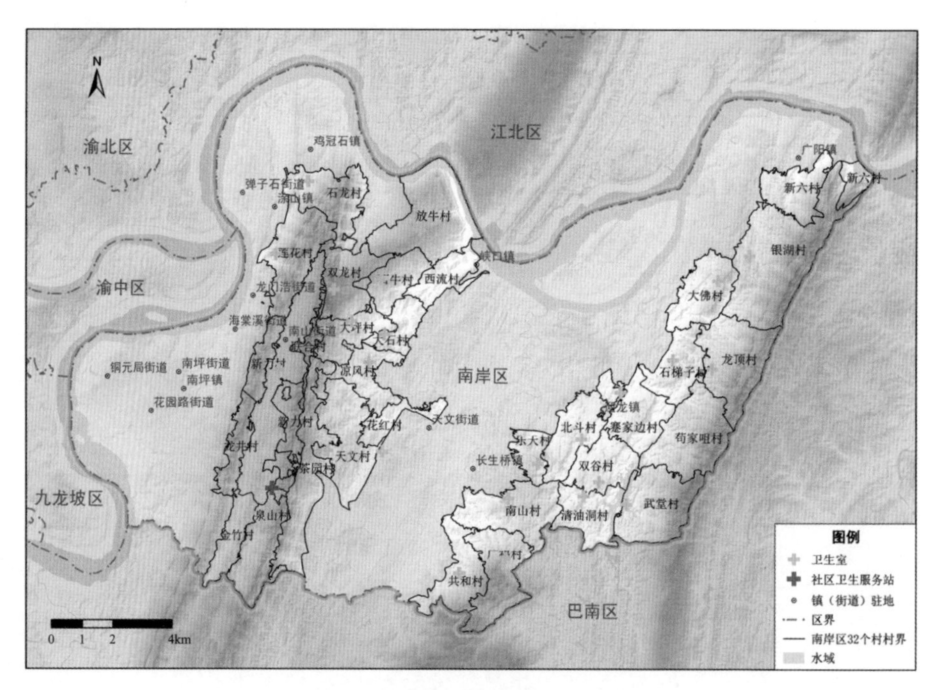

图 3-51 医疗卫生设施空间分布图

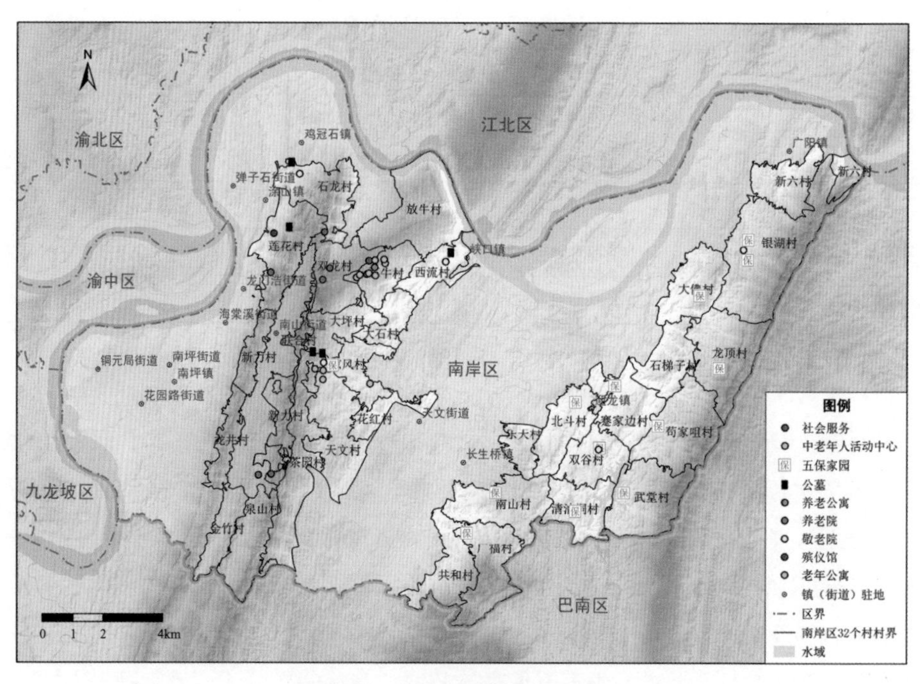

图 3-52 社会福利设施空间分布图

（5）相关规划

上位规划为农村地区的规划建设明确了职能定位、指引了发展方向，村域规划建设及发展要妥善协调与上位规划的关系。根据收集到的相关规划资料及数据，本次分析主要对重庆市城乡总体规划、南岸区分区规划和区内各镇街的土地利用规划等进行梳理。

1）重庆市城乡总体规划

a. 城市空间结构和功能布局

根据《重庆市城乡总体规划（2007—2020 年）》（2014 年深化）中有关主城区城市空间结构和功能布局的内容，对本次分析范围内的 32 个村所涉及的片区、组团以及独立功能点进行梳理。

在重庆市主城区“一城五片、多中心组团式”城市空间结构中，主城区被划分为“五片”，即中部、北部、南部、西部、东部五大片区。其中南岸区 32 个村涉及东部片区和南部片区（图 3-53、图 3-54）。

东部片区为铜锣山与明月山之间的区域，是城市未来的重点拓展区域之一，是联系重庆市域东部城镇的重要地区，主城区工业拓展的重点区域之一。东部片区在南岸区表现为茶园组团的空间布局。茶园组团由茶园、迎龙、广阳等地区组成，是国家级经济技术开发区所在地，发展以物联网、移动终端等为主的电子信息产业，以东港港区为依托重点发展出口贸易及加工，以迎龙片区为依托发展大型商贸物流。同时，茶园是城市副中心。

南部片区为铜锣山以西，长江以南和以东的区域，是以会展、商贸、都市旅游、科研教育及创意设计为主导的发展区域，推动产业升级，完善城市功能，提高基础设施和公共设施水平，保护好城市景观和生态环境，体现山、水、绿城市特色，提升人居环境质量。南部片区在南岸区表现为南坪组团和黄桷垭—南山独立功能点。南坪组团由南坪、弹子石等地区组成。南坪是城市副中心，承担市级会展和科研教育基地功能；弹子石滨江地区是中央商务区的组成部分，以文化娱乐、旅游休闲等功能为主的配套服务区，承担部分商务功能。黄桷垭—南山独立功能点以都市旅游服务、教育科研、物流功能为主，引导独立功能点与邻近组团功能协调、整合发展。

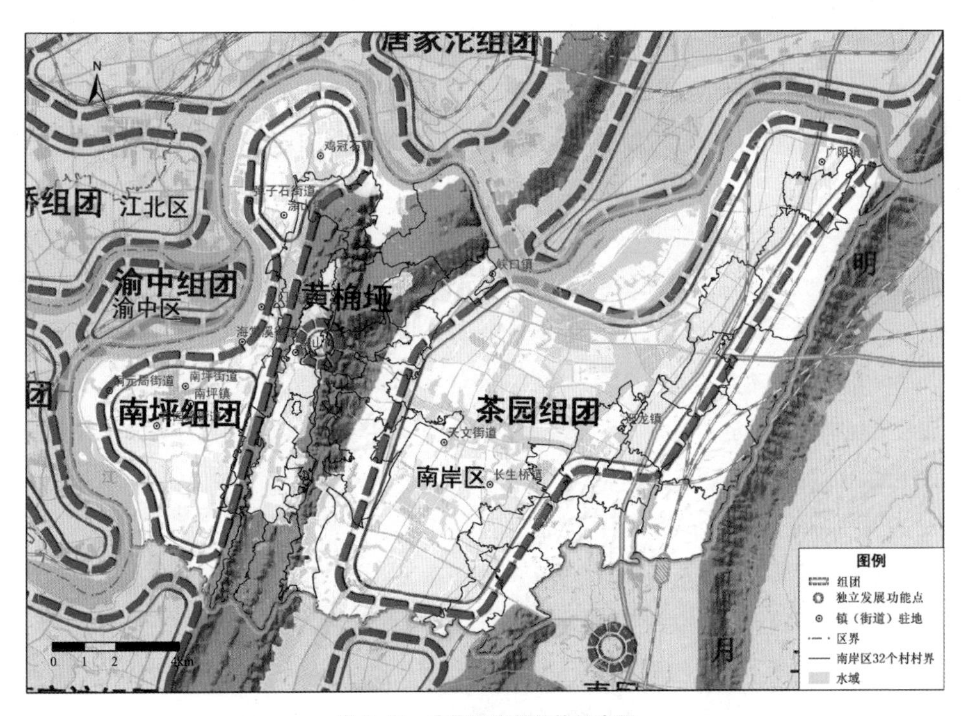

图 3-53　南岸区空间结构示意图

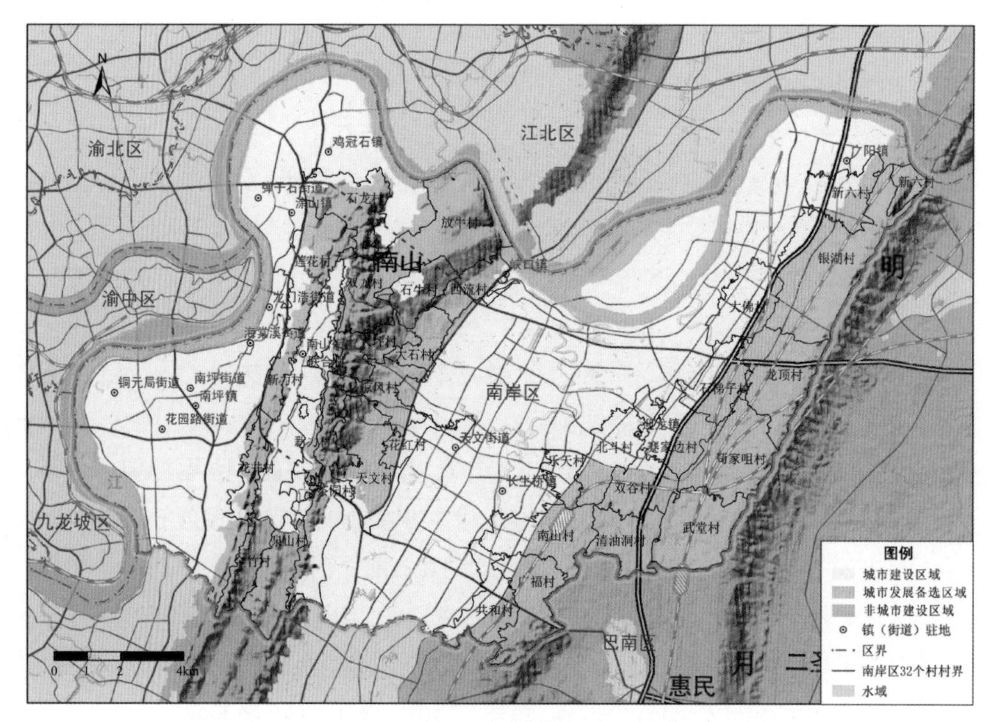

图 3-54　与重庆市城乡总体规划关系示意图

b. 城市建设区域和城镇发展备选区

根据《重庆市城乡总体规划（2007—2020 年）》（2014 年深化）中主城区城乡总体规划中城市建设区域和城镇发展备选区域的内容，本项目涉及南岸区 32 个村的村域范围均有城市建设区域或者城镇发展备选区域覆盖。其中，只涉及城市建设区域的村共有 13 个；同时涉及城市建设区域和城镇发展备选区域的村共有 15 个；只涉及城镇发展备选区的村有 4 个。空间分布上，村域范围只涉及城市建设区域的村集中位于南坪组团以东、黄桷垭独立功能点及周边区域，村域范围同时涉及城市建设区域和城镇发展备选区域的村主要位于茶园组团东西两侧区域，村域范围只涉及城镇发展备选区域的村集中于南岸区东部、茶园组团以东地区。

《重庆市城乡总体规划（2007—2020 年）》（2014 年深化）指出，规划期内城市开发建设原则上不超过规划城市建设用地和城镇发展备选区域。在保证城镇建设用地总量平衡的前提下，根据城市发展实际，可以在城镇发展备选区域内置换布局部分城镇建设用地，作为有条件建设区域。非城市建设区域内除排危抢险、村民自用住宅、重大基础设施、军事设施、重要的公共性项目、因生态环境保护、风景名胜资源保护、文物保护需要进行的建设外，禁止其他任何建设行为（图 3-55、表 3-29）。

2）南岸区分区规划

南岸区分区规划中的城市建设用地主要布局于南坪组团、茶园组团以及南山—黄桷垭独立功能点，各组团和独立功能点的用地布局承接了重庆市总规对其的职能定位。南坪组团用地类型主要包括居住用地、教育科研用地、文化娱乐和商业用地等；茶园组团以居住用地、工业用地和物流仓储用地居多，同时该组团的工业用地和物流仓储用地也是区内最多最集中的区域；

南山—黄桷垭独立功能点以居住用地和教育科研用地居多。市政设施及管线主要依托于两个组团和一个独立功能点布局，在区内纵横交错（图 3-56）。

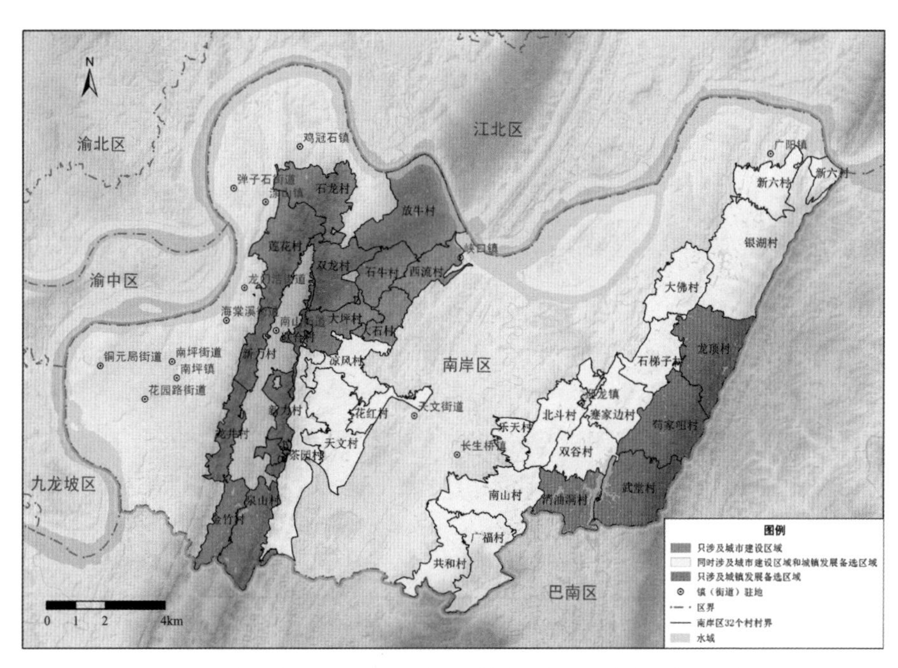

图 3-55　各村涉及城市建设区域和城镇发展备选区域情况空间分布图

村域范围涉及城市建设区域和城镇发展备选区域情况统计表　　**表 3-29**

总规城市建设区域类型	村个数（个）	百分比（%）
只涉及城市建设区域	13	40.63
同时涉及城市建设区域和城镇发展备选区域	15	46.87
只涉及城镇发展备选区域	4	12.50

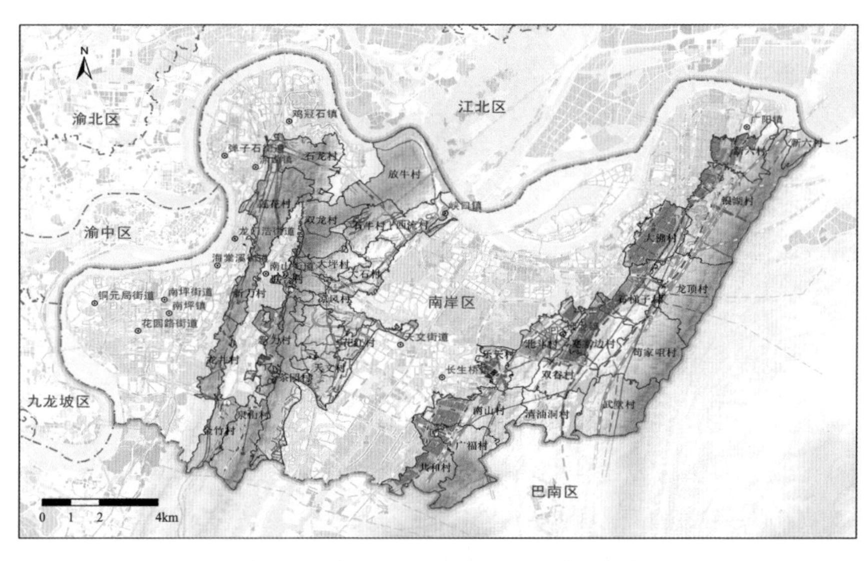

图 3-56　南岸区分区规划用地及设施分布图

a. 规划城市建设用地

对本项目区 32 个村与南岸区分区规划中城市建设用地进行空间叠加，得出规划城市建设用地占村域面积百分比情况。32 个村中，村域范围内布局有规划城市建设用地的村共有 28 个，占分析范围内村总数的 87.50%，约九成的村涉及分区规划的城市建设用地；未布局规划城市建设用地的村有 4 个，均位于东南部的迎龙镇，分别为清油洞村、武堂村、苟家咀村和龙顶村。

规划布局有城市建设用地的 28 个村中，规划城市建设用地面积占村域面积比例超过 50% 的村有 3 个，为广阳镇的大佛村、长生桥镇的花红村和乐天村，占村域面积的比重分别为 54.96%、50.16% 和 58.58%，主要位于茶园组团周边。其他村的规划城市建设用地占村域面积百分比在 50% 以下，其中以占比 5% 以下的村居多，共有 11 个，主要位于南坪组团和茶园组团之间，并以南山—黄桷垭独立功能点周边区域较为集中；其次为占比在 5%~20% 之间的村，共有 8 个，主要集中于南山—黄桷垭独立功能点以南区域，同时在南山—黄桷垭独立功能点东北区域和茶园组团以东区域也有少数分布；规划城市建设用地占村域面积比例在 20%~50% 的区域有 6 个，集中位于茶园组团东部区域。总体上，规划城市建设用地占村域面积百分比较高的村，主要位于茶园组团周边，各街镇分区规划中城市建设用地占村域面积比例情况详见附表 A-10（图 3-57）。

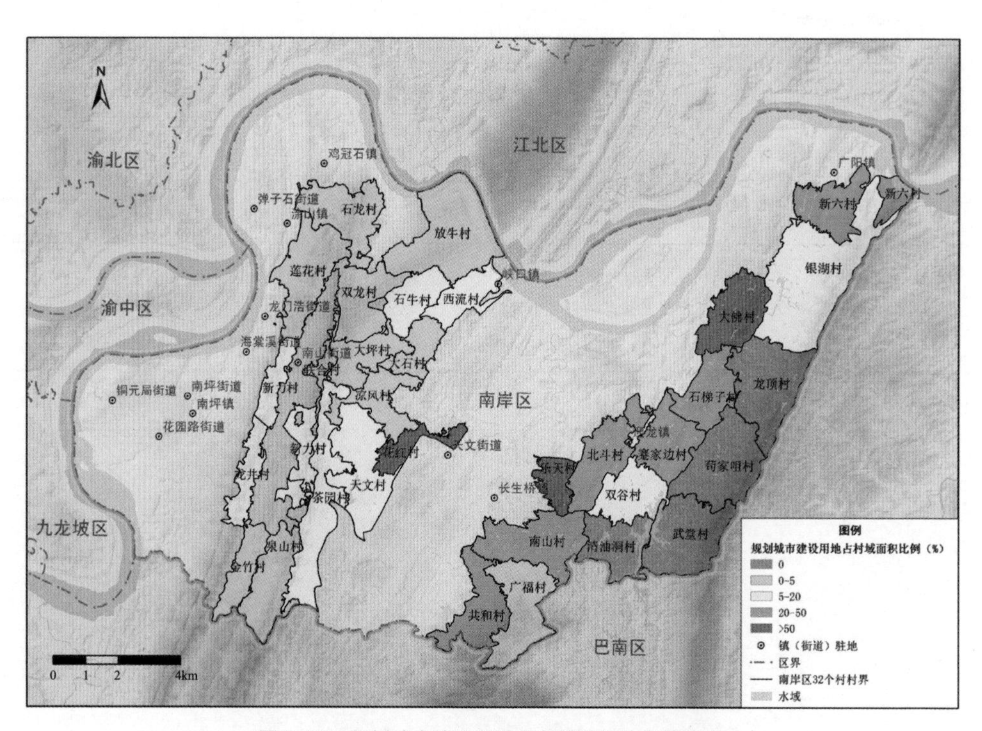

图 3-57　规划城市建设用地占村域面积比例情况图

b. 规划区域性市政管线及设施

对南岸区分区规划中的高压电力设施、燃气设施、通信设施、给水设施和排水泄洪设施等规划区域性市政管线及设施进行梳理，得到其空间分布情况。高压电力设施在南岸区西部布局较为密集，中部及东部区域布局相对较少；燃气设施在东部茶园组团布局相对较多；燃气设施、通信设施和给水设施主要布局于南坪、茶园两个组团和黄桷垭独立功能点向南延伸的区域；排水泄洪设施主要集中布局于西部和中部，并在西部南坪区域较为密集，东部整体布局较少。总体上，分区规划中的区域性市政管线及设施主要布局于南坪、茶园两个组团以及南山—黄桷垭独立功能点。本项目涉及南岸区 32 个村均有规划区域性市政管线或设施，未来的乡村规划建设中，须注重市政管线及设施的保护和关系协调。

3）土地利用规划

根据南岸区城市周边永久基本农田划定实施方案和本项目 32 个村所涉及的各镇街土地利用规划，重点对各村的城市周边永久基本农田和规划有条件建设区进行梳理。

a. 城市周边永久基本农田

根据 2016 年 9 月的《重庆市南岸区城市周边永久基本农田划定实施方案（送审稿）》，南岸区城市周边永久基本农田面积共计 665.98hm^2。其中，水田 255.80hm^2，旱地 410.18hm^2；坡度在 15° 以下的永久基本农田面积共 386.39hm^2，占总面积的 58.02%。本项目涉及南岸区 32 个村的永久基本农田面积合计 528.87hm^2，约占南岸区永久基本农田总面积的 79.41%（约八成），主要分布于迎龙镇的苟家咀村、龙顶村、清油洞村、石梯子村、双谷村、武堂村和广阳镇的银湖村（图 3-58）。

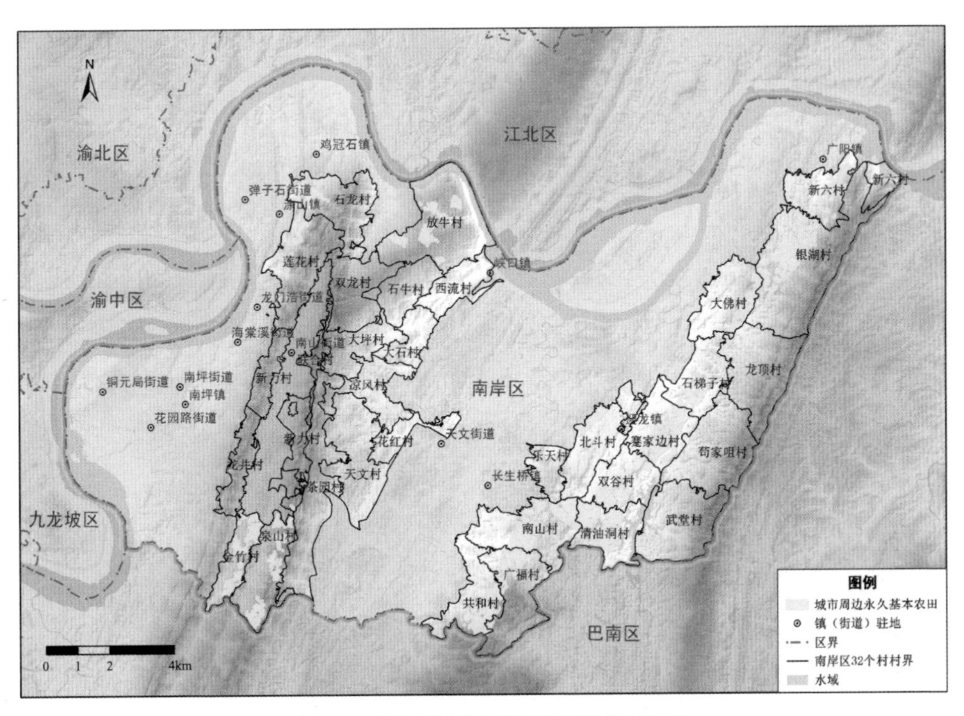

图 3-58 城市周边永久基本农田空间分布图

本项目涉及南岸区 32 个村中共有 20 个村涉及永久基本农田，约占 32 个村总数的 62.50%，主要位于长生桥镇、迎龙镇、广阳镇和南山街道。各村内永久基本农田占村域面积的比例多在 10% 以下，仅有 4 个村的永久基本农田占村域面积百分比超过了 10%，分别为迎龙镇清油洞村、南山街道金竹村、以及长生桥镇的共和村和南山村，占比最多的村为迎龙镇清油洞村，比例为20.86%。从空间上看，永久基本农田占村域面积较高的村主要位于重庆市总规确定的非城市建设区域，各街镇永久基本农田占村域面积比例情况详见附表 A-11（图 3-59）。

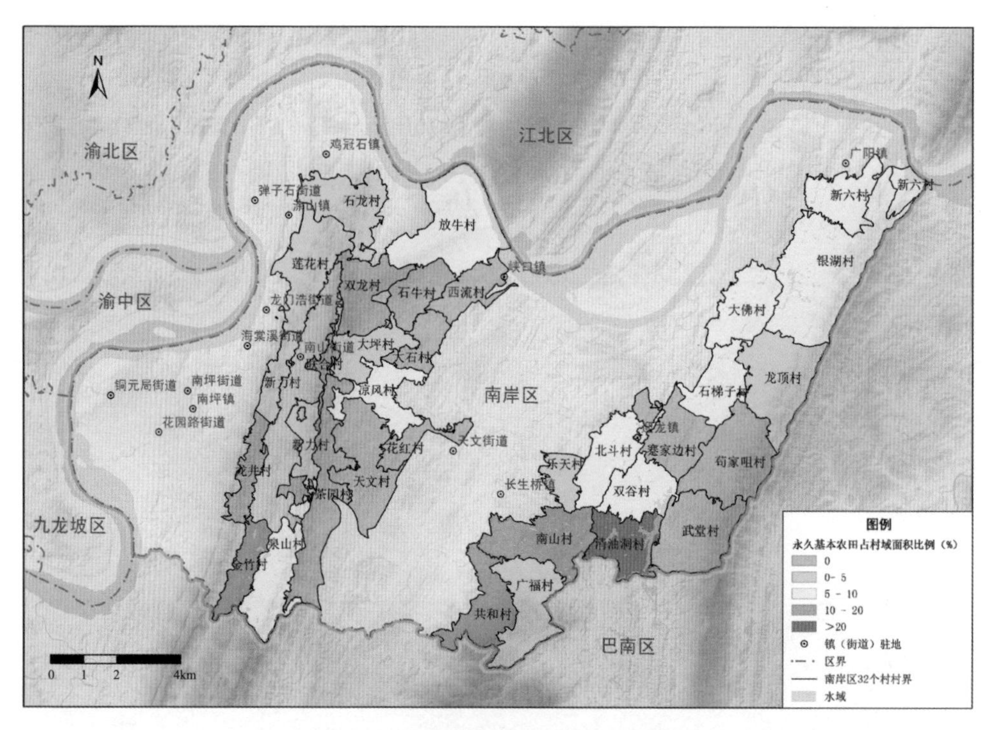

图 3-59　永久基本农田占村域面积比例情况图

b. 有条件建设区

有条件建设区是指城乡建设用地规模边界之外、扩展边界以内的范围，是土地利用规划中确定的，在满足特定条件后方可进行城乡建设的空间区域，是按照保护资源和环境、有利于节约集约用地的要求划定的规划期内可选择布局的范围。在不突破规划建设用地规模控制指标前提下，区内土地可以用于规划建设用地区的布局调整。

本项目区涉及的南岸区 32 个村中，村内布局有有条件建设区的村有 17 个，约占村总数的 53.13%；未布局有条件建设区的村共 15 个，约占村总数的 46.87%。从空间分布看来，村内布局有有条件建设区的村主要位于长生桥镇、迎龙镇、南山街道、广阳镇和峡口镇（图 3-60、表 3-30）。

（6）空间管制要素

根据收集到的空间管制数据及资料情况，对相关管控要点进行梳理，主要包括基本农田、防灾减灾、生态环境保护和区域设施保护等方面。

1）基本农田

党中央、国务院高度重视耕地保护，要求严守耕地保护红线，划定永久基本农田。党的十八大、十八届三中全会和中央经济工作会议、城镇化工作会议、农村工作会议就严守耕地红线、确保实有耕地面积基本稳定，实行耕地数量和质量保护并重等提出了新的更高要求。同时，基本农田的保护从一定程度上满足了我国未来人口和国民经济发展对农产品的需求，为农业生产乃至国民经济的持续、稳定和快速发展起保障作用。

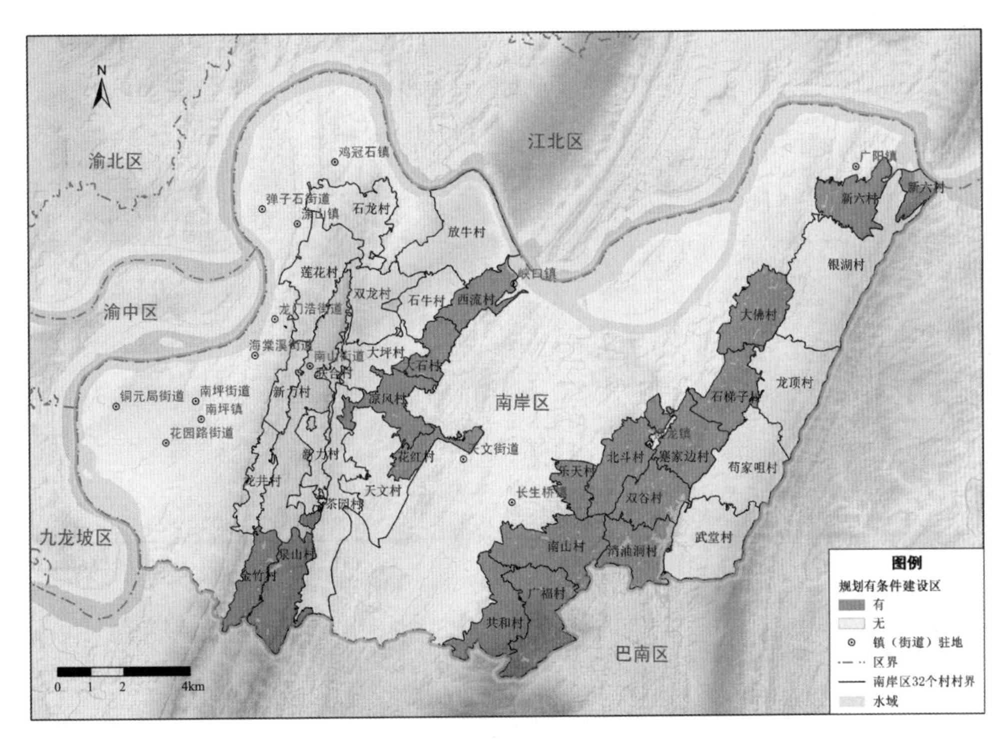

图 3-60　土规有条件建设区在村内布局情况图

土规有条件建设区在村域范围内情况统计表　　表 3-30

村域范围内是否有土规有条件建设区	村名单	村个数（个）	村个数占比（%）
有	大佛村、新六村、广福村、共和村、泉山村、金竹村、南山村、乐天村、双谷村、花红村、北斗村、蹇家边村、凉风村、石梯子村、大石村、西流村、清油洞村	17	53.12
无	龙井村、新力村、天文村、茶园村、联合村、大坪村、石牛村、双龙村、莲花村、石龙村、放牛村、银湖村、武堂村、苟家咀村、龙顶村	15	46.88
合计		32	100.00

2）生态环境保护

通过对生态环境保护要素进行梳理，南岸区 32 个村主要涉及四山管制区、森林公园、风景名胜区、湿地公园以及Ⅱ级及以上保护林地。其中，四山管制区涉及铜锣山以及明月山区域，森林公园涉及南山森林公园和凉风垭森林公园，风景名胜区涉及南山—南泉风景名胜区；湿地公园涉及迎龙湖湿地公园和苦溪河湿地公园，Ⅱ级及以上保护林地主要分布于南山和铜锣山一带。

a. “四山”管制区

“四山”管制区范围为重庆市主城区及周边范围内缙云山、中梁山、铜锣山、明月山四山地区，南岸区主要涉及铜锣山和明月山。本项目 32 个村中，涉及四山管制区的村共有 21 个，超过六成的村村域范围分布有四山管制区，同时这 21 个村范围内均涉及四山禁建区。四山禁建区占村域面积比例最大的 7 个村均位于南山街道，其中占比最大的 3 个村分别为南山街道大坪村、双龙村、联合村，占比分别为 99.56%、97.58%、94.56%。在进行开发建设时，须符合《重庆市“四山”地区开发建设管制规定》的相关管制要求（图 3-61、图 3-62）。

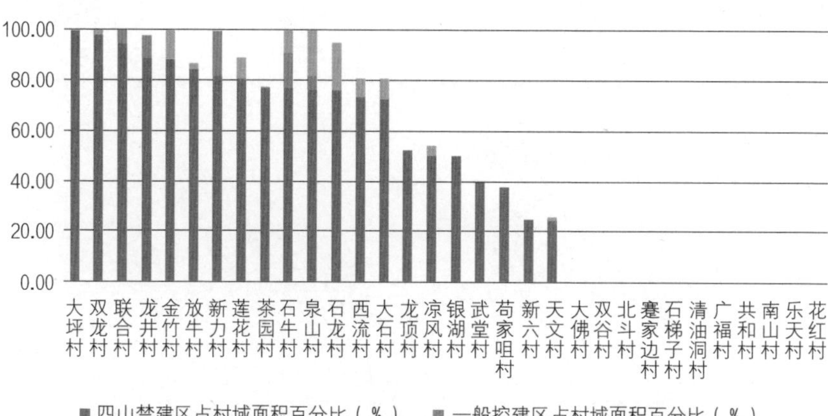

图 3-61 “四山”管制区占村域面积比例情况图

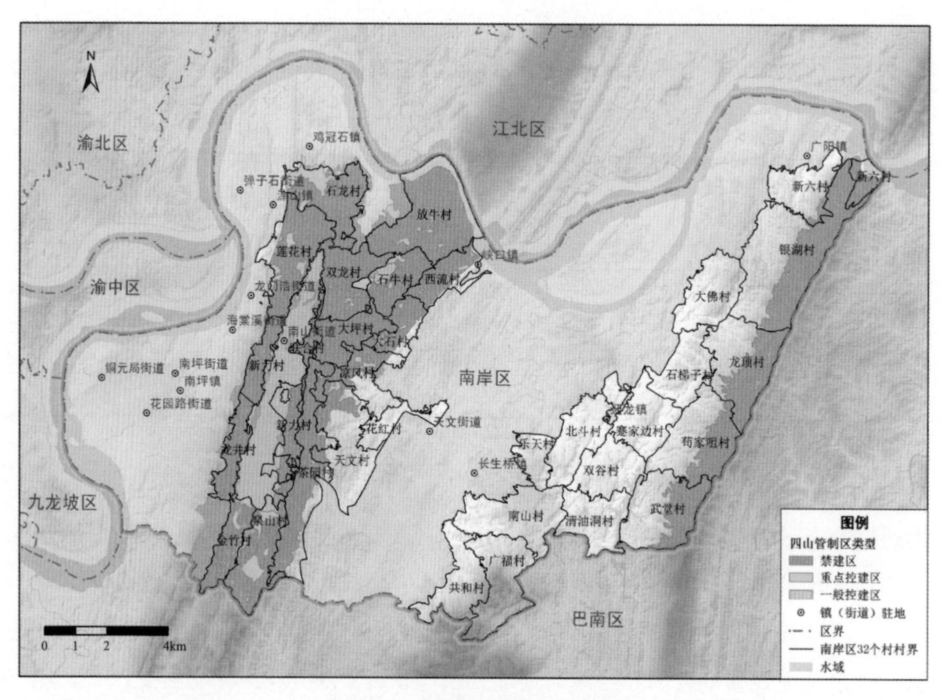

图 3-62 “四山”管制区分布图

b. 森林公园

南岸区目前有两个森林公园，分别为南山森林公园和凉风垭森林公园，均位于南温泉山片区，其中南山森林公园为国家级，凉风垭森林公园为市级。本项目涉及的南岸区 32 个村中，共有 16 个村涉及森林公园，主要位于南山街道、峡口镇、长生桥镇、涂山镇和鸡冠石镇。32 个村中有一半的村涉及森林公园，在进行开发建设时，须符合森林公园的相关规定。

c. 风景名胜

南岸区有 1 处风景名胜区，即南山—南泉风景名胜区。本项目涉及南岸区 32 个村当中涉及风景名胜区的村共有 16 个，占分析范围村总数的 50%，主要位于南山街道、长生桥镇、峡口镇、涂山镇和鸡冠石镇（图 3-63）。

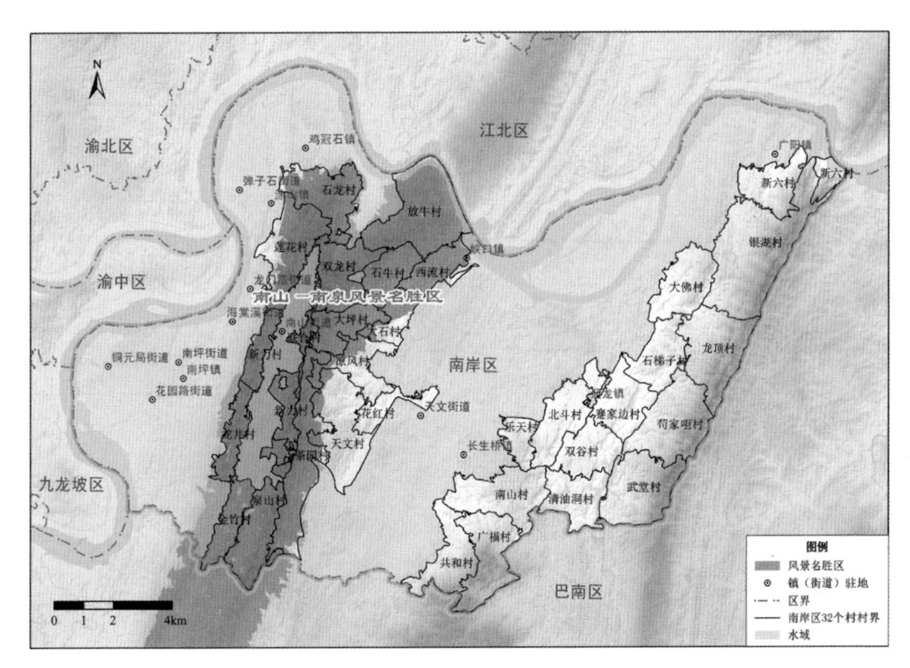

图 3-63 风景名胜区分布图

d. 湿地公园

南岸区现有两处湿地公园，为迎龙湖湿地公园和苦溪河湿地公园，分别位于区内中部及东南部。本项目涉及的南岸区 32 个村当中共有 5 个村涉及湿地公园，分别为迎龙镇的双谷村、清油洞村、武堂村和长生桥镇的共和村、南山村，其中迎龙镇的 3 个村涉及湿地公园的面积较大。涉及湿地公园的村，在注重湿地公园保护的同时，其村级开发建设须符合相关规定（图 3-64）。

e. Ⅱ级及以上保护林地

南岸区Ⅱ级及以上保护林地主要集中分布于南山和铜锣山一带，本项目涉及的南岸区 32 个村中共有 21 个村范围内涉及Ⅱ级及以上保护林地，在项目的 7 个镇街中均有分布（图 3-65）。

3）区域设施保护

通过对本项目涉及的南岸区 32 个村的综合管制要素进行分析，区域设施保护主要包括了公路防护范围、饮用水源保护区、高压电力走廊、变电站及周边防护区、油气管道禁建及限建控制范围（图 3-66）。村内的规划建设须妥善处理与各区域设施的关系，同时须符合上述各类设施保护要求。

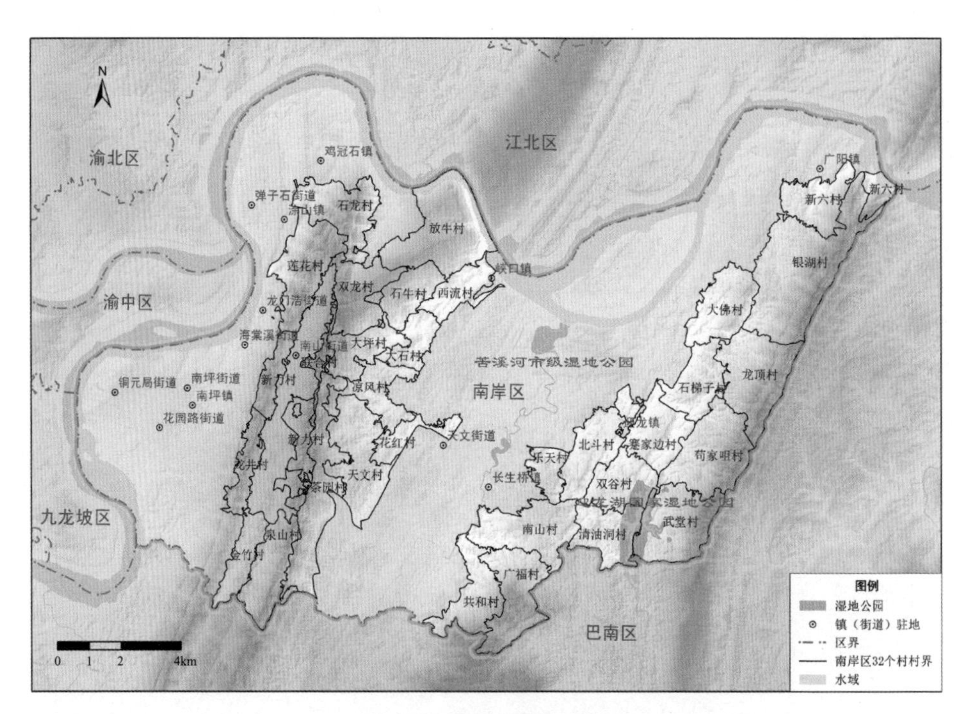

图 3-64　湿地公园分布图

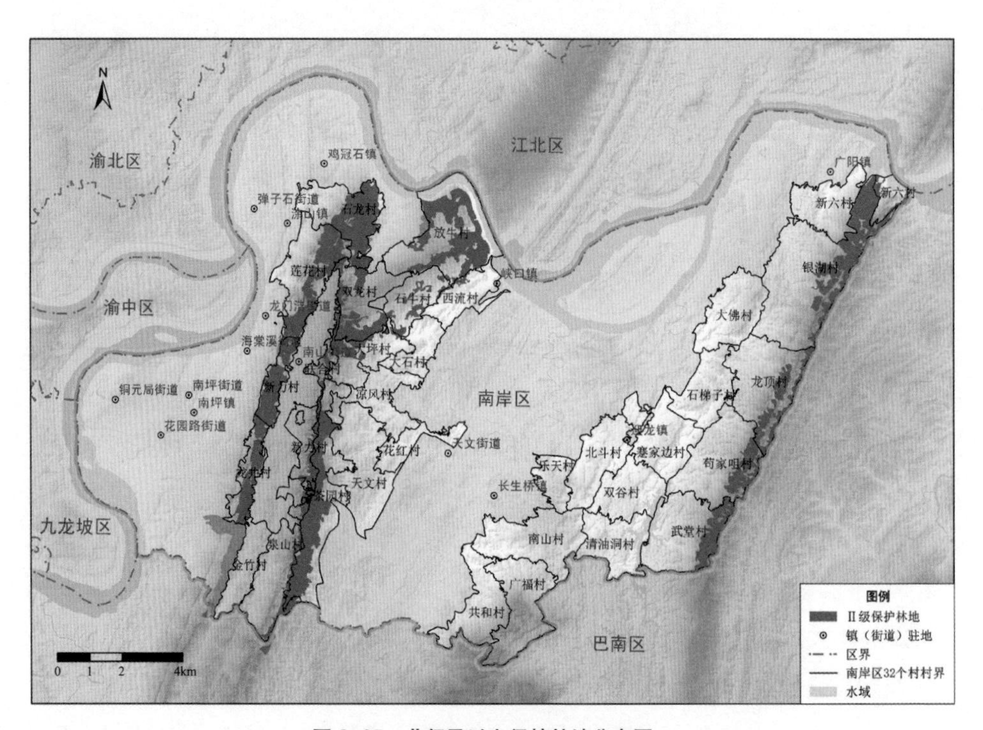

图 3-65　Ⅱ级及以上保护林地分布图

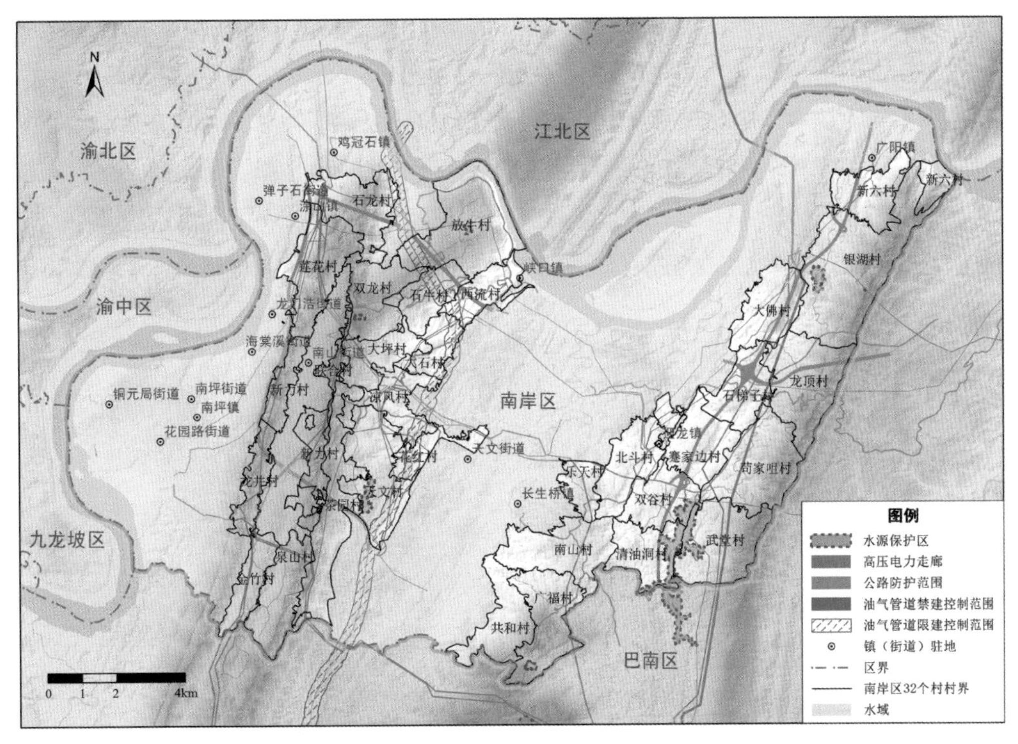

图 3-66　区域设施保护范围分布图

4）其他管控要素

坡度在规划建设方面影响广泛，坡度的大小往往影响着土地的使用和建筑布置，尤其是在多山多丘陵的农村地区，因此坡度也是本次分析中空间管制的一个重要因素。一般情况下，坡度 25% 是《城乡建设用地竖向规划规范》（CJJ 83—2016）城市建设用地适宜规划布局的最大限值，在采取工程措施对场地进行平场、确保场地安全前，不宜开展村级建设。

3.3.4　村民发展意愿

根据实地调查和咨询，对本项目涉及的南岸区 32 个村村民发展意愿进行梳理。村民发展意愿调查主要包括基础设施改善诉求、公共服务设施改善诉求、相关规划诉求、集中居住诉求四个方面，各街镇村民发展意愿情况详见附表 A-12。

（1）基础设施改善诉求

南岸区 32 个村中，29 个村有基础设施新增或改善的相关诉求。其中 25 个村提出了燃气供应条件改善的诉求，以南温泉山周边分布最多；15 个村提出了排水方面改善的诉求；15 个村提出了新增或改善环卫设施的诉求，要求增设或规范化运行垃圾集中堆放点；13 个村提出了道路交通方面的诉求，用于解决村内道路硬化与“最后一公里”问题。随着近年来农村“村村通电”、农网改造工程和农村饮水安全工程的实施，总体上各村均实现了供电、集中供水，但是仍存在部分较高海拔区域的散居农户未覆盖的问题，因此有 6 个村提出了供电方面的诉求，5 个村提出了供水方面的诉求，5 个村提出了通信方面的诉求，6 个村提出了污水处理方面的诉求。

（2）公服设施改善诉求

南岸区 32 个村中，有 20 个村有公共服务设施新增或改善的相关诉求。其中 10 个村提出了增加幼儿园的诉求；9 个村提出了增加养老服务设施的诉求；10 个村提出了增加商业金融设施的诉求；6 个村提出了村卫生室建设诉求。以上各村主要是距离街道驻地、场镇相对较远，对外交通相对不便。随着健康养生观念的普及，6 个村提出了村民活动中心建设诉求，要求增加村民运动场所。

（3）相关规划诉求

南岸区 32 个村均提出了相关的规划诉求。经梳理分析得知：总体上，各村的规划诉求与上位规划密切相关，表现出较为明显的地域一致性。另外，多数村在对村域本底旅游资源条件认识的基础上普遍提出发展乡村旅游的诉求。

有南岸区分区规划、南岸区控制性详细规划以及各类专项规划覆盖的 8 个村要求加快规划的实施，明确各类管线防护走廊控制范围和征地拆迁范围，以利于村级建设活动的合理避让与布局规划；2 个村提出加快规划实施，改善村内交通条件的诉求。

为了合理利用与保护“四山”丰富的资源，2006~2007 年重庆市政府先后发布《关于加强缙云山、中梁山、铜锣山部分区域建设管制的通告》《重庆市“四山”地区开发建设管制规定》。“四山”管制规定实施以来，有效遏制了“四山”地区房地产无序开发状况和对森林生态资源的破坏，但受多年管制政策的限制，“四山”管制区基本处于自我发展境地，农民就地就业机会减少，基础设施明显滞后，部分农民增收和生产生活出现困难。为妥善解决当地农民群众生活困难和长远生计问题，2014 年《重庆市人民政府关于改善“四山”管制区农民基本生产生活条件的意见》出台。本次村民发展意愿调查时，有“四山”管控区覆盖且受管控较为明显的 14 个村普遍提出尽快落实“四山”生态开发相关政策的诉求。

南岸区现代农业综合示范区规划覆盖的 7 个村提出加快规划实施的建议。另外，因受铁路东站及东环线建设选址影响，导致该片区范围内用于安置清油洞村、武堂村、苟家咀村、龙顶村已完成土地流转的部分村民的新居建设工程无实质性启动，村民提出加快解决安居置业的相关诉求。

另外，15 个村结合自身旅游资源条件提出发展乡村旅游的诉求。例如，位于南山风景名胜区或其周边的部分村普遍表达了依托南山景区发展乡村旅游的诉求；长生桥镇天文村、迎龙镇武堂村分别提出依托百步梯水库、迎龙湖湿地发展乡村旅游的诉求；广阳镇大佛村、长生桥镇广福村提出利用本村历史文化遗迹发展乡村旅游的诉求。

（4）集中居住诉求

南岸区 32 个村中，共计有 16 个村提出新建集中居民点的诉求，包括鸡冠石镇石龙村，广阳镇大佛村，长生桥镇天文村、广福村、共和村，南山街道金竹村、联合村、龙井村、泉山村、新力村，迎龙镇苟家咀村、蹇家边村、龙顶村、清油洞村、石梯子村、武堂村。集中居住诉求是多种原因综合作用的结果，其中房屋建筑质量较差，存在安全隐患的涉及 7 个村；现有居住环境设施配套不完善，生活不方便的有3个村。另外，迎龙镇规划的南岸区现代农业综合示范区覆盖的苟家咀村、蹇家边村、龙顶村、清油洞村、石梯子村、武堂村由于存在较大规模的土地流转，拆迁户需要集中安置。

3.3.5 地理标志产品

根据实地调查，本项目区城内南山腊梅具有农产品地理标志，南山腊梅是重庆南岸区的特产。南山腊梅种植历史悠久，可追溯到清朝时期。《重庆市南岸区志》[①] 记载“南岸观赏花卉种植起于19世纪末，时有花农十余户。40年代，附近花农以生产鲜切花等为主。60年代后，选育出腊梅等品种，销往海内外”。 郭沫若《黄山探梅四首》中写道“闻说寒梅已半开，南山有鸟唤春回”。易君左《南山行》中写道“南山胜境梅岭最，绝似鹅颈前伸延”。南山腊梅地域保护范围涉及南山街道的双龙村、石牛村、放牛村、大坪村、联合村，峡口镇的大石村、西流村，以及长生桥镇的凉风村、茶园村。

① 重庆市南岸区地方志编纂委员会. 重庆市南岸区志 [M]. 重庆：重庆出版社，1993.

第4章 重庆乡村规划决策系统开发与信息化建设

FOUR

4.1 乡村规划决策系统概述

20世纪70年代，美国麻省理工学院的戈里（Gorry）和斯科特·莫顿（Scott Morton）首次提出了决策支持系统（Decision Support System，简称DSS）的概念，是当今系统工程和计算机应用研究的前沿领域。决策支持系统是一个集计算机技术、信息技术、人工智能、管理科学、决策科学、心理学、美学、行为科学和组织科学等技术与学科为一体的技术集成系统[①]。决策支持系统利用计算机运算速度快、存储容量大的特点，根据决策者的决策风格，从系统分析的角度为决策者创建一种决策分析环境，以支持决策者解决半结构化和非结构化的决策问题[②]。

目前国内外研究者对决策支持系统的研究与应用开发开展了卓有成效的工作。伊拉姆（Elam）等将决策支持系统定义为“利用计算机技术以及智能技术在重大决策中进行创造性思维和推理判断”[③]。苏理宏等设计并实现了一个以模糊逻辑为基础的空间决策支持系统[④]。翁文斌等人采用原型方法建立了“京津唐水资源规划决策支持系统”[⑤]。崔立真等提出了模型的定义方法、模型－方法库的构造思路，研究了基于面向对象模型库的商业决策支持系统[⑥]。吴志慧对“城乡规划辅助支持决策系统”的框架及数据库进行了设计，并开发了相应的系统[⑦]。徐志胜等以GIS为平台，集成决策支持系统，研究开发了“基于GIS的城市公共安全应急决策支持系统”，实现了城市灾害信息的科学管理、各种灾害分析模拟以及应急决策支持[⑧]。黄跃进探讨了决策支持系统中面向对象的模型设计、管理，提出将模型描述、源程序、目标文件等作为一个框架的存储组织方式，并讨论了基于Agent 的模型自动生成、运行、修改方法[⑨]。

将传统的决策支持系统原理引入乡村规划决策支持领域，通过把规划决策支持的某些原理、

---

① 高洪深．决策支持系统(DSS)理论·方法·案例[M]．北京：清华大学出版社有限公司，2005.

② 宗跃光．空间规划决策支持技术及其应用[M]．科学出版社，2011.

③ Elam J J，Henderson J C，Miller L W．Model Management Systems：An Approach to Decision Support in Complex Organizations[R]．WHARTON SCHOOL PHILADELPHIA PA DEPT OF DECISION SCIENCES，1980.

④ 苏理宏，黄裕霞．基于知识的空间决策支持模型集成[J]．遥感学报，2000，4(2)：151-156.

⑤ 翁文斌，蔡喜明．京津唐水资源规划决策支持系统研究[D]．北京：清华大学．1992.

⑥ 崔立真，郑永清．基于面向对象模型库的商业决策支持系统[J]．计算机工程与应用，2002，38(9)：164-167.

⑦ 吴志慧．面向服务的城乡规划辅助支持决策系统设计与实现[D]．湖南：湖南科技大学，2014.

⑧ 徐志胜，冯凯，徐亮．基于GIS的城市公共安全应急决策支持系统的研究[J]．安全与环境学报，2004.

⑨ 黄跃进，朱云龙．空间决策支持系统模型库系统研究[J]．信息与控制，2000，29(3)：219-224.

方法或模型用计算机编程语言进行开发实现，就可以构建一个用于解决乡村规划问题的乡村规划决策支持系统。乡村规划决策系统特有的人机交互方式和模型运算方法可以有效提高乡村规划决策的效率和效果，因此，乡村规划决策系统开发是乡村规划决策支持技术的原理和方法的重要应用领域。

4.2 乡村规划决策系统总体设计

4.2.1 设计依据

《基础地理信息要素分类与代码》(GB/T 13923-2006)

《基础地理信息数字产品元数据》(CH/T 1007-2001)

《重庆市基础地理信息电子数据标准》(DB50/T 286-2008)

《重庆市地理空间信息内容及要素代码标准》(DB50/T 351-2010)

《信息技术　软件生存同期过程》(GB/T 8566-2007)

《计算机软件需求规格说明规范》(GB9385-2008)

《计算机信息系统保密管理暂行规定》(国保发 [1998]1 号)

《计算机软件文档编制规范》(GB/T 8567-2006)

《计算机信息系统 安全保护等级划分准则》(GB/T17859-1999)

《信息技术　开放系统互连高层安全模型》(GB/T 17965-2000)

《信息技术　开放系统互连基本参考模型》(GB/T 9387-1998)

《信息技术　开放系统互连应用层结构》(GB/T 17176-1997)

《信息技术　开放系统互连开放系统安全框架》(GB/T 18794-2003)

《信息技术　开放系统互连 通用高层安全》(GB/T 18237-2003)

4.2.2 总体架构

(1) 总体框架

乡村规划决策系统总体上形成“1+1+N”的框架，即 1 套数据库，1 个系统与 N 个模型。其中，1 套数据库，主要是指支撑乡村规划决策系统的数据库。1 个系统是人机交互的界面。N 个模型即支撑乡村规划决策全过程的各类分析、评估、模拟的各类模型 (图 4-1)。

图 4-1　系统总体框架示意图

(2) 系统架构

根据前期需求调研和分析成果，乡村规划决策系统基于 SOA

的架构和分层的思想进行设计，通过对系统功能的分析，抽象相应的功能组件，再在这些功能组件的基础上搭建系统相应的应用功能。从而使系统的层次清晰、结构灵活，可以有效提高系统的可扩展性与可维护性（图 4-2）。

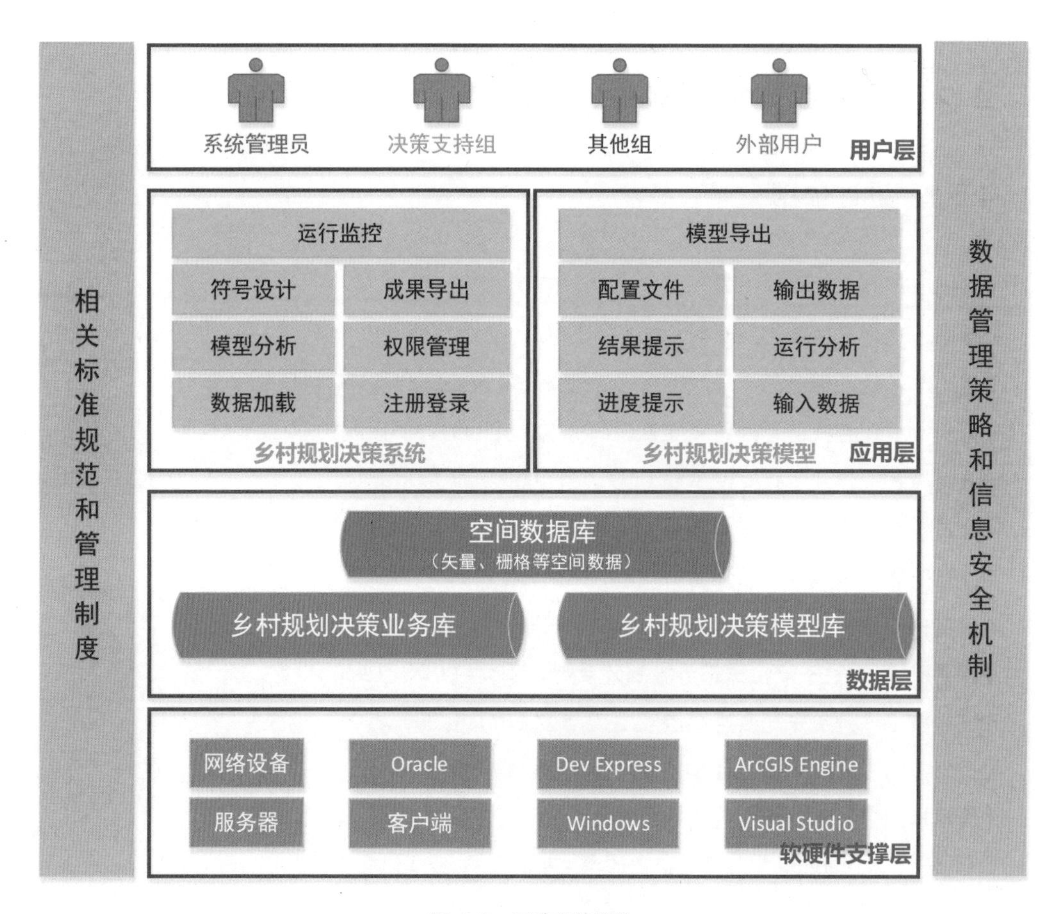

图 4-2　系统总体架构

根据 SOA 的结构思想，乡村规划决策系统采用图 4-2 所示的灵活的多层体系结构，系统逻辑上由软硬件支撑层、数据层、应用层、用户层组成，以利于提高系统的灵活性和扩展性。以下是对各层技术路线的描述：

1）软硬件支撑层主要包含支持系统运行的软件和硬件设备，包括服务器、PC 客户端和网络设施；软件主要含有 Window 操作系统，Oracle 11g 数据库，以及开发部署需要的 ArcGIS Engine、DevExpress 等。

2）数据层主要为系统管理的数据资源内容，主要由空间数据库和乡村规划决策业务数据库组成，其中空间数据库包含矢量数据、栅格影像数据等；乡村规划决策业务数据库包含运行监控日志、用户权限等信息；乡村规划决策模型库则包含各类乡村规划决策模型及其配置文件。数据层包含了相关数据资源，表现为逻辑库，具体的数据存储根据数据的种类与使用方式的不同可以由 Oracle 或文件系统进行存储。

3）应用层根据不同的功能需求，完成相应的业务功能组件，包括乡村规划决策模型等。在这些基础业务组件基础上，构建乡村规划决策系统。

4）用户层主要包含了决策支持组人员、其他业务组人员、系统管理员等，此外还包括外部用户。系统管理人员进行用户权限管理机运行监控，决策支持组人员进行决策支持并导出成果，其他组人员和外部用户则使用决策支持成果。

整个系统的构建依据相关标准和管理规范进行建设，并依据相应的数据管理策略和信息安全体系构建，与存储设备、存储管理软件结合，在存储设备之上建立数据库，最终集成到系统，并对外提供访问接口。

4.2.3 技术路线

（1）乡村规划决策系统开发

1）采用 C-S 架构实现，采用多层的体系结构。

2）采用构件化的设计思想，在需求分析抽象的基础上，进行软件功能构件的设计，然后通过基于构件的开发组合完成系统的构建开发。

3）采用 WCF 服务，发布用户管理、日志记录、统计、文件管理等服务。

4）采用 C 作为开发语言，采用 Microsoft Visual Studio 2010 作为开发环境。

5）采用 ESRI 的 ArcGIS Engine 10.1 作为 GIS 开发平台，ArcGIS Engine 10.1 是一个完全组件化的嵌入式 GIS 平台，提供了丰富的底层功能接口。

6）采用 Visio 作为面向对象分析与系统建模工具。

7）采用 Dev Express 14.2 作为界面组件库。

（2）乡村规划决策模型交互

乡村规划决策模型开发与乡村规划决策系统开发相互独立，但乡村规划决策模型开发成果需供乡村规划决策系统使用。根据 .NET 平台设计原则，确定乡村规划决策模型交互技术路线如下：

1）明确定义乡村规划决策模型接口（初步设计分为矢量和栅格两个接口），约定乡村规划决策模型需按照接口定义进行编码实现。

2）乡村规划决策模型开发成果以动态链接库（.dll）方式提交，同时需提交模型库对应的配置文件。

3）乡村规划决策模型的配置文件以 XML 文档（.xml）的方式生成，需严格按照定义的文档结构填写配置内容。

4）乡村规划决策系统通过配置文件和模型库文件，获取乡村规划决策模型相关信息并进行调用。

（3）乡村规划决策模型开发

1）采用 .NET 动态链接库（.dll）的方式开发。

2）采用 C 作为开发语言，采用 Microsoft Visual Studio 2010 作为开发环境。

3）采用 ArcGIS Engine 10.1 作为 GIS 二次开发包。

4）采用 XML 文档（.xml）作为模型配置文件，存储模型名称、描述、类名等信息。

4.2.4 功能结构

乡村规划决策系统功能由系统基本功能、空间分析功能、辅助规划功能、其他辅助功能等组成（图 4-3）。

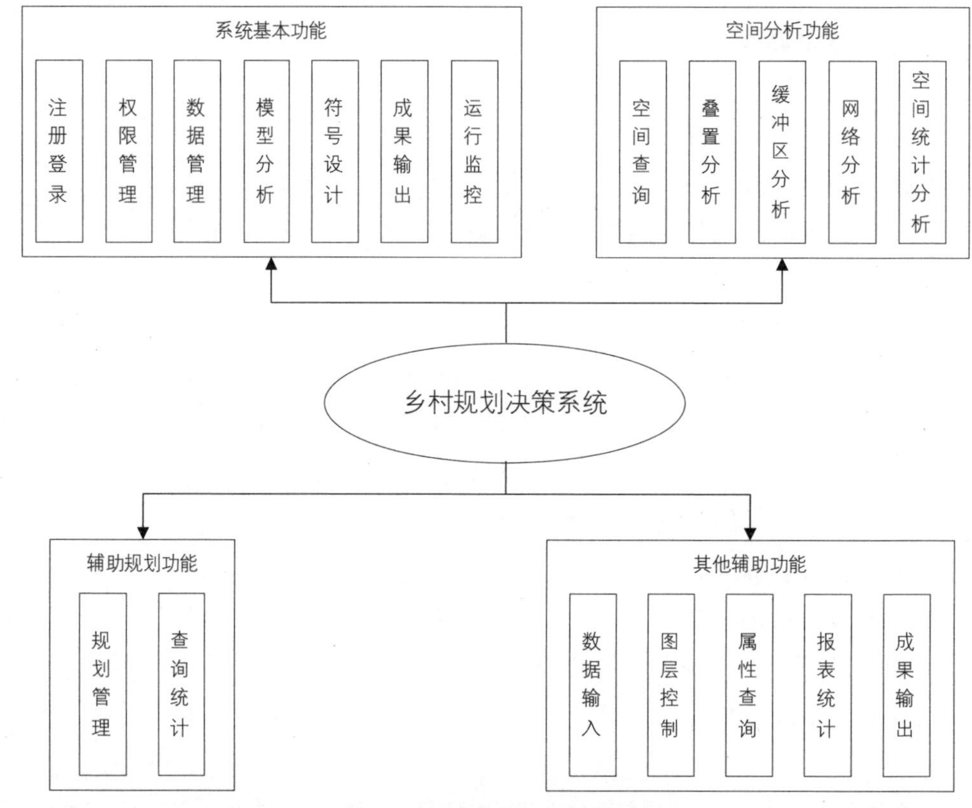

图 4-3 乡村规划决策系统功能结构图

4.2.5 数据库设计

（1）空间数据库设计

乡村规划决策系统中空间数据库主要包括第 2 章和第 3 章分别介绍的市级综合信息数据库和区级综合数据库，具体设计内容见 2.3 节和 3.2.2 节。

（2）模型数据库设计

乡村规划决策模型采用文件库的方式存储，一个模型文件包含一个动态链接库（.dll）和一个配置文件（.xml），两个文件的文件名完全一致（图 4-4）。

```xml
<?xml version="1.0" encoding="utf-8" ?>
<configuration>
  <appSettings>
    <add key ="PluginCode" value="01101"/>
    <add key ="PluginType" value="现状分析模型"/>
    <add key ="PluginName" value="地形地貌分析"/>
    <add key ="Version" value="1.8"/>
    <add key ="Description" value="地形地貌分析描述"/>
    <add key ="PluginImage" value ="\Image\Palette_16x16.png"/>
    <add key ="InputData" value =
    "[{'DataName':'DEM','DataType':1},{'DataName':'HillShade','DataType':
    1},{'DataName':'影像','DataType':1}]"/>
    <add key="DescriptionFile" value="\地形地貌分析.rtf" />
    <add key="Visible" value="True" />
    <add key="Enabled" value="True" />
    <add key="Status" value="正常" />
  </appSettings>
</configuration>
```

图 4-4　模型配置文件

每个模型文件可包含一个或多个乡村规划决策模型，不同模型名称、类名不同。

模型的其他相关关系存储在数据库表中，包括模型信息、模型日志、群组模型关联、模型类型等信息表，具体设计如下。

1）模型信息表（表 4-1）。

模型信息表　　**表 4-1**

序号	字段名	描述
1	F_MODEL_ID	模型 ID
2	F_MODEL_NAME	模型名称
3	F_MODEL_DESC	模型描述
4	F_MODEL_TYPE	模型类型
5	F_REG_TIME	模型注册时间
6	F_VERSION	模型版本

2）模型使用日志表（表 4-2）。

模型使用日志表　　**表 4-2**

序号	字段名	描述
1	F_LOG_ID	日志 ID
2	F_LOG_TIME	日志记录时间
3	F_USER_ID	用户 ID
4	F_DEVICE_ID	设备 ID
5	F_GROUP_ID	群组 ID
6	F_MODEL_ID	模型 ID

3）模型错误日志表（表 4-3）。

模型错误日志表 **表 4-3**

序号	字段名	描述
1	F_LOG_ID	错误日志 ID
2	F_LOG_TIME	错误日志记录时间
3	F_USER_ID	用户 ID
4	F_DEVICE_ID	设备 ID
5	F_LOG_TYPE	错误日志类型
6	F_DESCRIPTION	错误描述信息

4）群组模型关联表（表 4-4）。

群组模型关联表 **表 4-4**

序号	字段名	描述
1	F_GROUP_ID	群组 ID
2	F_MODEL_ID	模型 ID

5）模型类型表（表 4-5）。

模型类型表 **表 4-5**

序号	字段名	描述
1	F_TYPE_CODE	类型编号
2	F_TYPE_NAME	类型名称

（3）业务数据库设计

1）群组信息表（表 4-6）。

群组表 **表 4-6**

序号	字段名	描述
1	F_GROUP_ID	群组 ID
2	F_GROUP_NAME	群组名称
3	F_GROUP_DESC	群组描述

2）用户信息表（表 4-7）。

用户表 **表 4-7**

序号	字段名	描述
1	F_USER_ID	用户 ID
2	F_USER_NAME	用户名
3	F_PASSWORD	用户密码

3）用户群组关联表（表 4-8）。

用户群组关联表 **表 4-8**

序号	字段名	描述
1	F_USER_ID	用户 ID
2	F_GROUP_ID	群组 ID

4）系统日志记录表（表 4-9）。

系统日志记录表 **表 4-9**

序号	字段名	描述
1	F_LOG_ID	日志 ID
2	F_LOG_TIME	日志时间
3	F_USER_ID	用户 ID
4	F_DEVICE_ID	设备 ID
5	F_EVENT	事件
6	F_REMARK	备注

5）坐标转换信息表（表 4-10）。

坐标转换信息表用于存储系统中自动转换坐标的相关转换方法、临时坐标系等信息。

坐标转换信息表 **表 4-10**

序号	字段名	描述
1	F_COORDINATE_ID	ID
2	F_SOURCE_DATUM	源坐标系
3	F_DEST_DATUM	目标坐标系
4	F_TRANSFORMATION	转换方法
5	F_MIDDLE_COORDINATE	中间坐标系

6）系统信息表（表 4-11）。

系统信息表存储系统的开发者、年份、当前版本号等信息。

系统信息表 **表 4-11**

序号	字段名	描述
1	F_ ID	ID
2	F_ NAME	信息名称
3	F_VALUE	信息说明

4.2.6 建设原则

在实现系统功能需求，满足乡村规划决策相关要求的基础上，系统建设需满足如下六个原则。

（1）科学实用性

系统所含模型，基于不同的目标、原理，遵循相关思路与科研方法，使用编程技术进行软件化操作，实现科学性与实用性的统一。同时系统需达到用户界面简洁、操作方便的要求，界面是系统和用户联系与交互的接口，界面设计应该适应用户的业务习惯和心理特点。良好的界面应该做到形象直观、粗细结合、操作方便、风格统一。在功能设计上无论是文本部分还是图形部分都从用户实用的角度出发，做到操作方便，不需要用户有专业的计算机知识，同时避免相同数据内容的重复输入，减少用户工作量。

（2）开放兼容性

数据交换与模型更新保持开放性，前者要求模型与 AutoCAD 等主流规划设计软件的数据格式保持较高兼容性，后者应提供模型订制、数据处理等开放性服务。

（3）标准规范性

在乡村规划决策系统开发过程中，由于系统的设计和开发是一项复杂的系统工程，工程的技术性、法律性较强，需对其各工作阶段的步骤、内容、深度、表述方式和符号进行统一的规定或约束。另外系统中数据库设计的方法、命名规则要一致，这样才能保证系统维护方便，同时还能提高系统的稳定性。

（4）后台支持性

数据管理、模型计算等核心的、计算复杂较大的内容都在后台计算完成，这样可以大大降低前台客户端运算压力。

（5）安全可靠性

安全性主要包括物理安全、网络安全、应用安全以及数据安全。

1）物理安全

要求服务器机房提供全年不间断供电的能力，能够检测并自动扑灭初发火灾，能够抵抗 7.5 级以下地震。

2）网络安全

内网服务群全年不间断接入内网，保障内网与互联网之间的物理隔离。

3）应用安全

提供从组织、用户、角色、权限到应用的映射关系管理机制，根据权限对系统功能及服务接口的访问进行控制。

4）数据安全

为保证系统安全顺畅运行，提供完备的数据备份与恢复机制，规定备份的周期和方式，借助于相应的数据恢复工具，能够方便地对数据库、FTP 中的数据进行备份。

（6）数据保密性

乡村规划决策系统中涉及各种敏感的空间数据和非空间数据信息，设计时应把安全性放在首位，既考虑信息资源的充分共享，也考虑信息的保护和隔离。主要表现在三个方面：一是乡村规划决策系统安全性首要的是数据的安全性，必须具备足够的数据安全权限，保证数据不被非法访问、窃取和破坏；二是要具备足够容错能力，以保证合法用户操作时不至于引起系统出错，充分保证系统数据的逻辑准确性；三是根据不同用户数据功能需求进行脱密处理，分层分级开放数据。

4.2.7 关键技术

（1）SOA 架构技术

面向服务架构（SOA），可以根据需求通过网络对松散耦合的粗粒度应用组件进行分布式部署、组合和使用。服务层是 SOA 的基础，可以直接被应用调用，从而有效控制系统中与软件代理交互的人为依赖性。

根据乡村规划决策系统框架的公共性、动态性等特点，适合采用面向服务的软件架构。通过定义应用程序功能单元之间的接口和契约，联系应用程序中的不同服务，实现业务敏捷性（图 4-5）。

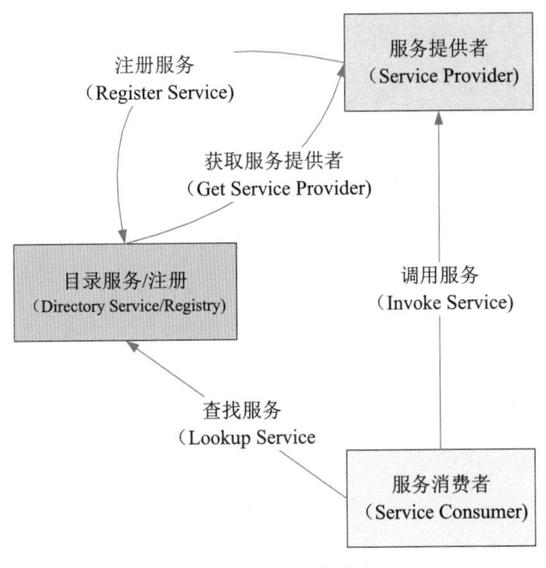

图 4-5 SOA 模型图

（2）多源分析模型算法集成

ArcGIS 具有功能强大、应用领域非常广泛的特点，在社会公共安全与应急服务、国土资源管理、遥感、智能交通系统建设、水利、电力、石油、国防、公共医疗卫生、电信等方面和领域都有深入的应用。强大的空间分析功能是它的主要特点与核心之一。无论对于栅格数据还是矢量数据、低维的点、线、面对象还是三维动态对象，都可以通过其空间分析功能的实现得到较为理想的结果。ArcGIS 的空间分析功能主要包括空间分析模块、3D 分析模块、地统计分析模块、分析模块、跟踪分析模块等。还有其他的一些模块可以帮助用户进行专题性较强、较有特色的空间分析，如统计分析模块、三维分析模块等。因此，ArcGIS 强大的空间分析能力，基本上可以实现地理分析模型中空间分析部分的算法。

MATLAB 是美国 MathWorks 公司出品的商业数学软件，用于算法开发、数据可视化、数据分析以及数值计算的高级技术计算语言和交互式环境。它将数值分析、矩阵计算、科学数据可视化以及非线性动态系统的建模和仿真等诸多强大功能集成在一个易于使用的视窗环境中，为科学研究、工程设计以及必须进行有效数值计算的众多科学领域提供了一种全面的解决方案。因此，基于 MATLAB 强大的科学计算和统计分析功能，可以辅助地理分析模型算法的开发实现。

（3）空间数据可视化方法

空间数据可视化方法主要采用 ESRI 公司的技术体系，ArcGIS for Desktop 包含三种可实现制图和可视化的应用程序。

1）ArcMap 是在 ArcGIS for Desktop 中进行制图、编辑、分析和数据管理时所用的主要应用程序。ArcMap 可用于所有 2D 制图工作和可视化操作。

2）ArcGlobe 可用于通过连续的全球视图实现地理数据的无缝 3D 可视化。通常，此应用程序专门用于处理按照不同细节层次显示的特大型数据集。ArcGlobe 属于可选 ArcGIS 3D Analyst 扩展模块的组成部分。

3）ArcScene 用于实现所关注场景或区域的 3D 可视化。它将创建一个可对感兴趣的封闭区域进行导航和交互的 3D 场景视图。ArcScene 也属于 ArcGIS 3D Analyst 扩展模块的组成部分。

4.3 乡村规划决策系统基本功能

4.3.1 系统基本框架

乡村规划决策系统基本框架主要包括注册登录、权限管理、数据管理、模型分析、符号设计、成果输出、运行监控等七大板块。

（1）注册登录

1）模型注册（图 4-6）。

2）登录验证与模型下载。

根据登陆的用户信息获得其权限，分配管理员或者一般用户的权限进行相关的操作。

模型下载是用户登录系统后可以进行模型下载，这里的模型是服务器上有而本地没有的模型（图 4-7）。

3）信息修改

用户登录系统后可以进行密码的修改，下次登录系统时需使用本次修改的密码登录系统。

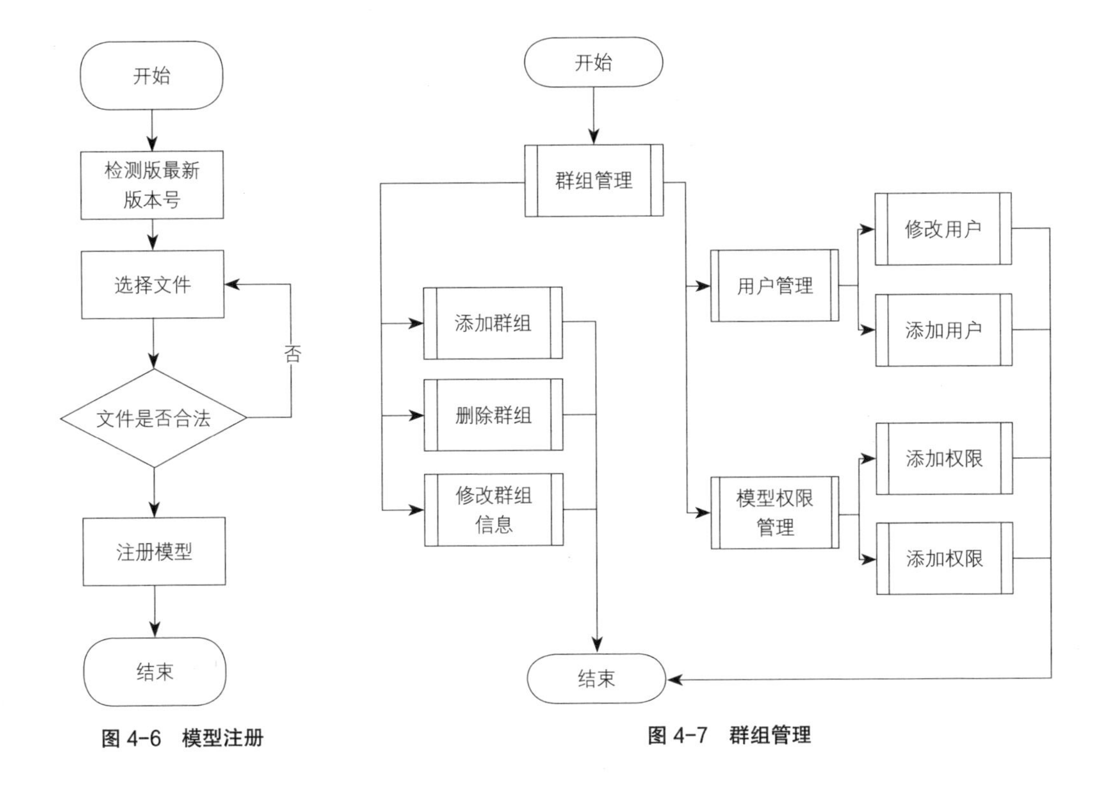

图 4-6　模型注册

图 4-7　群组管理

（2）权限管理

1）群组管理。

群组管理中可以进行群组的添加、修改和删除，群组下的用户添加，删除和修改，模型权限的分配（图 4-8）。

2）用户管理

对用户的添加，删除和修改等操作，可以设置多群组的对应关系。即一个用户可以属于多个群组（图 4-9）。

（3）数据管理

1）数据资源管理

用户可以直接调用数据资源管理目录，查看、使用数据资源。

2）模型数据资源配置

针对每个模型，管理员和用户可以预先配置常用的数据，方便快速分析（图 4-10）。

（4）模型分析

根据统一的数据模型，进行相关的参数设置，运行处理，得到输出结果，用于符号设置和展示。

1）模型加载

a. 模型库添加

通过读取模型数据配置文件，获得动态链接库里的模型数据类型，

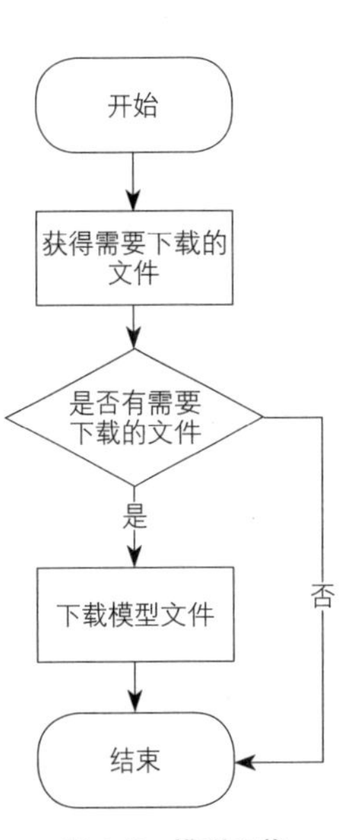

图 4-8　模型下载

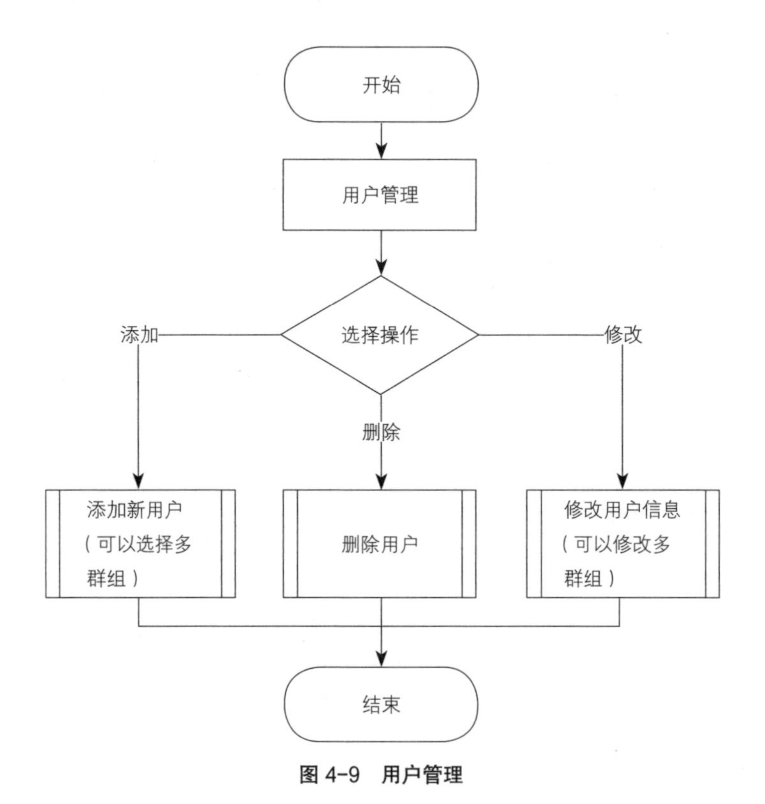

图 4-9　用户管理

模型数据配置

模型名称	编码	数据名称	数据路径	关键字段
研究范围	00000			
自然环境分析模型	01			
地形地貌模型	01101			
DEM	01101101	主城区	D:\InOut\02 正在实施的项目\02 综合…	
DEM	01101102	江津区	D:\InOut\02 正在实施的项目\02 综合…	
HillShade	01101201	主城区	D:\InOut\02 正在实施的项目\02 综合…	
HillShade	01101202	江津区	D:\InOut\02 正在实施的项目\02 综合…	

图 4-10　模型数据资源配置

并将其添加进模型库类型列表（图 4-11）。

b. 模型解析

通过加载乡村规划决策数据模型动态链接库，利用反射动态的获取动态链接库里的数据模型，并将获得的数据模型添加到模型库列表。

2）模型选择

根据获得的模型库列表，选择要进行分析的类型。

（5）符号设计

符号渲染只要包括矢量数据符号渲染和栅格数据符号渲染。其中，矢量数据渲染包括单一值渲染、唯一值渲染和分级渲染三种方式，栅格数据渲染包括唯一值渲染、分类渲染、拉伸渲染三种方式。

1）矢量单一值渲染。

根据图层的类型（MarkerSymbol，LineSymbol，FillSymbol）获得相应的符号，再设置单一值渲染的符号进行单一值符号渲染（图 4-12、图 4-13）。

图 4-11　模型库列表

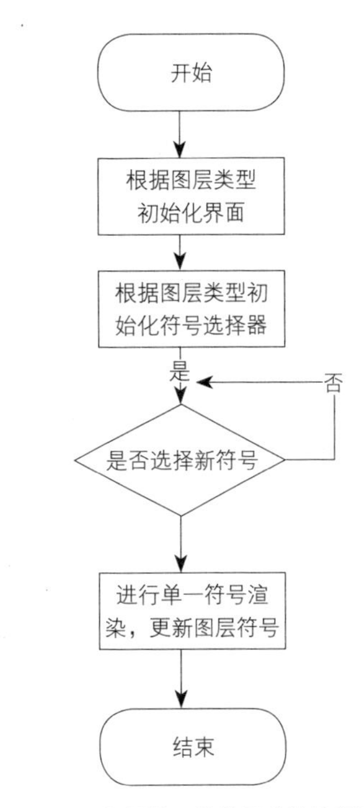

图 4-12　矢量单一值符号渲染流程图

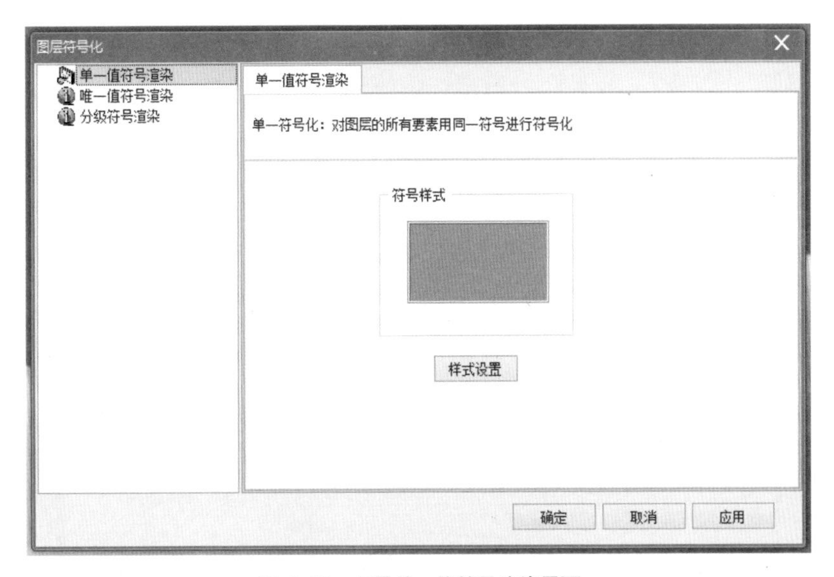

图 4-13　矢量单一值符号渲染界面

2）矢量唯一值渲染。

根据图层的类型（MarkerSymbol，LineSymbol，FillSymbol）获得相应的符号，再设置唯一值渲染的符号进行唯一值符号渲染（图 4-14、图 4-15）。

3）矢量分级渲染。

根据图层的类型（MarkerSymbol，LineSymbol，FillSymbol）获得相应的符号，再设置分级渲染的符号进行分级符号渲染（图 4-16、图 4-17）。

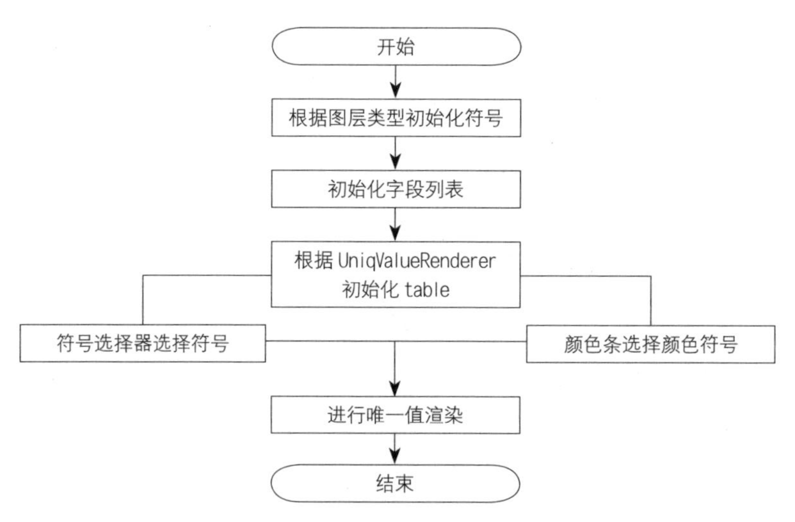

图 4-14　矢量唯一值符号渲染流程图

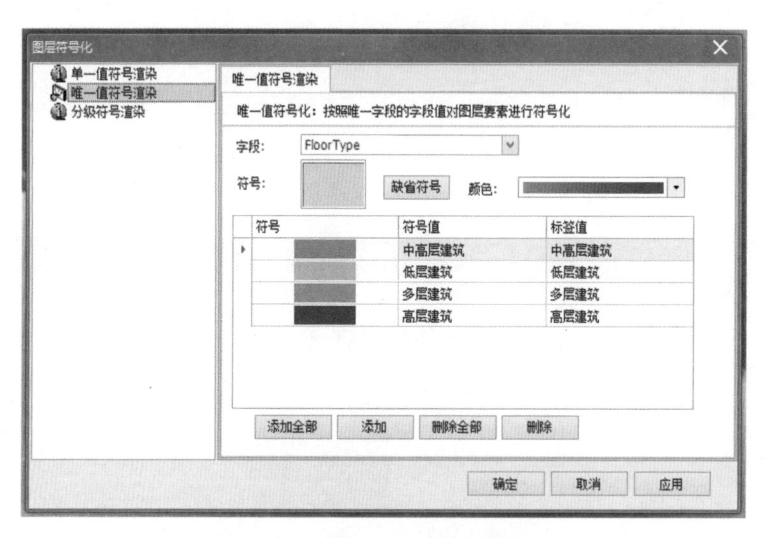

图 4-15　矢量唯一值符号渲染界面

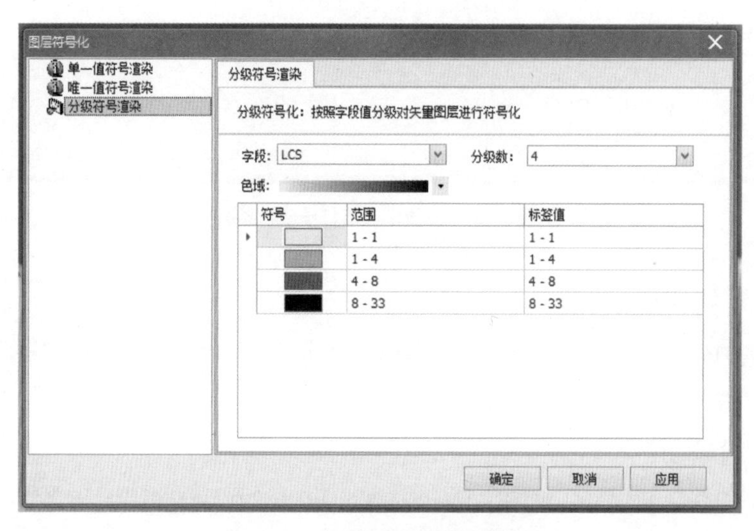

图 4-16　矢量分级符号渲染界面

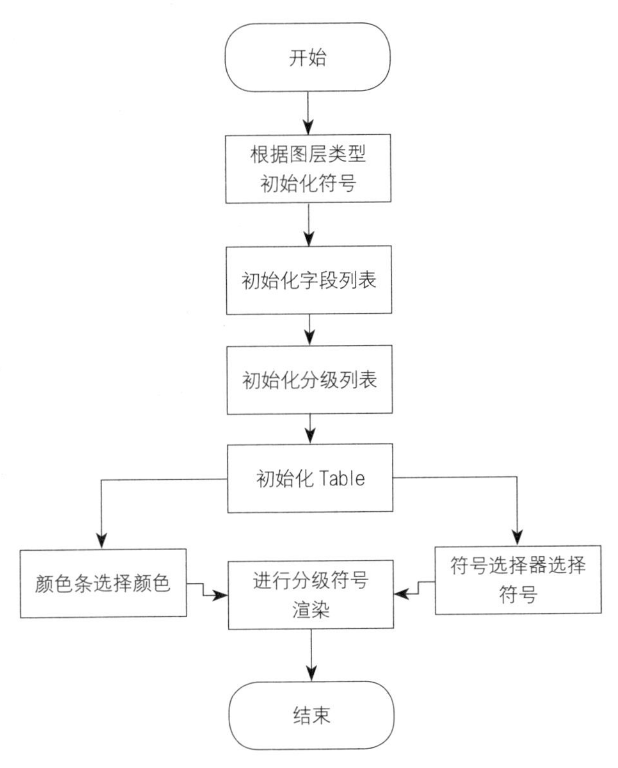

图 4-17　矢量分级符号渲染流程图

4）栅格唯一值渲染。

根据字段值和颜色方案进行矢量唯一值符号渲染（图 4-18、图 4-19）。

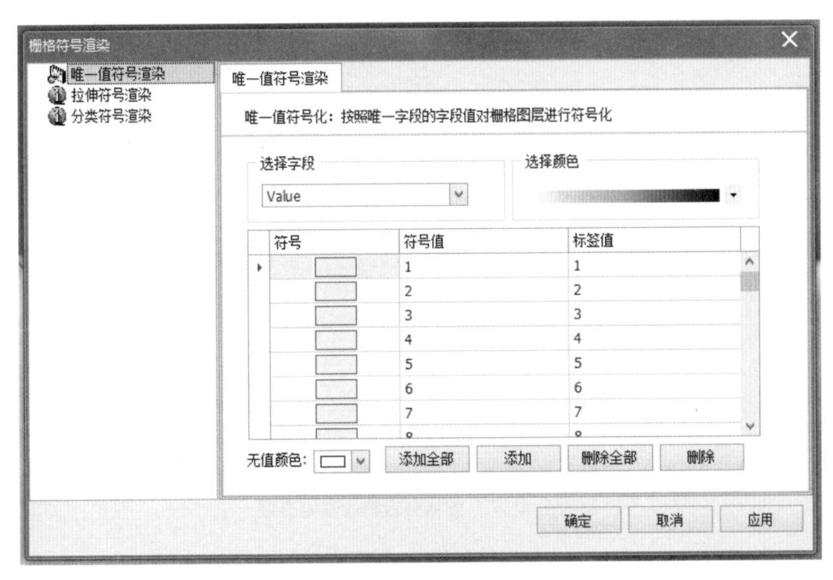

图 4-18　栅格唯一值符号渲染界面

5）栅格分类渲染（图 4-20、图 4-21）。

6）栅格拉伸渲染（图 4-22、图 4-23）。

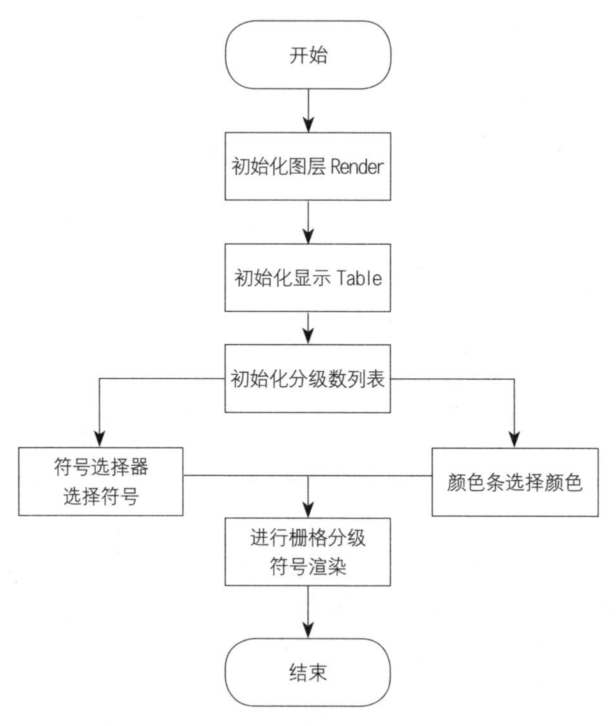

图 4-19　栅格分级符号渲染流程图

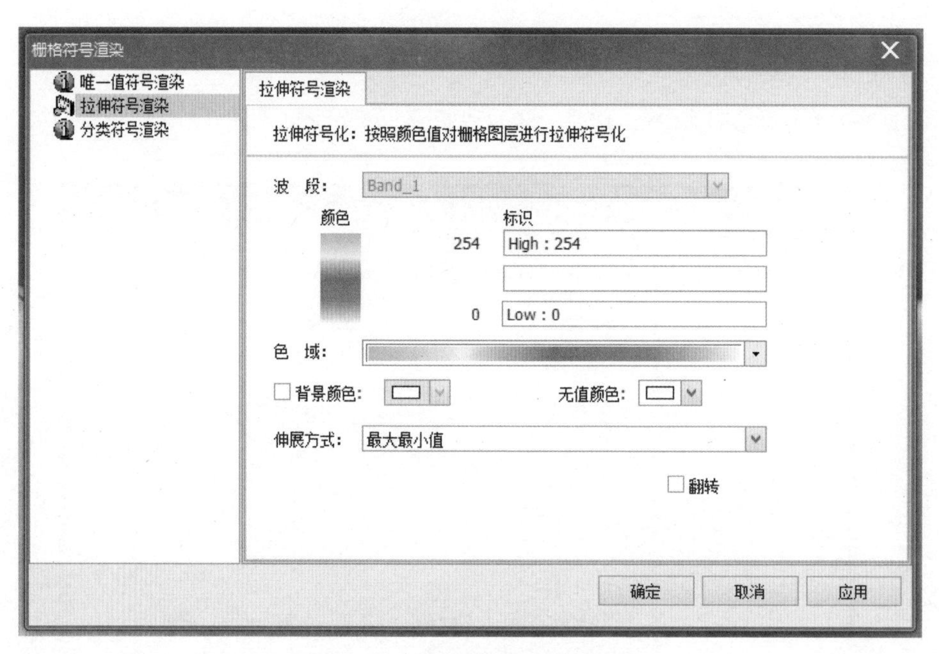

图 4-20　栅格分级符号渲染界面

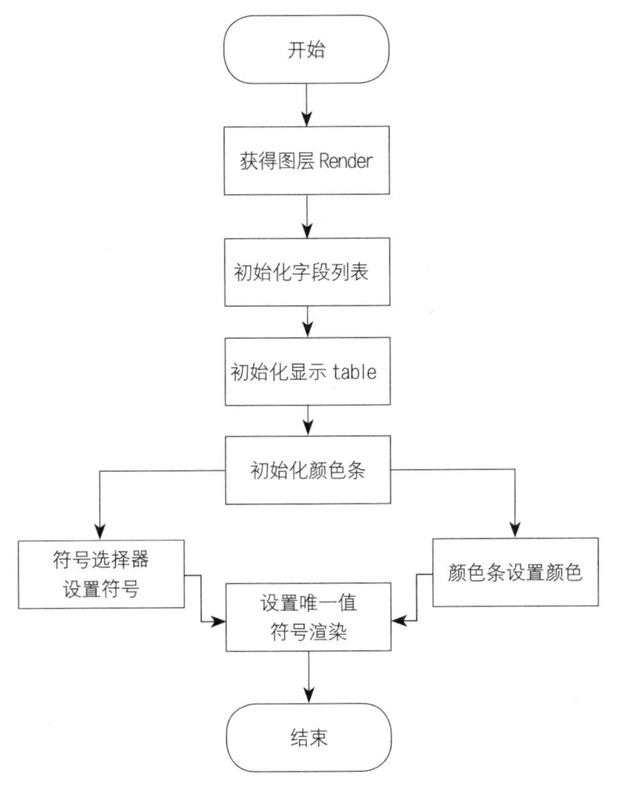

图 4-21　栅格唯一值符号渲染流程图

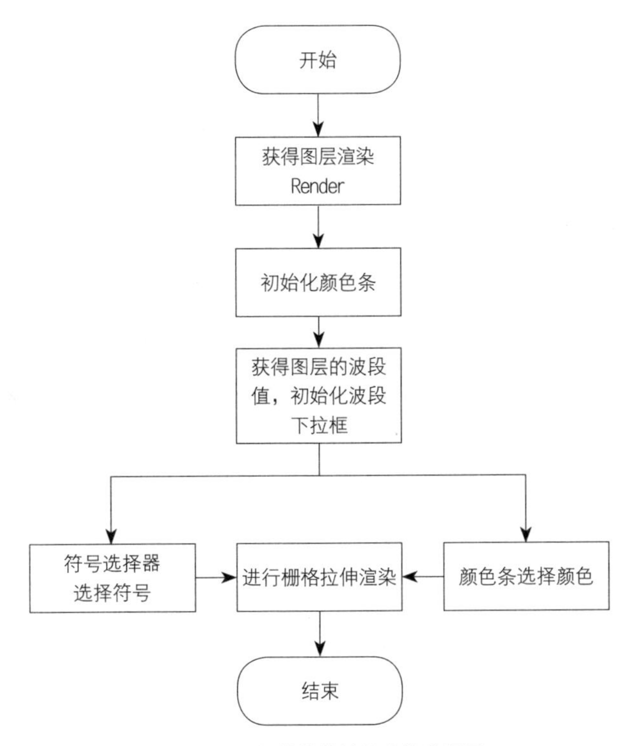

图 4-22　栅格拉伸符号渲染流程图

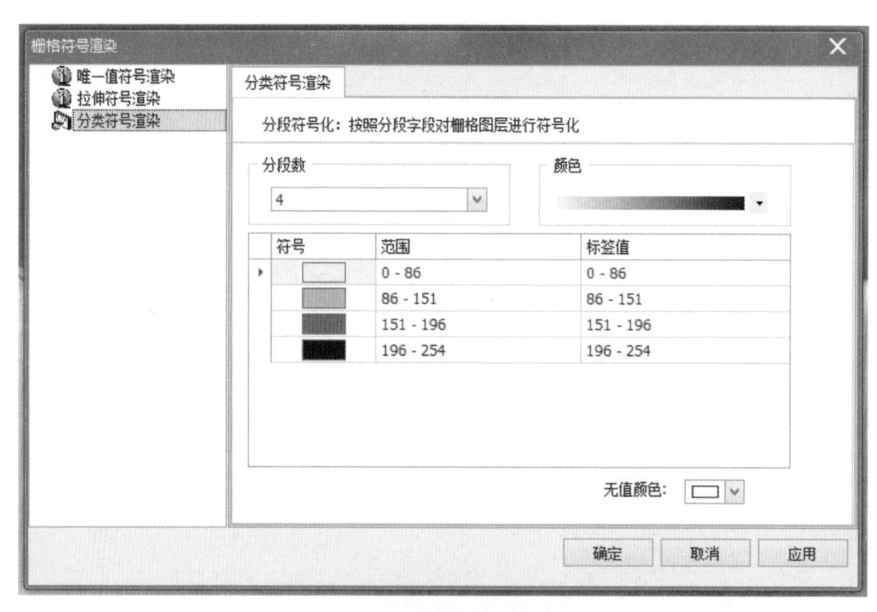

图 4-23　栅格拉伸符号渲染界面

（6）成果输出

成果导出功能包括统计表格导出、图片成果导出、工程文档导出等。

1）图片成果导出

模型分析结果经过重新配色编辑后，可以导出成图片。

2）三维成果展示

三维成果展示是基于 ArcScene 开发的场景或区域的 3D 可视化模块，可以叠加地形、建筑物等要素进行三维可视化展示。ArcScene 是一种 3D 查看器，非常适合生成允许导航 3D 要素和栅格数据并与之交互的透视图场景。ArcScene 基于 OpenGL，支持复杂的 3D 线符号系统以及纹理制图，也支持表面创建和 TIN 显示。所有数据均加载到内存，允许相对快速的导航、平移和缩放功能。矢量要素渲染为矢量，栅格数据缩减采样或配置为用户设置的固定行列数。

3）工程文档导出

用户还可以对成果导出成 mxd 工程文档，对成果进行进一步的编辑修改。

（7）运行监控

对用户的登录登出和模型的使用进行日志记录，可以进行日志的查询，模型访问的统计及模型使用趋势的查看。

1）日志记录（图 4-24）。

2）日志查询。

可以查看用户的登录登出日志信息（图 4-25）。

3）错误日志查询。

可以通过该功能查看到用户使用过程中产生的错误日志，方便系统运维管理人员跟踪错误，进而优化系统，更好地为用户服务（图 4-26）。

日志监控管理

登陆日志 | 模型使用统计 | 系统错误日志

序号	时间	用户名	设备ID	事件
1	2016-06-07 18:08:44	admin	CC:AF:78:13:3C:A1	登入
2	2016-06-07 18:17:44	admin	CC:AF:78:13:3C:A1	登入
3	2016-06-07 18:23:18	admin	CC:AF:78:13:3C:A1	登入
4	2016-06-07 18:24:19	admin	CC:AF:78:13:3C:A1	登出
5	2016-06-07 20:26:58	admin	CC:AF:78:13:3C:A1	登入
6	2016-06-07 20:27:56	admin	CC:AF:78:13:3C:A1	登出
7	2016-06-07 20:33:01	admin	CC:AF:78:13:3C:A1	登入
8	2016-06-07 20:35:40	admin	CC:AF:78:13:3C:A1	登出
9	2016-06-07 20:40:04	admin	CC:AF:78:13:3C:A1	登入
10	2016-06-07 20:41:54	admin	CC:AF:78:13:3C:A1	登入
11	2016-06-07 20:44:38	admin	CC:AF:78:13:3C:A1	登出
12	2016-06-07 20:45:55	admin	CC:AF:78:13:3C:A1	登入
13	2016-06-07 20:54:57	admin	CC:AF:78:13:3C:A1	登入
14	2016-06-07 20:56:39	admin	CC:AF:78:13:3C:A1	登出
15	2016-06-07 20:59:16	admin	CC:AF:78:13:3C:A1	登入
16	2016-06-07 21:03:05	admin	CC:AF:78:13:3C:A1	登出
17	2016-06-07 21:05:01	admin	CC:AF:78:13:3C:A1	登入
18	2016-06-07 21:05:18	admin	CC:AF:78:13:3C:A1	登出

总记录数：6748条（100条/页） 1/68 1 GO

图 4-24　用户登陆登出日志记录界面

日志监控管理

登陆日志 | 模型使用统计 | 系统错误日志

序号	时间	用户名	设备ID	错误类型	错误信息
1	2016-12-13 10:44:22	admin	6C:3B:E5:0D:92:AD	建筑物统计分析	建筑物统计分析建筑物统计分析建筑物统计分析
2	2016-12-13 15:44:13	admin	6C:3B:E5:0D:92:AD	用地适宜性评价	DBSJ_ZYHJ_DZHJYDZZHFZ_DZZHYFFQ_2014
3	2016-12-13 15:57:44	admin	6C:3B:E5:0D:92:AD	用地适宜性评价	dem5000_cq.img[ExtractByMask]处理失败:
4	2016-12-13 16:10:51	admin	6C:3B:E5:0D:92:AD	用地适宜性评价	DBSJ_ZYHJ_DZHJYDZZHFZ_DZZHYFFQ_2014
5	2017-01-11 10:13:46	admin	6C:3B:E5:0D:92:AD	汇水线分析	Basin[Clip]操作失败:$Executing:
6	2017-01-11 10:54:05	admin	6C:3B:E5:0D:92:AD	汇水线分析	镇街乡界_SelPro_Buffer[Project]操作失败:
7	2017-01-17 14:29:37	admin	34:17:EB:C2:23:BC	地形地貌分析	区县界_Sel[Project]操作失败:
8	2017-01-18 14:44:34	admin	34:17:EB:C2:23:BC	城市关联分析	区县界_Selection[Project]操作失败:
9	2017-01-18 16:03:24	admin	34:17:EB:C2:23:BC	设施可达性分析	镇街乡界_Sel[Project]操作失败:
10	2017-02-03 10:14:38	admin	34:17:EB:C2:23:BC	汇水线分析	镇街乡界_Sel[Project]操作失败:
11	2017-02-03 11:47:35	admin	34:17:EB:C2:23:BC	城市关联分析	区县界_Selection[Project]操作失败:
12	2017-02-03 15:39:17	admin	6C:3B:E5:0D:92:AD	用地适宜性评价	范围框[Converter]处理失败:
13	2017-02-03 16:21:06	admin	6C:3B:E5:0D:92:AD	用地适宜性评价	DBSJ_DLGQDBFG_SY_PY[Clip]操作失败:
14	2017-02-04 15:23:11	admin	6C:3B:E5:0D:92:AD	汇水线分析	SmoothStreamNet[Clip]操作失败:$Executing:
15	2017-02-06 11:04:57	admin	34:17:EB:C2:23:BC	汇水线分析	镇街乡界_Sel[Project]操作失败:
16	2017-02-06 11:07:04	admin	34:17:EB:C2:23:BC	汇水线分析	镇街乡界_Sel[Project]操作失败:
17	2017-02-06 11:11:14	admin	34:17:EB:C2:23:BC	用地适宜性评价	社区村界_Sel[Project]操作失败:
18	2017-02-07 11:57:52	admin	6C:3B:E5:0D:92:AD	地形地貌分析	DBSJ_FXZQHHGLDY_BBXQ_PYMerg图层数据

总记录数：0条（15条/页） 1/1 1 GO

图 4-25　错误日志查询界面

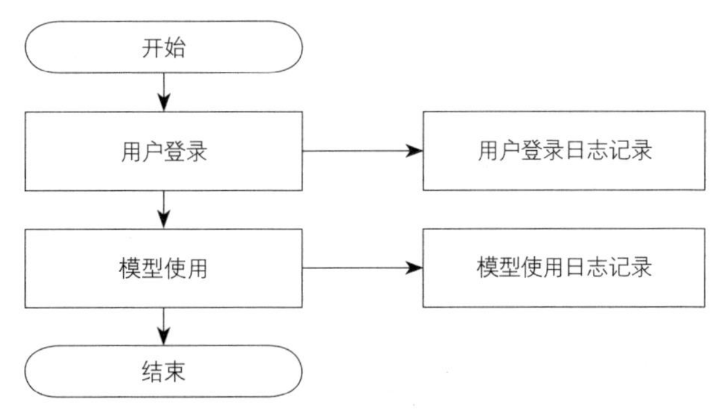

图 4-26　用户登陆登出日志记录流程图

4.3.2 空间分析功能

空间分析是基于地理对象的位置和形态的空间数据的分析技术，其目的在于提取和传输空间信息。空间分析源于20世纪60年代地理学的计量革命，是对分析空间数据相关技术的统称，是GIS的核心功能之一。进行空间分析的基础是地理空间数据，运用各种数学手段，包括代数运算、几何逻辑运算、数理统计分析等，最终是为了解决人们所涉及的地理空间实际问题①。

根据分析的数据性质不同，空间分析可以分为：基于空间图形数据的分析运算、基于非空间属性的数据运算和空间和非空间数据的联合运算。

通常在规划领域中用到的GIS空间分析主要有空间查询、叠置分析、缓冲区分析、网络分析和空间统计分析。

（1）空间查询

空间查询是地理信息系统最常用的功能，也是与其他数字制图软件相区别的主要特征。空间查询主要包括空间特征查询、空间关系查询和SQL查询。

1）空间特征查询

空间特征查询是根据鼠标所点击的空间位置或划定的一个矩形或圆形的窗口，系统自动查询出该位置处所有的空间对象以及它们的属性列表，或进行相关的统计分析。

2）空间关系查询

空间关系查询包括空间拓扑关系查询和缓冲区查询。空间实体间存在着多种空间关系，包括拓扑、顺序、距离、方位等关系。其中，拓扑空间关系包括拓扑邻接、拓扑关联、拓扑包含三种。通过空间关系查询和定位空间实体是地理信息系统不同于一般数据库系统的功能之一。

3）SQL查询

SQL查询是根据SQL查询语言，构造SQL查询语句，选择查询的图层，即可得到满足条件的空间对象，并在图形窗口中予以高亮显示。利用SQL，可以在属性数据库中方便地进行属性信息的复合条件查询，筛选出满足条件的空间对象的唯一编号，再到图形数据库中根据唯一编号检索到该空间对象。

（2）叠置分析

叠置分析是地理信息系统中空间分析的精华，从某种意义上说，现代GIS技术的产生源于叠置分析的思想。叠置分析是地理信息系统中常用的提取空间隐含信息的方法之一。叠置分析的原理是在统一的空间参考系统条件下，将有关主题层组成的各个数据层进行叠置产生一个新的数据层，这个新的数据层综合了原来两个或多个层要素所具有的属性信息。同时叠置分析不仅产生了新的空间关系，还将输入的多个数据层的属性联系起来产生了新的属性关系。其中，被叠加的各个要素层必须是相同的坐标系统，同一地带，还必须检查叠加层之间的基准面是否相同。叠置分析的目的是寻找和确定同时具有几种属性的地理要素的空间分布，或者按照确定

---

① 宗跃光. 空间规划决策支持技术及其应用[M]. 北京：科学出版社，2011.

的地理指标对叠加后产生的具有不同属性信息的多边形进行重新分类或分级。叠置分析广泛应用于乡村规划决策支持模型中，通过多个图层的叠加分析，产生综合分析评价结果。

（3）缓冲区分析

缓冲区分析就是地理空间目标的一种影响范围或服务范围。缓冲区分析是对一组或一类点、线、面地物按缓冲的距离条件，建立缓冲区多边形图层，然后将这个图层与需要进行缓冲区分析的图层进行叠加分析，得到所需要的结果。缓冲区主要有点缓冲区、线缓冲区、面缓冲区三种类型。点缓冲区是以点为圆心、以一定距离为半径的圆。线缓冲区是以线为中心轴线，距中心轴线一定距离的平行条带多边形。面缓冲区是基于面要素多边形的缓冲区，通常沿多边形边界向外或向内扩展一定距离以生成新的多边形。

（4）网络分析

网络分析是GIS空间分析技术的较高阶段，其基本思想在于人类活动总是趋向于按一定目标选择能够取得最佳效果的空间位置。网络分析在生产、社会、经济活动中应用非常广泛，因此在乡村规划决策支持系统中占据重要地位。

网络分析的理论基础是数学图论和管理运筹学，它是从运筹学的角度来研究、统筹、安排一类具有网络拓扑性质的工程，通过安排各个要素的运行使其能充分发挥作用或达到所预想的目标。网络分析是利用运筹学的思想，以最小的花费获得最大的收益，如网络跟踪、路径分析、资源分配、定位配置的分析以及地址地理编码等。GIS网络分析是基于数学图论的理论，利用运筹学建立数学模型，通过考察网络元素的空间及属性数据，对网络的性能特征进行多方面研究最终得到分析结果，从而支撑规划决策。

例如，在公共服务设施评估模型中，根据网络分析方法，利用道路网数据进行最短路径分析，从而对公共服务资源进行最佳分配。

（5）空间统计分析

空间统计与分析主要用于空间数据的分类与综合评价，它涉及空间和非空间数据的处理和统计计算。空间数据有两个性质：空间自相关和空间异质性。根据这两个特性，衍生了一系列空间统计分析方法。常用的空间统计方法有：常规统计分析、空间自相关分析、回归分析、变量筛选与系统聚类分析、密度分析、趋势分析与专家打分模型等（图4-27）。

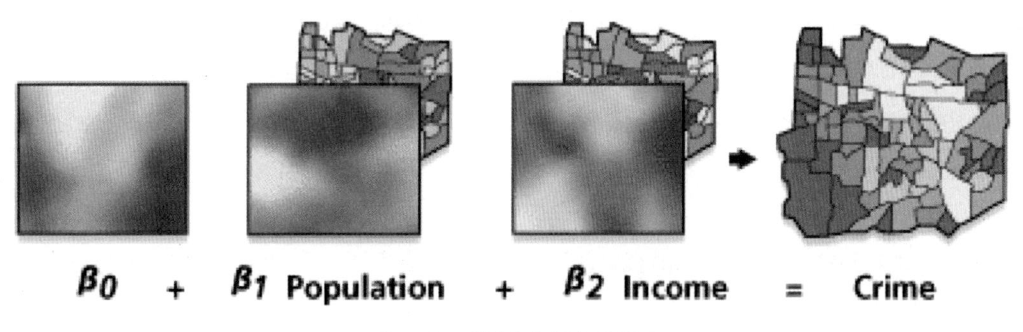

图 4-27　地理加权回归示意图

4.3.3 辅助规划功能

（1）规划管理

1）规划编制管理

规划编制管理主要功能内容如下：

a. 编制成果入库审批业务。针对规划调整和规划发布构建业务审批流程，使用户能上传编制成果材料，用户能够查看项目的审批信息和材料，用户可以查看流程审批结果，系统支持用户对材料进行下载。

b. 规划编制过程记录工具。针对要进行规划编制的项目进行过程管理，资金合同、沟通协调的记录、成果进行过程记录。记录内容包括过程中上传的材料，针对项目需要标明中间成果、在编项目、已编项目以及项目的基本信息等。同时，专家库信息和编制单位信息可以进行登记，在做编制项目过程记录时可将专家和编制单位进行关联。

c. 编制成果入库工具。分为成果检测工具和成果入库工具。支持对编制成果的图层标准和属性标准进行检测，并将通过入库检测工具的成果进行入库。

2）规划方案检查

乡村规划决策系统能够通过对导入图纸的规整，根据《城市居住区规划设计规范》《城市规划管理技术规定》中的要求，检查规划方案中的制图偏差和设计失误。提供关于失误检测、红线检测、建筑间距检测、单体对比、单体检测等方面的功能，可以大大减少业务人员的重复性工作，减少由于疏忽造成的审查错误，提高方案审查的精确程度，大大提高审查效率，其主要功能内容如下：

a. 失误检测。主要检测规划方案中实体之间位置关系的错误。

b. 红线检测。检测规划方案中建筑与规划控制线间的距离是否符合规划要求。

c. 建筑间距。主要包括建筑高度、轮廓、主朝向、山墙设施等信息，检测建筑间距是否符合标准。

d. 单体对比。对比建筑总平面图和单体图纸中同一编号的建筑的基底轮廓和建筑面积是否相同。基底轮廓的对比可在结果查看对话框中详细查看。

e. 单体检测。单体图中详细描述了建筑的细部特征，如基底轮廓、楼层、户型、阳台、公摊等。单体检测要对单体图中的建筑信息进行检测。包括基本要素、建筑属性和重叠[①]。

（2）查询统计

乡村规划决策系统中规划查询统计功能主要是项目查询和项目报表统计功能。

1）项目查询

项目查询功能主要包括图形属性互查、案件查询和违章查询三个方面。

图形属性互查功能包括“图形查属性”和“属性查图形”。图形查属性是通过点、线、面、

① 范潇．基于 GIS 的温江规划管理系统研究 [D]．成都：西南交通大学，2016.

任意多边形等几何查询和缓冲区查询方式，查询项目的图形信息和属性信息。属性查图形是通过案件的某一属性数据查询到该案件在空间上的图形信息。

案件查询功能包括正常在办案件、延期在办案件、正常结办案件、延期办结案件和历史案件等查询，可以了解案件的基本信息、办案记录、审批意见等。通过案件查询功能，不仅可以查看案件的图形数据，还能调出其详细的属性数据。审批办理人员由此可以查看案件周围的其他的案件信息，这样可以有效避免案件审批过程中出现的错误。

违章查询功能是指在规划审批中可查询和关联到违章的建设单位和违章的具体内容。如果该单位有违章，在建设单位栏目中和涉及该单位所有在办项目审批表中自动标示类似“违章单位”的字样，并且可以查询违章的具体信息[①]。

2）项目报表统计

对各类案件、公文、纪要等进行挂名称、时间、类别、状态、范围、密级、部门、人员、关键字等条件进行查询、统计分析、叠加分析、缓冲区分析等，生成报表、专题图及对应的分布图，结果要能够打印输出和数据导出。

4.3.4 其他辅助功能

乡村规划决策系统还提供了一般 GIS 常用的辅助功能。

（1）数据输入

乡村规划决策系统以地理空间数据为核心，需支持多种数据输入方式，根据需求。数据输入包括以下几种方式：

1）矢量数据的输入，支持 Shapefile（.shp）、Autodesk 公司的 dwg 文件格式。

2）矢量数据的输入，支持文件数据库（ArcGIS File Geodatabase）方式,支持选择要素数据集（FeatureDataset）和要素类（FeatureClass）。

3）矢量数据的输入，支持空间数据库（ArcSDE）方式，支持选择要素数据集（FeatureDataset）和要素类（FeatureClass）。

4）栅格数据的输入,支持常见的栅格影像数据格式,如 TIFF（.tif）、Image（.img）、ESRI GRID 等。

5）其他类型数据的输入，主要是 ArcGIS 工程文档 mxd、Excel 表格 xls 等格式的文件。

（2）图层控制

乡村规划决策系统支持图层控制与管理，能够实现图层的添加、移除、压盖顺序调整、隐藏与可见以及对图层符号颜色、形状和大小进行更改等功能（图 4-28）。

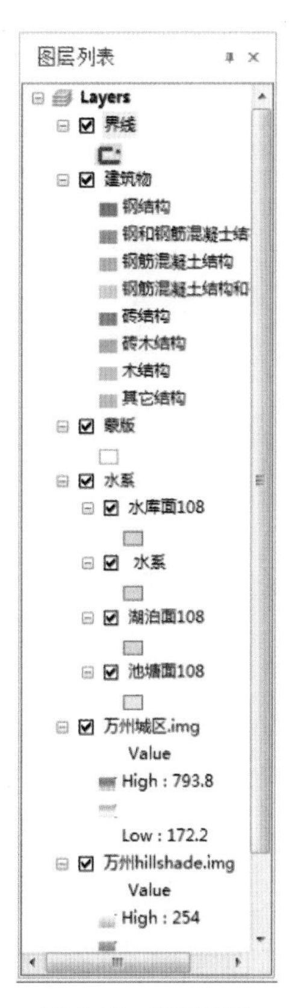

图 4-28 图层列表

① 朱晟. 基于 GIS 的规划信息管理系统与研发 [D]. 上海：复旦大学，2011.

（3）属性查询

建成空间数据库后，乡村规划决策系统提供了专门的查询工具，用户可以随时查看数据库的空间数据和属性信息，还可以设置条件查询属性值。系统还提供了属性表的导出功能，输出的数据为 Excel 文件格式。

（4）报表统计

主要对矢量数据和栅格数据进行统计，以报表的形式进行输出，包括折线图、柱状图、饼状图以及统计表格（图 4-29）。

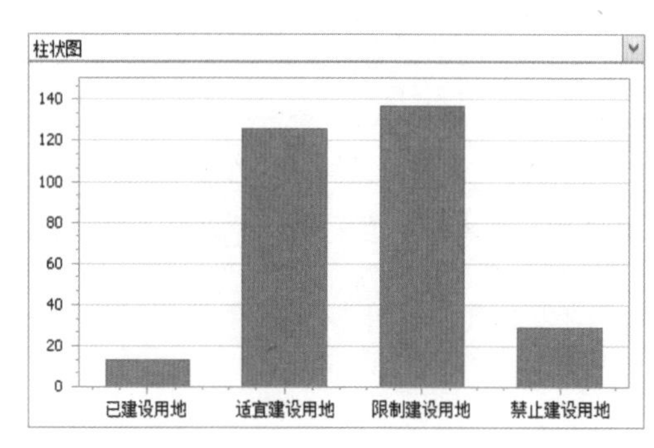

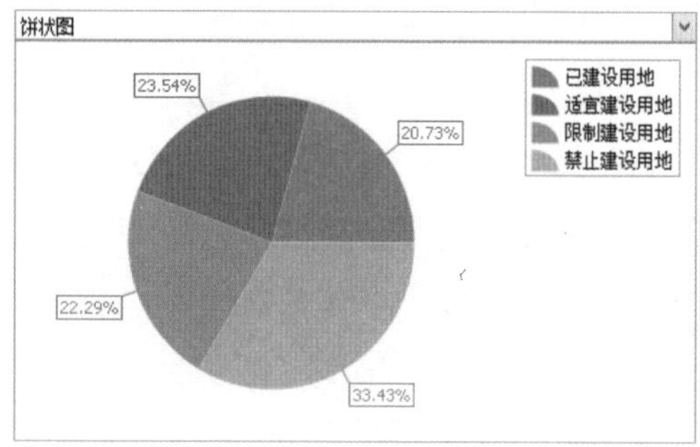

图 4-29　统计报表

（5）成果输出

成果输出是乡村规划决策系统中模型计算成果的输出，其类型包括以下几个方面（图 4-30）：

1）成果导出支持图片方式，包括常用的 EMF、EPS、AI、PDF、SVG、BMP、JPG、PNG、TIF、GIF 等格式，图片的大小和分辨率都可以自定义调整。

2）成果导出支持图层文件方式，以 ArcGIS 图层文件（.lyr）格式导出，其中成果数据以 File Geodatabase 导出（含矢量数据和栅格数据成果）。

3）成果导出支持工程文件方式，以 ArcGIS 地图文档（.mxd）格式导出，其中成果数据以 File Geodatabase 导出（含矢量数据和栅格数据成果）。

图 4-30　图片输出

4.4　乡村规划决策支持模型

乡村规划决策模型涉及区位分析模型集、社会经济分析模型集、自然环境分析模型集、空间分析模型集和其他模型集等各类分析模型（图 4-31）。

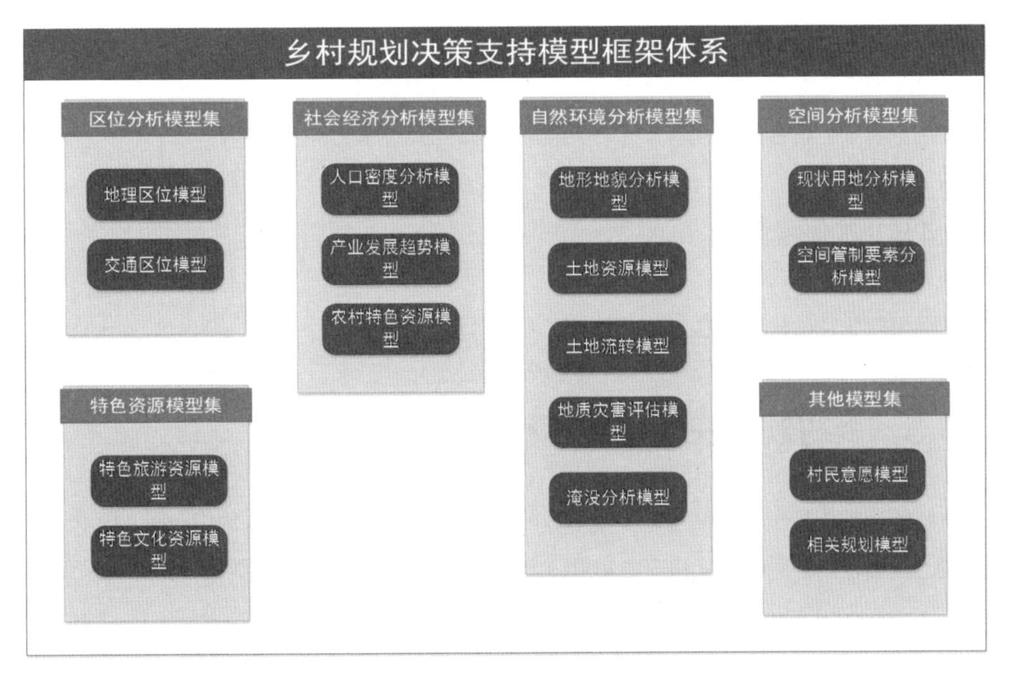

图 4-31　乡村规划决策支持模型框架体系

4.4.1　区位分析模型集

区位分析模型集包含地理区位模型和交通区位模型，其中地理区位模型是通过确定对象与周边核心商业区或者周边重大交通基础设置之间的距离来确定的。交通区位模型包括道路等级要素和各村与道路之间距离两个要素，模型是通过对不同等级道路的赋值和各村与道路之间距离赋值来确定。

4.4.2　社会经济分析模型集

社会经济分析模型集包括人口密度分析模型、产业发展趋势分析模型、农村特色资源模型。

4.4.3　自然环境分析模型集

自然环境分析模型集包括地形地貌分析模型、土地资源模型、土地流转模型、地质灾害评估模型、淹没分析模型。

4.4.4　空间分析模型集

空间分析模型集包括：现状用地分析模型、空间管制要素分析模型。

4.4.5 特色资源模型集

特色资源模型集包括特色旅游资源模型、特色文化资源模型。

4.4.6 其他模型集

其他模型集包括村名意愿分析模型、相关规划分析模型等。

4.5 乡村规划决策系统运行环境

系统的运行依赖于时空信息云平台总体的硬件设备、网络设备和软件设备等，下文将从硬件环境、基础软件、网络环境和安全保障四个方面描述乡村规划决策系统的运行环境设计。

4.5.1 硬件环境

系统运行的硬件环境主要包括服务器硬件环境和客户端硬件环境。

（1）服务器配置

服务器配置如下表所示（表 4-12）。

服务器配置表 **表 4-12**

用途	数据库服务器
数量	1
网络	能接入内网
CPU	16 核
内存	32G
硬盘	空余 100GB 以上
软件	Windows Server 2008 64bit、Oracle 11g

（2）客户端配置

客户端配置如下表所示（表 4-13）。

客户端配置表 **表 4-13**

用途	客户端
数量	若干
网络	能接入内网

续表

CPU	2 核以上
内存	4G 以上
硬盘	空余 10GB 以上
软件	Windows、ArcGIS Engine、Oracle 客户端、乡村规划决策系统

4.5.2 基础软件

根据项目建设内容和目标，基础软件主要包括操作系统、数据库和 GIS 软件。

（1）操作系统

结合应用需求和操作系统特点，应用服务器操作系统采用 Windows Server 2008，数据库服务器采用 Linux。

（2）数据库

数据库采用 Oracle 11g 作为基础数据存储工具。

（3）GIS 软件

GIS 作为地理信息系统的核心平台，须选择业界公认先进成熟的 GIS 软件。产品选型和技术要求如下（表 4-14）。

GIS 软件技术说明表 **表 4-14**

GIS 平台	技术要求
总体要求	➢ GIS 软件平台为知名品牌，售后服务体系完善，拥有完整的 GIS 产品线，至少包括本项目所需的门户 GIS、桌面 GIS、组件 GIS、服务式 GIS 等，产品体系采用统一的技术内核和数据模型，各产品间的数据应用能直接打开使用，无需转换等处理 ➢ GIS 平台应具有统一而高效的内核技术，各产品拥有统一的数据格式。数据库引擎支持主流关系数据库，包括 Oracle、SqlServer、DM、DB2、kingbase 等 ➢ 平台支持二、三维一体化、跨平台（原生支持 Linux 和 Unix 操作系统）、支持并行计算和集群，满足云架构建设等需求。平台提供 32 位和 64 位不同版本 ➢ GIS 平台软件应具有良好的安全性、易用性，支持数据文件的加密 ➢ GIS 平台应具有良好的中文支持，拥有简体中文版和简体中文的文档、手册，GIS 平台应对国内测绘标准有良好支持
桌面 GIS，用于数据处理	➢ 支持多种数据交换格式，包括 SHP、SDB、DXF、MIF、TAB、WOR、UDB、CSV、SIT、VCT 等格式，能够实现与主流 GIS 产品的数据的共享；具有多源空间数据无缝集成技术 ➢ 支持主要的大型商用关系型数据库以实现空间数据库的管理，包括：Oracle、SQL Server、DB2、Kingbase、PostgreSQL、MySQL ➢ 支持二维、三维一体化应用，能直接在桌面平台中对二、三维数据进行一体化存储、展示、分析等 ➢ 支持生成二维地图缓存和三维场景缓存，拥有完备的缓存机制，大数据量地图或者场景在生成缓存后访问，性能比普通访问有数量级的提升 ➢ 支持多种投影方式；支持自定义投影，投影转换以及动态投影，即不改变原始数据投影情况下，动态显示在其他投影坐标系下 ➢ 具有丰富的符号资源，包括线型库、符号库、填充库、三维符号库，以及符号的无限自定义扩展，满足用户制作专业地图的需求

GIS 平台	技术要求
桌面 GIS，用于数据处理	➢ 支持自动化制图。根据国家公共地理框架电子地图数据和规范的电子地图符号库，对原始数据要素符号化、自动匹配检查、要素标注等，自动生成符合规范的电子地图 ➢ 支持多种专题图表达，支持专题图模板，包括单值专题图、分段（范围）专题图、等级符号专题图、点密度专题图、统计专题图和自定义专题图；其中统计专题图的形式必须多样化，必须支持面积图、阶梯图、折线图、点图、柱状图、三维柱状图、饼图、三维饼图、玫瑰图、三维玫瑰图。便于 GIS 数据的分析表达 ➢ 要求具备绿色部署的能力，支持云端在线升级更新
组件 GIS 开发平台，用于数据管理	➢ 支持 Oracle、SQL Server、PostgreSQL、DB2、MySQL 等大型关系数据库，具备高效的海量数据管理 ➢ 支持二、三维一体化，包括数据管理一体化、应用开发一体化、功能模块一体化、表达一体化、符号系统一体化、分析功能一体化 ➢ 支持完备的栅格分析功能，包括坡度、坡向、填挖方等表面分析；栅格数据重分级、重采样、栅格代数运算等数据处理功能；DEM 构建、空间插值等栅格数据建模功能 ➢ 地图支持分组图层功能，可以对图层进行分组管理，并可以实现同组图层的统一控制，如可见性、可见比例尺范围 ➢ 支持开放式空间数据库连接标准（OGDC），以统一的方式来访问所有的空间数据，实现对空间数据的读写
服务式 GIS 开发平台，用于服务发布	➢ 支持跨平台，支持 32 位和 64 位的多种操作系统（须支持 Linux、UNIX 和 Ubuntu） ➢ 支持发布 Oracle，SQLServer，Kingbase，PostgreSQL，MySQL，UDB，SIT、SCI 等本地数据源 ➢ 支持 OGC、REST、Baidu、OpenStreetMap、天地图等网络数据源 ➢ 提供基于 REST 的架构 GIS 功能接口。包含地图功能、数据功能、分析功能（如空间分析、交通网络分析、交通换乘分析等）、三维功能等 ➢ 提供 OGC 标准服务，如 WMS、WFS、WMTS 等 ➢ 支持多层次智能集群和分布式并行切图；支持切多类型的瓦片，包括栅格类型的地图瓦片，如 FastDFS、MongoDB、MBTiles、SMTiles，矢量瓦片 SVTiles 和属性瓦片 UTFGrid ➢ 提供完善的监控和统计服务，为管理员提供服务器监控工具，包括运行状态、并发访问、热点服务、当前负载、统计服务访问历史等；在系统出现错误或警告信息时通过邮件通知管理员 ➢ 三维客户端支持跨浏览器，支持 Microsoft Internet Explorer、Chrome、Safari、Opera 、Firefox 等常用浏览器与 360、腾讯、傲游等国产浏览器 ➢ GIS 平台软件应具有良好的安全性。支持数据文件的加密，支持对存储在数据库中的数据进行加密，支持发布到客户端、移动端的缓存进行加密，支持基于角色的服务访问控制。 ➢ 提供基于角色的服务访问控制，支持 Token 认证，支持 OAuth2.0 协议 ➢ GIS 平台应具有良好的中文支持，拥有简体中文版和简体中文的文档、手册，GIS 平台应对国内测绘标准有良好支持 ➢ GIS 平台软件应在中国具备的专门的培训机构，并配备完善的培训师资、设备和中文培训教材

4.5.3 网络环境

（1）网络连接

乡村规划决策系统网络环境较为简单，只需部署在内网，能够实现客户端与服务器之间的数据传输即可，目前规划的网络环境如下表所示（表 4-15）。

网络环境配置表　　表 4-15

用户类型	网络类型	介质	网速	备注
数据库服务器	涉密内网	未知	未知	不能连接 Internet
乡村规划决策系统客户端	涉密内网	未知	未知	不能连接 Internet

根据前期需求调研和分析结果，初步设计网络拓扑结构如下图所示（图 4-32）。

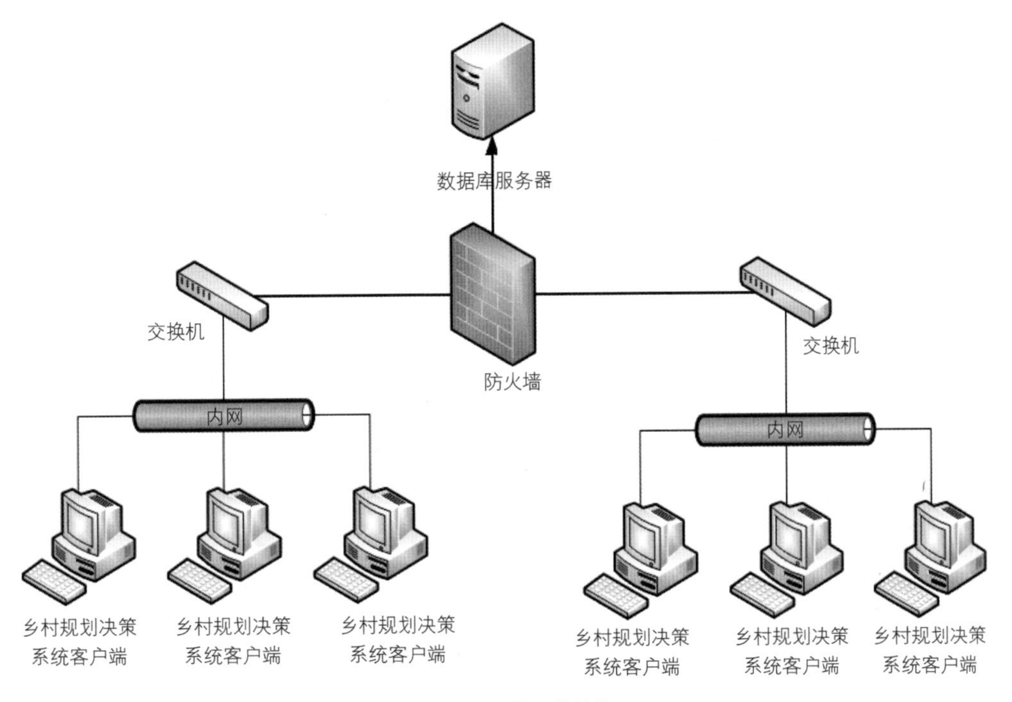

图 4-32　网络拓扑结构

（2）网络带宽

根据系统运行后预计并发量，及后续业务增加情况，网络带宽应考虑在 50~100MB 之间。

4.5.4　安全保障

（1）硬件基础设施安全

本系统采用 Window 服务器作为系统运行的后台服务器，该服务器位于机房，机房严格按照 T3+ 标准建造，具备 7 级抗震设防能力，能从电力、通信、安全等方面为服务器群提供全方位的安全保障。

（2）网络、操作系统安全

对于整个系统的安全体系建设是系统建设的重要组成部分，系统的运行安全将从访问控制、系统备份与恢复、防火墙、病毒防护、安全审计以及系统信息安全等几个方面来提供保障。

1）访问控制

提供各层次的访问控制功能。从操作系统用户认证和授权、数据库对象的访问控制、用户操作权限控制、系统操作的记录和稽核、数据和系统的完整性、可靠性和可用性、基于业务规则的访问控制等方面，保证系统的安全性。

2）系统备份与恢复

系统需建设专用高速存储网络，实现系统高速、集中、冗余、易扩展、海量的存储和备份能力，使系统具备易于维护的存储管理、备份管理的能力，预留远程灾备的接口，每晚利用空闲时间对主要数据库和操作日志向异地进行远程备份。

3）防火墙

防火墙是重要的网络安全技术，其主要作用是在网络入口点检查网络通信，根据用户设定的安全规则，在保护内部网络安全的前提下，提供内外网络通信。通过使用防火墙过滤不安全的服务，提高网络安全和减少子网中主机的风险，提供对系统的访问控制；阻止攻击者获得攻击网络系统的有用信息，记录和统计网络利用数据以及非法使用数据、攻击和探测策略执行。防火墙属于一种被动的安全防御工具。

（3）数据安全设计

测绘成果是国家基础性信息资源，关系国家安全和利益。测绘部门高度重视测绘成果管理工作，不断加强测绘成果汇交、保管、提供、使用、安全保密、测量标志保护以及重要地理信息数据审核与公布管理，促进了测绘成果的开发利用，保障了国家安全。2006年《测绘成果管理条例》颁布实施，对测绘成果的汇交、保管、利用和重要地理信息数据审核公布等管理做出了全面规定。

2007年6月，国家测绘局制定出台了《国家涉密基础测绘成果资料提供使用审批程序规定（试行）》《国家测绘局地图审核程序规定（试行）》以及相关格式文本等制度。

2009年2月18至19日，国家测绘局、总参测绘局和国家保密局在海南联合召开测绘成果保密工作研讨会，分析测绘成果保密与应用工作现状，深入研究加强测绘成果保密管理和科学定密的有关问题，讨论做好测绘成果保密的对策与思路。

当前经济社会各领域各方面对测绘的需求越来越旺盛，为测绘事业提供了良好的发展机遇和广阔的发展空间。但是，现行的测绘成果保密制度与广泛应用的需求还不适应。

为此，在空间数据交换过程中，需要对数据访问用户进行管理及监控，同时对空间数据的失密、泄露提供记录和追踪，解决数据在访问、传输等方面的安全保密问题，保障地理信息数据安全可靠。

1）空间数据水印

数字水印技术是数据安全领域的新技术，通过空间数据水印信息隐藏与加密实现空间数据的安全保护。

空间数据隐藏水印不会直接被数据用户感知，不影响数据的使用，并且隐藏的水印信息具有很高的健壮性，难以被非法数据用户擅自干扰或去除。

2）脱密数据处理

在满足各政府部门专题信息加载、查询统计、打印输出等地图服务功能的同时，将电子地形图数据经过脱密处理后，叠加卫星遥感影像等多种类型的地理空间数据，依托政务网向各政府部门提供空间地理信息服务。

3）测绘成果保密协议

对直接使用测绘成果的单位，要签订测绘成果保密协议。

同各厅局、局机关有关处室、局属单位等用户单位签订《测绘成果保密责任书》，要求责任人单位（处室）承诺按照国家《保密法》《测绘法》《保守国家秘密法实施办法》《测绘成果管理条例》《计算机信息系统保密管理暂行规定》《关于国家秘密载体保密管理的规定》《基础测绘成果提供使用暂行办法》等相关法律法规及管理文件的要求，对基础测绘成果进行有效管理，做好安全保密工作。明确责任人单位（处室）为基础测绘成果的直接使用者，不得擅自复制、转让或者转借基础测绘成果。未经许可，使用人不得以任何形式向第三方提供基础测绘成果。使用人若需委托第三方从事批准用途的应用开发，应与第三方签订相应的测绘成果安全保密责任书，实施有效监督和销毁。第三方为外国组织和个人以及在我国注册的外商独资企业和中外合资、合作企业的，使用人应当履行对外提供我国测绘成果的审批程序，须依法经国务院测绘行政主管部门或者省、自治区、直辖市测绘行政主管部门批准。利用基础测绘成果开发生产的产品，未经国务院测绘行政主管部门或者省自治区、直辖市测绘行政主管部门进行保密处理的，其秘密等级不得低于所用基础测绘成果的秘密等级[①]。

（4）应用系统安全

1）应用权限控制

为保障系统与数据的安全性，必须建立严格、合理、灵活和适用的用户权限管理机制。

首先需要建立严格的用户注册、登录与鉴别机制，由内网系统管理员根据各用户的需求，统一注册用户，并由系统随机生成初始密码；用户首次登录后，系统即要求用户修改密码；密码必须符合较为严格的强度要求：长度不小于8字符，且必须同时包含大、小写字母、数字和符号。数据库中的用户密码一律编码、加密保存。

用户能够调用的系统功能项的集合（包括数据访问功能），就是用户对这个系统所拥有的所有权限。要控制好用户对系统权限的占有，就需要将系统功能做到合适的粒度，以将这些的功能的调用权限灵活地分配给不同的用户，使每个用户都能在自己权限范围内调用系统功能。

当用户数量不多时，为每个用户分别分配权限并不困难，但当用户达到一定数量时，分配、维护每个用户的权限就会成为一项十分艰巨的任务。一般来说，会有一定数量的用户权限完全相同。对于这种情况，有两种解决办法，一种方法是采用用户权限复制的方法，即将一个用户的所有权限复制给另一些用户，这种方法的优点是对应的数据库表结构简单，实现也比较容易，缺点是不利于后期的用户权限管理，易产生混乱；另一种方法是引入角色（也称用户组，下称

① 依据《涉密基础测绘成果安全保密责任书》。

角色）的概念，将一组权限赋予一个角色，再将一组用户归入此角色，此角色中的所有用户即拥有了此角色所对应的一组权限。此方法的优点是使用非常灵活，权限管理方便，一个用户可同时隶属于多个角色，从而获得与他人不同的权限，缺点是对应的数据库表结构相对复杂，实现稍复杂。本系统将采用后一种方式对用户权限进行管理。

2）防止 SQL 注入

SQL 注入是攻击者在页面中的地址栏、文本输入框输入 SQL 语句片断，利用程序构造 SQL 语句的机制合并这些输入的 SQL 语句片断，成为具有攻击性或窥探性的 SQL 语句序列，经提交执行后即有可能造成信息泄漏或数据丢失，甚至系统操控权失陷。

防止 SQL 注入是除用户权限控制以外，为数不多的需要在应用层（数据访问层）进行控制的安全事项之一。阻断 SQL 注入的有效手段就是 SQL 语句的参数化，所有的用户输入数据均只能作为参数进行识别，而不能成为构造 SQL 语句的一部分，也就失去了攻击性。这就要求系统持久化层对所有的数据库增、删、改、查操作的 SQL 语句构造过程均应实现参数化，以避免遭受 SQL 注入攻击。

第5章 重庆乡村规划决策系统的实际运行

FIVE

5.1 重庆乡村规划决策系统实际运行评述

重庆乡村规划决策系统集合了丰富多样的工具集，具有强大的数据处理、空间分析和可视化功能。基于区级村情综合数据库，能够对各类数据进行空间配准、格式转换、坐标变换等，从而得到高精度的空间化数据。利用决策系统中的查询分析、提取分析、表面分析、叠加分析、网络分析、缓冲区分析等功能，通过对空间数据的输入、更新和参数的设计、调整，能快速高效地得到分析结果，并可实现图层可视化、报表统计与输出、成果图制作等。

基于乡村规划决策系统的强大功能，能够辅助政府部门和规划设计人员进行科学合理的乡村规划决策。还可以运用到规划前、规划中和规划后等规划全周期的各个环节，如规划前的编制决策，规划中的空间决策，规划后的评估决策，然后回到规划是否需要修编的决策问题上，从而形成一个动态循环决策系统，辅助使用者做出科学合理的决策。本文基于已经建立的南岸区村情综合数据库和乡村规划决策系统，面向南岸乡村规划编制工作的实际需要，开展了以南岸区 32 个村为例的实践研究。南岸区 32 个村乡村规划编制决策研究主要考虑人口因素、空间管制、产业因素、区位条件、资源禀赋、重大项目、村民意愿等因素，利用决策系统的功能模块，通过指标设计、模型构建、单因子分析、综合分析等过程，形成优先编制村规划、有条件编制村规划、暂不编制村规划的决策结论。

整个决策过程可以分成三个模块。第一个模块是 DID 分析模块，主要考虑人口密度因素，包括户籍人口密度和常住人口密度，并结合人口密度近几年的变化情况对结论进行修正。第二个模块是空间影响因素分析模块，主要考虑地质灾害易发程度分区、耕地红线、城市“四线”和城市空间覆盖因素等，对村域的可利用空间进行分析。第三个模块是发展条件与需求模块，主要考虑区位条件、产业趋势、资源禀赋、大型项目、村民意愿等因素，对村域的发展条件与村民需求进行分析。基于以上三个模块，结合村民集中居住需求，得到相应的规划决策结果。

5.2 南岸区乡村规划编制决策指标体系

系统围绕南岸区 32 个村规划编制决策系统的三个模块构建三个决策子系统，每个决策子系统都包括多个影响因子。DID 分析子系统由现状常住人口密度、现状户籍人口密度和近三年人口密度变化分析三个影响因子构成;空间影响因素分析子系统由地质灾害、耕地红线、城市“四线”和城市空间覆盖四个影响因子构成;发展条件与需求分析子系统由区位条件、产业发展趋势、资源禀赋、大型项目和村民意愿五个影响因子构成。在实际决策过程中，首先把人口密度作为优先考虑的因素，通过DID分析，进行重点发展区和保护发展区的划分，重点发展区则进入下一步的决策分析,保护发展区根据《村域现状分析及规划指引》和其他保护规划进行保护和引导;其次，对重点发展区进行空间影响因素分析，无发展空间的村被划入保护发展区，有发展空间的村再进入下一步的决策分析;然后，对人口密集区且有发展空间的村进行发展条件与需求分析，得到发展条件好和一般两种结果;最后，基于以上分析，人口密集区、有发展空间且发展条件好的村建议优先编制村规划，人口密集区、有发展空间但发展条件一般的村建议有条件编制村规划，无发展空间或人口密度低的村建议暂不编制村规划，结合村民是否有集中居住需求的意愿，建议是否异地搬迁（图5-1）。

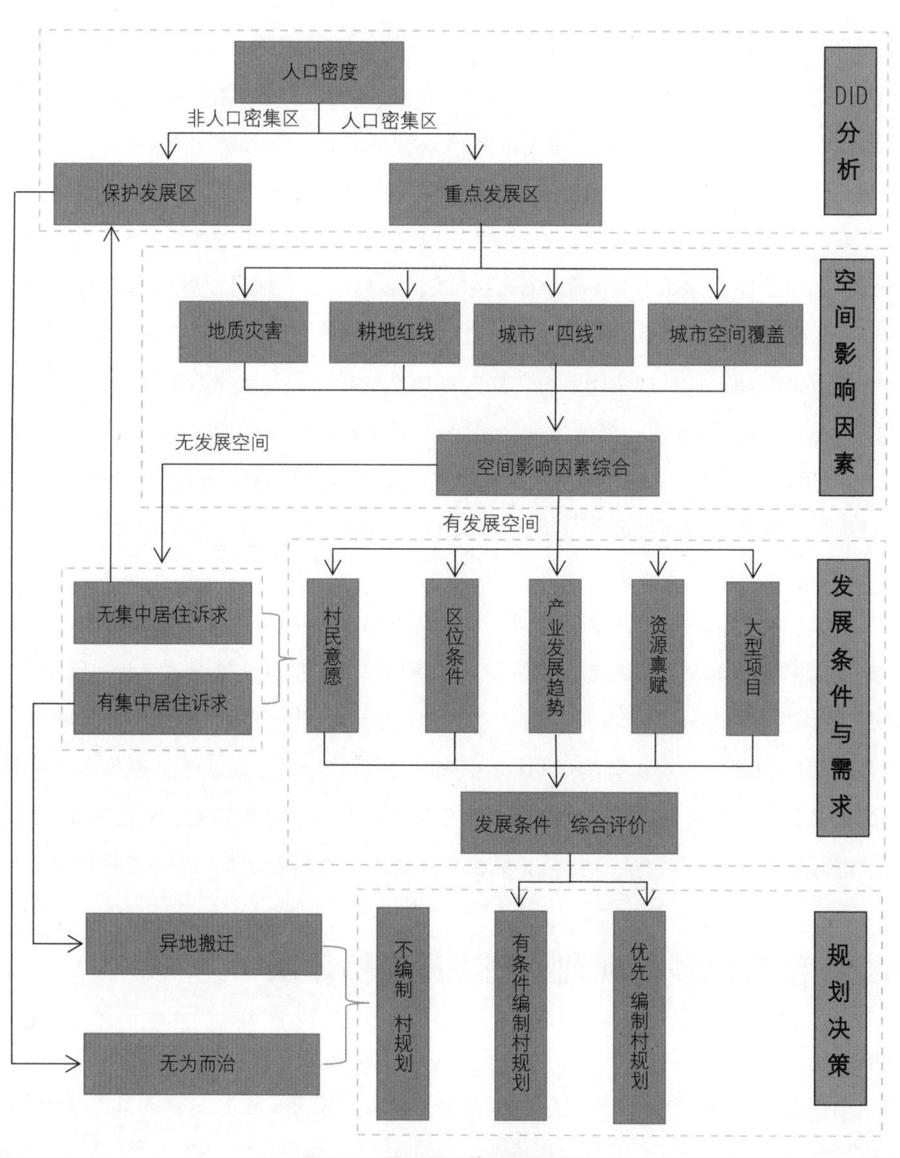

图5-1 村规划决策过程框架图

5.2.1 DID 分析

人口的空间分布是指一定时点上人口在各地区的分布状况，是人口过程在空间的表现形式。它是一种社会经济现象，既受自然因素的制约，又受社会经济规律的支配[①]。人口在空间上的分布通过人口密度反映出来，人口密度的高低反映乡村对人口的吸力或是推力，是自然因素和社会经济因素等多种因素影响的结果。

为了更好地反映人口在空间上的分布情况，引入 DID 概念。DID 是人口集中地区（Densely Inhabited District）的简称，最先由日本政府提出，作为城市人口统计基本单元——人口集中地区。在日本，人口集中地区指人口密度为 4000 人 /km^2 以上的调查区或市区町村内互相邻接、合计人口在 5000 人以上的调查区。本次引入这个概念是为了描述南岸区人口集中分布的乡村地域。

乡村人口密度与城镇人口密度有较大的差别，通常情况下，乡村人口密度要远低于城镇人口密度。南岸区人口集中地区划分是基于对重庆市域人口密度的分析研究。根据统计部门估算的人口数据，结合用地遥感解译数据，计算得到[②]:2016 年，重庆市常住人口约 3048.43 万，常住人口密度约为 370 人 /km^2，农村常住人口密度约为 141 人 /km^2; 主城区常住人口 851.8 万人，常住人口密度约为 1558 人 /km^2，农村常住人口密度约为 192 人 /km^2。主城各区与南岸区农村人口密度接近的有九龙坡区、渝北区、江北区、沙坪坝区和北碚区，其值均略高于 200 人 /km^2; 其他三区人口密度值与南岸区人口密度值不具有可比性，主要因为渝中区、大渡口区城镇化率非常高，农村户籍人口数据为 0，农村常住人口密度极低; 而巴南区城镇化率相对较低，其位于主城区的南端，现辖 198 个村[③]，属于大城市大农村地区，部分农村离城区较远，外出务工人员较多，农村常住人口密度值约 125 人 /km^2，与南岸区相差较大。远郊区县的璧山、荣昌、垫江、铜梁、大足、永川、潼南、合川、长寿、梁平、垫江等区县空间上距离主城较近，且地理环境基本相同，与主城区具有相似的乡村人口分布特征，其农村常住人口密度均在 200 人 /km^2 以上。通过对主城区和周边各区县农村人口密度分析发现，农村人口密度值大多略高于 200 人 /km^2[④]。

根据南岸区村域现状调查资料，本项目区涉及的南岸区 32 个村中，2016 年户籍人口密度和常住人口密度均低于 200 人 /km^2 的村，占总量的 15.6%，未来农村人口密度还会继续降低，比重会提高到 20.0% 左右。按照巴莱多定律[⑤]，采用 200 人 /km^2 的阈值基本可以将两成左右的村纳入保护发展区、将八成左右的村纳入重点发展区（表 5-1）。

---

① 胡焕庸. 论中国人口之分布 [M]. 北京：科学出版社，1983：52-92.

② 农村常住人口密度是根据统计范围内农村常住人口 / 统计范围内农村区域面积得出，农村区域面积是以行政管辖面积减去城镇建设用地面积来表示。人口数据来源于统计部门，用地数据为遥感解译数据。

③ 数据截至 2016 年 8 月。

④ 农村常住人口密度是根据统计范围内农村常住人口 / 统计范围内农村区域面积得出，农村区域面积是以行政管辖面积减去城镇建设用地面积来表示。人口数据来源于统计部门，用地数据为遥感解译数据。

⑤ 巴莱特定律又名二八定律，也叫最省力的法则、不平衡原则等，被广泛应用于社会学等。

人口密度值对比（单位：人 /km²）　　表 5-1

地区	农村常住人口密度	地区	农村常住人口密度	地区	农村常住人口密度
主城区	192	沙坪坝	196	大足	250
其中：九龙坡	277	远郊区县（10 区县）	254	永川	243
渝北	242	其中：璧山	379	潼南	224
江北	233	荣昌	316	长寿	222
南岸	223	垫江	262	合川	207
北碚	220	铜梁	257	梁平	200

综合比较重庆主城区和远郊区县人口密度分析结果以及南岸区 32 个村人口密度值的分布情况，将人口密度值 200 人 /km² 作为划分农村人口密集区和非人口密集区的阈值。

受多重因素影响，乡村人口密度通常处于动态变化过程中。在当前的城镇化拉力下，伴随着农业人口向城镇的转移，乡村常住人口密度和户籍人口密度有潜在降低的趋势；随着农村现代农业产业体系的建立健全，产业人口的回流又使得乡村人口密度具有潜在增加的趋势。南岸区 32 个村临近重庆主城区核心区域，以上两种作用影响尤甚，因此有必要对人口密度的近三年变化情况进行分析。

（1）户籍人口密度分析

基于村域现状人口调查数据，2016 年，南岸区 32 个村全域户籍人口密度为 382 人 /km²，户籍人口密度值区间在 57~1559 人 /km²（表 5-2）。将南岸区 32 个村的户籍人口密度分为 200 人 /km² 以下、200 ~ 500 人 /km²、500 人 /km² 以上三个层级（图 5-2）。

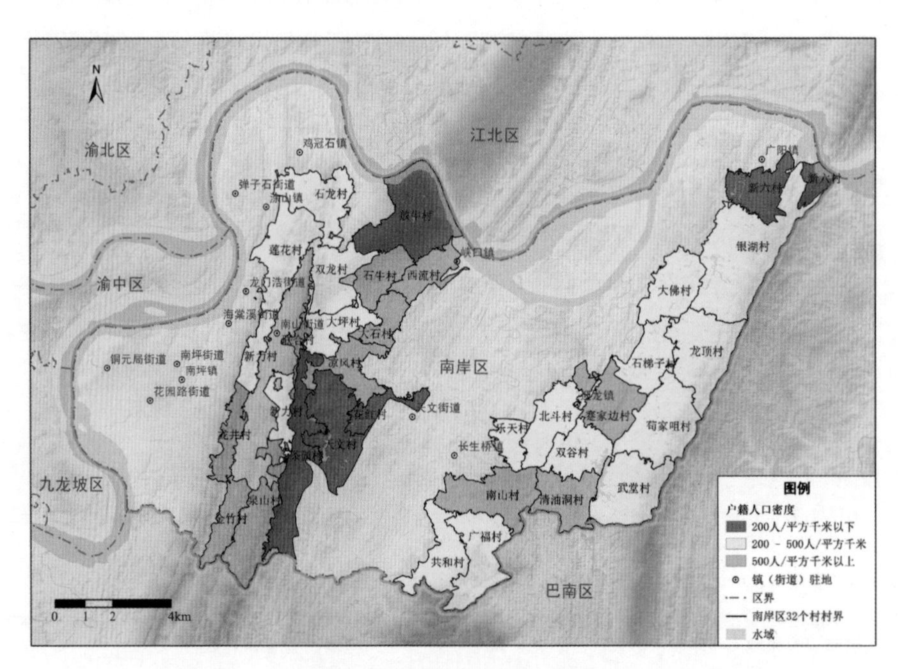

图 5-2　户籍人口密度分布图

（2）常住人口密度分析

南岸区 32 个村常住人口密度区间范围比户籍人口密度区间要大，其值介于 68~2878 人 /km^2 之间，32 个村全域常住人口密度为 442 人 /km^2。根据常住人口密度的区间分布情况，将南岸区 32 个村的常住人口密度分为 200 人 /km^2 以下、200~500 人 /km^2、500 人 /km^2 以上三个层级（图 5-3）。2016 年户籍人口、常住人口密度及赋值统计详见附录 B-1。

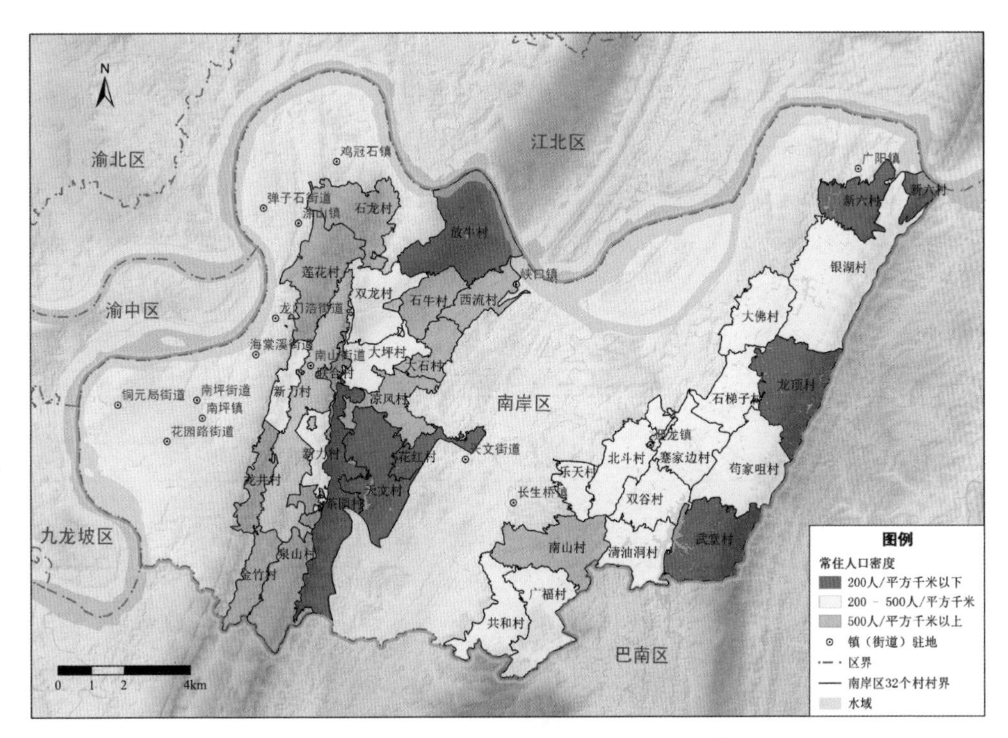

图 5-3 常住人口密度分布图

（3）人口密度变化分析

根据近几年的南岸区村域现状人口调查数据，选取 2013 年和 2016 年的人口数据，来分析近三年人口密度的变化情况。人口密度变化分析作为 DID 分析中的修正因子。

根据对 2013 年和 2016 年的户籍人口密度对比，南岸区 32 个村户籍人口密度整体变化较小，除新力村、双谷村、花红村和新六村的户籍人口密度有相对较大幅度降低，塞家边村的户籍人口密度有相对较大幅度增加外，其他村的户籍人口密度相对稳定。户籍人口密度变化相对实际上的人口密度变化会有一定的滞后性，相对来讲，常住人口密度变化更能真实地反映村域人口密度的变化情况，近三年户籍人口密度统计表详见附录 B-2。

从南岸区 32 个村常住人口密度的变化情况来看，相对于 2013 年，2016 年常住人口密度增加的村有联合村、金竹村、双龙村、石牛村、放牛村、莲花村、南山村、天文村、大佛村、银湖村等，其中双龙村、南山村、银湖村三村常住人口密度增加幅度较大，与这几个村二、三产业发展较快有关。其他 22 个村，常住人口密度都有所减小，其中新力村、新六村、清油洞村、武堂村、龙顶村、石梯子村常住人口密度减少幅度较大。经过实地调研得知，新力村、清油洞村、石梯子村、武堂村、蹇家边村、龙顶村、双谷村人口密度降低的主要原因是：现代综合农业示范园区的建设，使大量农村土地流转，但政府暂未安排集中居住地，一部分村民暂时离开自己的土地外出谋生，造成常住人口密度的下降。近三年常住人口密度统计表详见附录 B-3。

（4）DID 分析

基于乡村规划决策系统 DID 分析模型，综合考虑以上对户籍人口密度、常住人口密度和人口密度变化分析等 3 个因子的分析，选取 2016 年户籍人口密度、2016 年常住人口密度、2013~2016 年常住人口年均增长率为输入参数，通过设定经验阈值以及组合关系进行 DID 分析。取 2016 年常住人口密度和 2016 年户籍人口密度的最大值作为村的现状人口密度值，把近三年人口密度年均增长率作为现状人口密度的修正因子。经过 DID 分析（表 5-2），将现状人口密度低于 200 人 /km^2，且人口密度近三年年均增长率低于 5% 的村，纳入非人口密集区；将现状人口密度高于 200 人 /km^2 的村，以及现状人口密度低于 200 人 /km^2 但人口密度近三年年均增长率高于 5% 的村，作为人口密集区。

人口 DID 分析表 **表 5-2**

DID 分类	模型分析因子		取值方式
	Max（户籍人口密度 & 常住人口密度）	常住人口密度近三年变化	
非人口密集区	低于 200 人 /km^2	年均增长率 5% 以下	交集（∩）
人口密集区	高于 200 人 /km^2	年均增长率 5% 以上	并集（∪）

通过对南岸区 32 个村进行 DID 分析（表 5-3、图 5-4）。人口密集区包括莲花村、西流村、石龙村、凉风村、石牛村、金竹村、大石村、联合村、龙井村、泉山村、南山村、清油洞村、蹇家边村、大佛村、银湖村、广福村、共和村、大坪村、双龙村、新力村、北斗村、苟家咀村、龙顶村、石梯子村、双谷村、武堂村、乐天村 27 个村，主要分布于南温泉山片区和明月山片区临近城市组团或农业发展条件相对较好的区域；非人口密集区包括花红村、天文村、茶园村、新六村、放牛村 5 个村，除新六村外，其余 4 个村位于南温泉山片区。

南岸区 32 个村 DID 分析结果表 **表 5-3**

分区	代码	村名
人口密集区（重点发展区）	A	莲花村、西流村、石龙村、凉风村、石牛村、金竹村、大石村、联合村、龙井村、泉山村、南山村、清油洞村、蹇家边村、大佛村、银湖村、广福村、共和村、大坪村、双龙村、新力村、北斗村、苟家咀村、龙顶村、石梯子村、双谷村、武堂村、乐天村
非人口密集区（保护发展区）	B	花红村、天文村、茶园村、新六村、放牛村

5.2.2 空间影响因素分析

空间影响因素是乡村规划决策的一个重要影响因素，可利用空间充足的村编制乡村规划，可以促进产业发展、改善村民居住条件，现实意义很大；而无可利用空间的村，配套设施无法

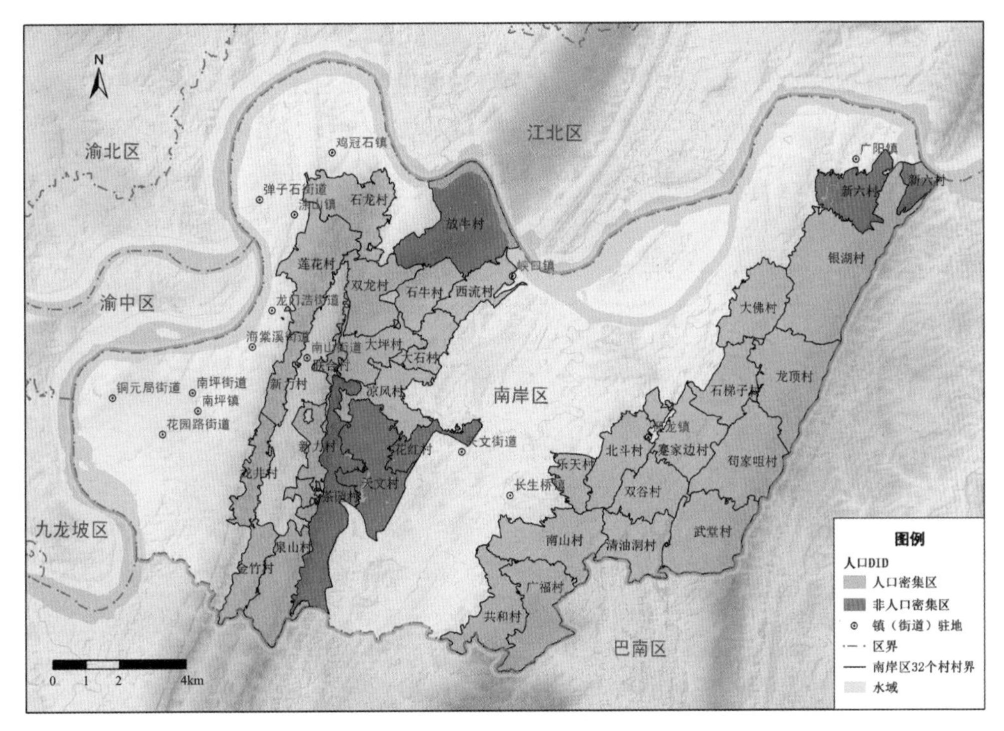

图 5-4　南岸区 32 个村 DID 分析结果图

建设，产业发展用地无法落实，集中居住的诉求也无法实现，编制村规划的意义不大。空间影响因素分析子系统包括地质灾害、耕地红线、城市“四线”和城市空间覆盖四个因子，每个因子又包含多个子因子。其中，地质灾害主要包括地质灾害易发程度分区、地质灾害隐患点；耕地红线是指永久基本农田；城市“四线”主要包括四山禁建区、风景名胜区、湿地公园、森林公园、Ⅱ级及以上保护林地、公路防护绿地范围线、饮用水源保护区、洪水淹没线、高压电力走廊、变电站及周边防护区、油气管道控制线等要素；城市空间覆盖主要包括规划城市建设用地以及城镇发展备用地，前面一类用地不能进行村建设规划，后面一类用地对村建设用地规划有一定影响。这些因子都是在各类规划中提取的，是规划编制中需要考虑的因素，通过梳理和分析，能为乡村规划编制决策服务。南岸区 32 个村的地理位置特殊，靠近城区和景区，各村都不同程度地受到空间管制或空间规划因素的影响，不能随意开发建设。所以，有必要通过空间影响因素的分析，明确需要管控的空间，在保护的基础上来谈发展，可以少走弯路，节约公共资源，实现城乡互补和统筹发展。

（1）地质灾害

根据国土部门提供的地质灾害易发程度分区数据，南岸区 32 个村全域涉及地质灾害高、中、低易发区，并以中、高易发区涵盖区域最为广泛。32 个村共有 58 处地质灾害隐患点，包括滑坡、泥石流、危岩、不稳定斜坡和崩塌等，其中以滑坡类型最多，占比达 78%。（图 5-5）。莲花村村域内的地质灾害隐患点影响范围较大，主要是由于村内有一处中型泥石流隐患点，是城市建设中的大量弃土、弃渣堆放不当所致。

地质灾害易发程度分区数据是由南岸区国土部门提供的区级数据，相对于乡村规划决策而言，尺度过大，而地质灾害隐患点具体位置是在村域现状调查中经过现场踏勘或村民指认，可信度较高，故在本次乡村规划决策中暂不考虑地质灾害易发程度分区数据，仅以地质灾害隐患点影响范围作为地质灾害因素分析的影响因子。在规划编制和建设过程中，需要编制地质灾害防治的专题内容，房屋建设需要开展地质灾害危险性评估，特别是要对农村居民建房开展地质灾害危险性简易评估，避开地质灾害隐患点及其影响范围区，确保村民生命财产安全。

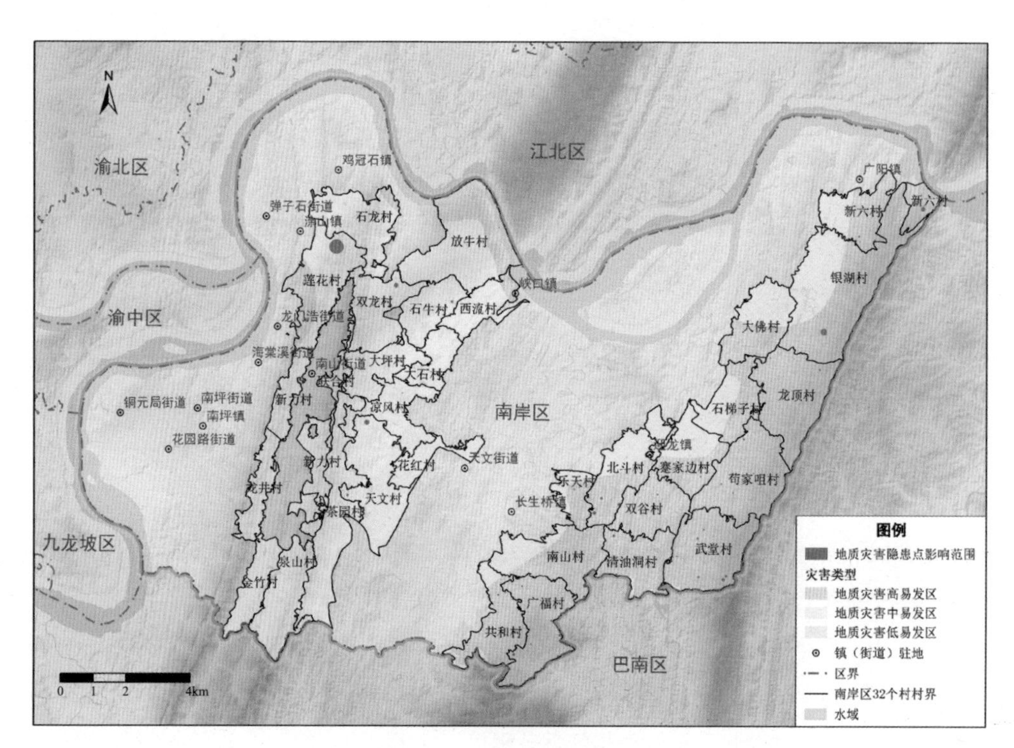

图 5-5　地质灾害分布图

（2）耕地红线

耕地红线是指永久基本农田保护线，是在原有基本农田中挑选的，实行永久性保护，在任何情况下都不能改变其用途的优质基本农田。我国对永久基本农田实行最严格的保护政策，城市和乡村建设都不得侵占。被永久基本农田覆盖的区域，其发展空间往往受到较大的限制。因此，在乡村规划决策分析中，永久基本农田是必须要考虑的空间影响因素。根据国土部门提供永久基本农田数据，南岸区 32 个村永久基本农田面积为 528.87hm^2，占南岸区永久基本农田总面积的八成左右，其具体分布情况见 3.3 节。

（3）城市“四线”

“四线”的划定立足于区域整体与长远发展的需要，是对自然生态环境和不可再生资源的保护，乡村建设也不能突破城市“四线”的管控边界。城市“四线”是指城市绿线、城市蓝线、城市黄线和城市紫线。其中，城市绿线是指城市规划区内依法规划、建设的城市绿地的边界控制线，包括公园绿地、生产绿地、防护绿地、附属绿地等 5 大类别。城市蓝线是指城市规划区内依法规划、建设或保护的现有或规划城市水体边界控制线，包括规划和已建成的自然的江、河、湖泊、溪流、沼泽地、自然湿地、水塘、水库、景观水系等内容。城市黄线是指对城市发展全局有影响的、城市规划中确定的、必须控制的城市基础设施用地的控制界线。城市基础设施包括城市公共交通设施、城市供水设施、城市环境卫生设施、城市供燃气设施、城市供热设施、城市消防设施、城市通信设施等。城市紫线，是指城市规划区内依法规划、保护的历史文化建设的边界控制线，包括国家、省、市公布的历史文化街区、历史建筑和文物保护等内容。①

城市紫线划定的用地面积一般极小，通常情况下，对乡村规划编制决策影响不大，因此未纳入此分析模块。本次研究主要是针对城市绿线、蓝线和黄线，其中城市绿线包括四山禁建区、风景名胜区、森林公园保护区、湿地公园、Ⅱ级及以上保护林地和公路防护绿地等要素；城市蓝线包括饮用水源保护区和 20 年一遇洪水淹没线等要素；城市黄线包括高压走廊和油气管道控制线等要素。这些作为空间管控要素对乡村规划具有重要影响。

1）城市绿线

a. 四山禁建区

《重庆市城市绿线管理实施办法》中提到市政府批准的绿地保护禁建区（一、二期），自然转为城市绿线控制的范围。四山禁建区范围线是城市绿线，作为保证生态安全的底线，任何村建设项目均不能触碰。南岸区 32 个村位于铜锣山和明月山地区，有 21 个村涉及四山禁建区，其中大坪村、双龙村、联合村的四山禁建区面积占村域总面积比例分别为 99.56%、97.58%、94.56%，受四山禁建区因素的制约较大。

任何乡村建设活动，凡涉及禁建区、重点控建区和一般控建区内的开发建设内容，必须符合经市人民政府批准的“四山”地区开发建设管制规划；不符合的应当及时调整。南岸区涉及禁建区的 21 个村，在编制村规划的时候，村内的开发建设项目需要避开四山禁建区，且不能破坏周边的整体风貌和生态环境。

b. 风景名胜区

风景名胜区是《重庆市城市绿线管理实施办法》中其他绿地中的一种，属于城市绿线保护范围。南岸区有一处风景名胜区，即南山—南泉风景名胜区。本项目涉及的南岸区 32 个村有一半的村位于风景名胜区范围线内。各村在进行开发建设时，须符合风景名胜区条例的相关规定。在乡村规划、建设过程中，需要加强建筑景观、植物景观、文化景观、自然环境以及当地社会发展等方面的研究，以提升风景名胜区整体旅游环境作为重要的考虑因子，禁止乱搭乱建。

c. 森林公园

森林公园是《重庆市城市绿线管理实施办法》中其他绿地中的一种，属于城市绿线保护控制范围。南岸区目前有两个森林公园，分别为南山森林公园和凉风垭森林公园，均位于南温泉山区域，其中南山森林公园为国家级，凉风垭森林公园为市级。研究范围内有一半的村位于森林公园范围内。森林公园作为城市绿线，村内的开发建设活动应予以避让，同时需考虑与森林公园的联动发展，利用优势资源发展相关产业，促进各村社会经济发展。位于森林公园的入口

① 分别引自《城市绿线管理办法》《城市蓝线管理办法》《城市黄线管理办法》《城市紫线管理办法》.

附近和主要景观走廊两侧的村建设需要严格控制，保持风貌协调，相互辉映。

d. 湿地公园

湿地公园是《重庆市城市绿线管理实施办法》中其他绿地中的一种，属于城市绿线保护范围。南岸区现有两处湿地公园，为迎龙湖湿地公园和苦溪河湿地公园，迎龙镇的双谷村、清油洞村、武堂村和长生桥镇的共和村、南山村涉及湿地公园。湿地公园是非常重要的自然资源，是推动各村社会经济可持续发展的“催化剂”，各村在不破坏湿地自然栖息地的基础上，可以适当建设不同类型的辅助设施，同时可以发展现代农业，与湿地公园相结合发展休闲旅游，将生态保护、旅游发展和产业转型升级有机结合起来，实现自然资源的合理开发和生态环境的改善，带动各村社会经济全面发展。

e. Ⅱ级及以上保护林地

Ⅱ级及以上保护林地属于风景林地，是《重庆市城市绿线管理实施办法》中其他绿地中的一种，属于城市绿线保护范围。南岸区 32 个村Ⅱ级及以上保护林地主要集中分布于南温泉山片区和明月山片区海拔较高的山地区域。Ⅱ级及以上保护林地是重要的生态功能区，以生态修复、生态治理、维护生物多样性为主要目的，同时也是动植物赖以生存的基础空间，区域内实行特殊保护并限制生产经营活动，因此，村内的开发建设活动应对Ⅱ级以及上保护林地予以避让。

f. 道路防护绿地

道路防护绿地是《重庆市城市绿线管理实施办法》中防护绿地中的一种，属于城市绿线保护范围。南岸区 32 个村范围内有重庆内环快速（G65）、重庆绕城高速（G5001）、沪渝南线高速（G50S）、省道 S103 线、省道 S105 线、东西大道、东西大道、渝巴路、峡江路等干线道路，在《重庆市城乡总体规划》中划定了不同宽度的防护绿地，乡村建设不能占用道路防护绿地。

2）城市蓝线

饮用水源保护区和洪水淹没线是为居民用水安全和保障防洪安全划定的，属于城市蓝线保护控制范围。本次研究范围内只有五处饮用水源保护区，涉及放牛村、双龙村、天文村、银湖村、双谷村、清油洞村和武堂村等 7 个村。洪水淹没线以长江 20 年一遇洪水淹没区域范围线来划定，主要涉及西流村北部很小的一个区域，对村规划编制决策的影响很小（图 5-6）。

3）城市黄线

城市黄线包含很多要素，对南岸区村规划编制有影响的城市黄线主要是高压走廊和油气管道控制线。村内的规划建设应避开城市黄线，妥善处理与各管控区域的关系，同时须符合上述各类城市“四线”的保护要求。

（4）城市空间覆盖

通过对《重庆市城乡总规划（2007-2020 年）》（2014 年深化）和《南岸区分区规划》中的用地布局图与 32 个村的村域范围图进行叠合分析，规划城市及区域性建设用地和城市发展备用地覆盖到大部分村（图 5-7）。北斗村、大佛村、乐天村、蹇家边村、花红村、石梯子村、南山村、共和村、新六村、天文村、苟家咀村 11 个村被覆盖区域超过了村域面积的 50%；银湖村、广福村、龙顶村、双谷村、茶园村、联合村、新力村 7 个村被覆盖面积在 25%~50% 之间；其他各村的被覆盖面积在25%以下。各村在编制村规划时要与城镇规划相衔接，避让城市规划确定的城市空间，减少对未来城镇发展的影响。规划确定的城市空间覆盖的村，各村的公共服务设施和基础设施建设纳入城区统一考虑。城镇发展备选区域是城镇未来的拓展区，村规划编制以产业发展为主，严禁大搞开发建设。

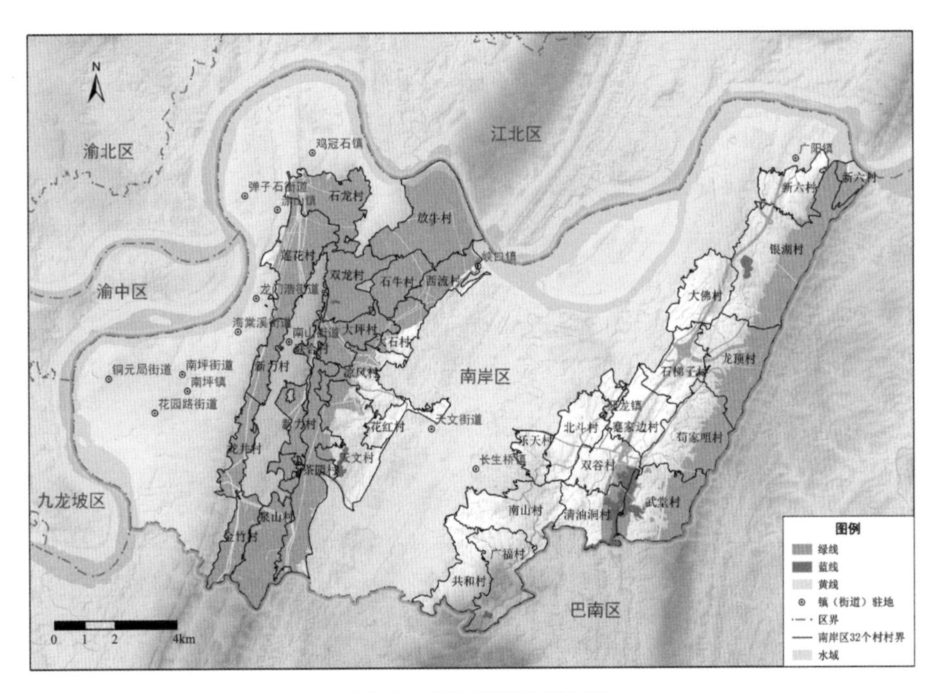

图 5-6 城市“四线”叠加图

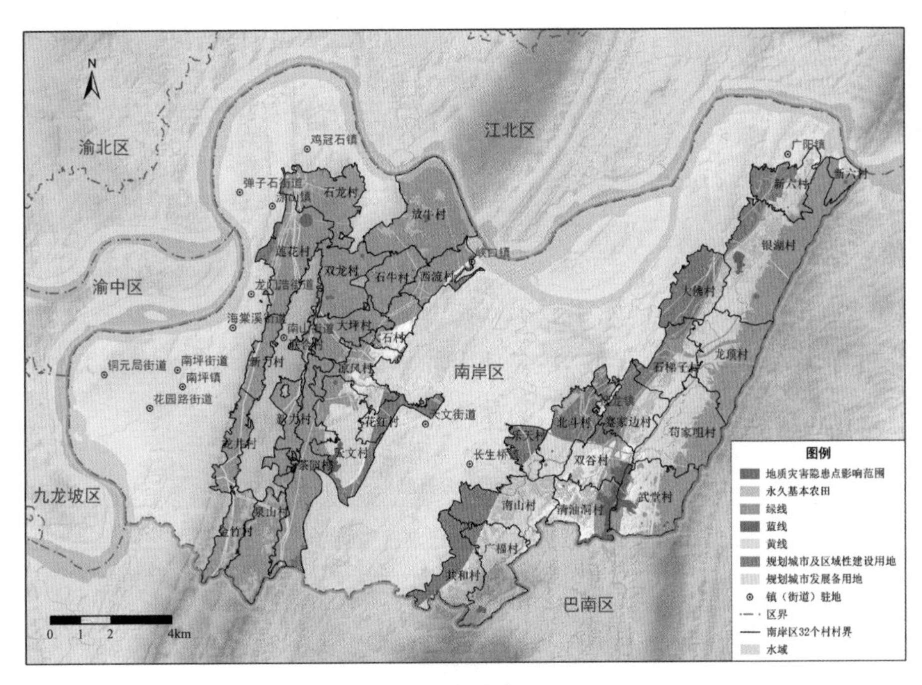

图 5-7 空间影响要素叠加图

（5）空间影响因素综合分析

对地质灾害、空间管制、空间规划等各类空间影响因素进行叠加（图 5-8）。然后叠加村域空间，得到各村剩余的可利用空间分级情况（图 5-9）和综合分析结果。各村空间影响面积汇总表详见附录 B-4。南岸区 32 个村中，发展空间充足（村可利用面积 $15hm^2$ 以上）的村包括西流村、凉风村、大石村、南山村、清油洞村、蹇家边村、苟家咀村、银湖村、广福村、共和村、龙顶村、石梯子村、双谷村、武堂村、天文村、新六村，共 16 个村；发展空间不足（村可利用面积 $15hm^2$ 以下）的村包括莲花村、新力村、北斗村、大佛村、乐天村、石龙村、茶园村、花红村、放牛村，共 9 个村；无发展空间（无可利用面积）的村包括大坪村、金竹村、泉山村、龙井村、双龙村、石牛村、联合村，共 7 个村（表 5-4）。

因南岸区 32 个村在区位上具有一定的特殊性，受到城市空间拓展和四山禁建区的影响很大，其中大坪村、金竹村、泉山村、双龙村、石牛村、联合村、龙井村 7 村已基本上无可利用空间，村发展受到限制，但这几个村又属于人口密集区，产业发展较好，建议统筹兼顾，疏堵结合，建禁并举。政府可以引导村民原址建设，新建房屋需要符合整体风貌管控要求，各村不批新的房屋地基，不集中建设居民点，鼓励农村人口向城市转移。同时进一步引导土地流转，促进产业提档升级，提高村民收入，实现永续发展。

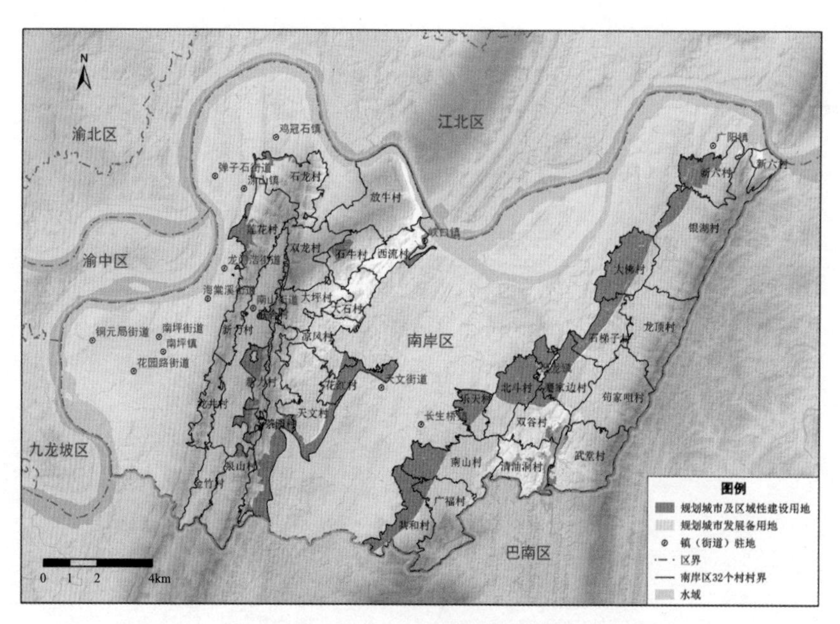

图 5-8　城市空间覆盖图

空间影响因素综合分析结果　　**表 5-4**

分区	代码	村 名
发展空间充足	C	西流村、凉风村、大石村、南山村、清油洞村、蹇家边村、银湖村、广福村、共和村、苟家咀村、龙顶村、石梯子村、双谷村、武堂村、天文村、新六村
发展空间不足	C	莲花村、新力村、北斗村、大佛村、乐天村、石龙村、茶园村、花红村、放牛村
无发展空间	D	大坪村、金竹村、泉山村、双龙村、石牛村、联合村、龙井村

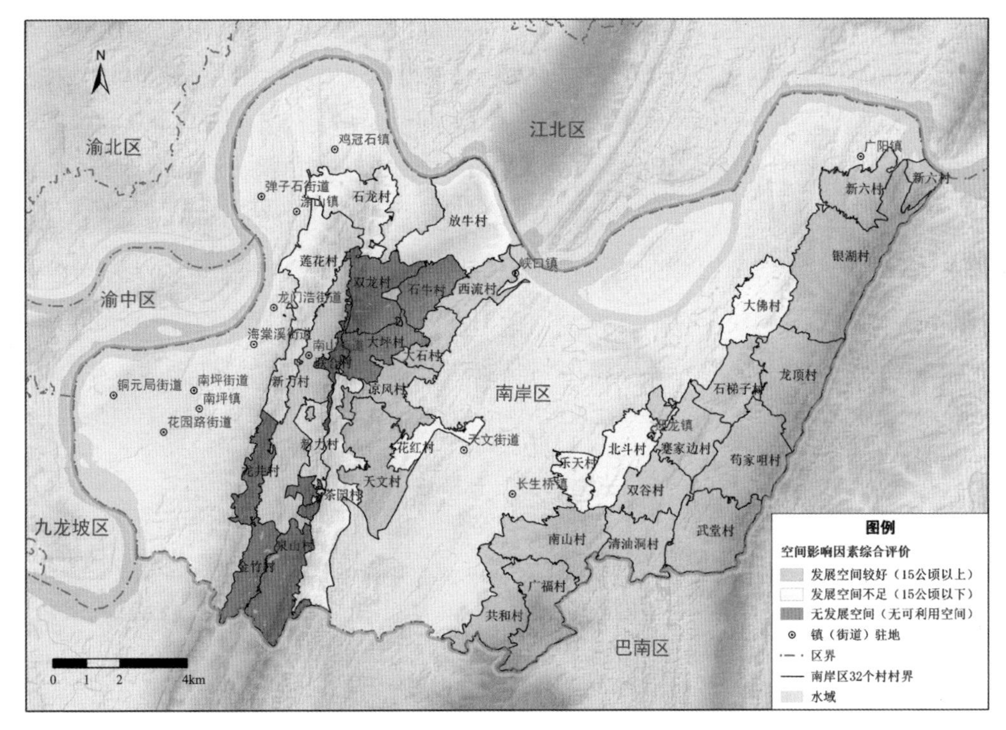

图 5-9　空间影响因素综合评价图

5.2.3　发展条件与需求分析

乡村规划决策系统搭载的发展条件与需求分析综合评价模型包括发展条件综合评价、需求分析两个功能模块，发展条件评价模块选取了区位条件、产业发展趋势、资源禀赋和大型项目四个大类因子分析各村发展条件的优劣，各大类因子下设二级子因子（图 5-10），需求分析则主要考虑了村民意愿因子。

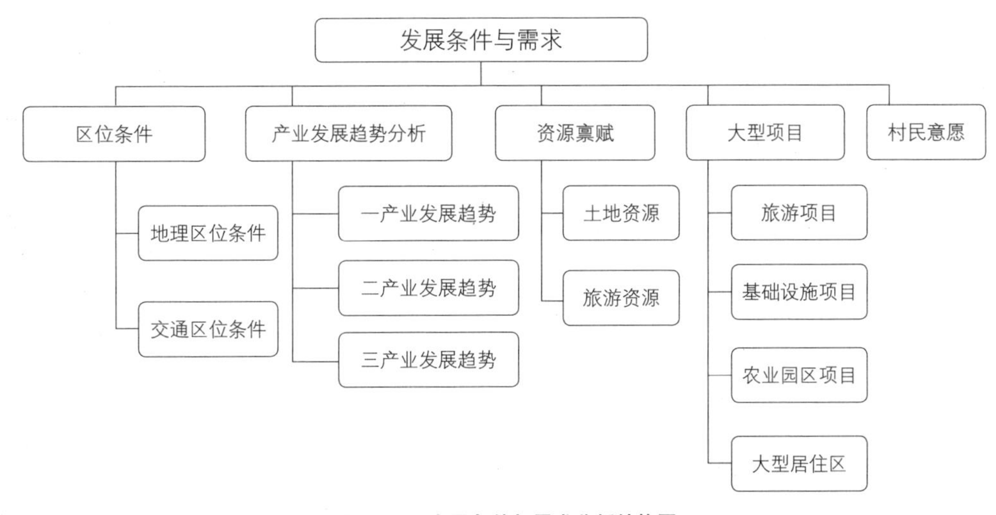

图 5-10　发展条件与需求分析结构图

发展条件与需求分析综合评价模型采用因子加权的方式进行计算。目前因子权重确定的方法较多，包括主观因素主导的德尔菲法等，客观定量为主的熵值法、主成分分析法等，以及主客观相结合的层次分析法。与前两类方法相比，层次分析法应用最为广泛，是将半定性、半定量问题转化为定量问题的行之有效的一种方法，使人们的思维过程层次化，既有效综合了专家经验，又能避免单纯采用客观赋权法可能存在的物理意义不明显的局限，特别适用于那些难于完全用定量进行分析的复杂问题。因此，本研究采用层次分析法进行权重确定[①]。层次分析法利用层次分析法研究问题时，首先要把与问题有关的各种因素层次化；然后构造比较矩阵，比较同一层次上的各因素对上一层相关因素的影响作用。比较时采用相对尺度标准度量（表 5-5），尽可能避免不同性质的因素之间相互比较的困难。同时，要尽量依据实际问题具体情况，减少由于决策人主观因素对结果造成的影响。

比例标度值 **表 5-5**

标度 a_{ij}	含义
1	C_i 与 C_j 的影响相同
3	C_i 比 C_j 的影响稍强
5	C_i 比 C_j 的影响强
7	C_i 比 C_j 的影响明显的强
9	C_i 比 C_j 的影响绝对的强
2，4，6，8	C_i 与 C_j 的影响之比在上述两个相邻等级之间

通过比较，得到两两成对比较矩阵，又称为判断矩阵，在此基础上利用方根法进行特征向量和特征值求解，确定权重向量，并进行一致性检验，一旦满足一致性检验条件，所求特征向量就是各因子权重。

本案例中，基于层次分析法确定的因子权重分别为：产业发展趋势和大型项目分别为 0.3，资源禀赋为 0.2，区位条件和村民意愿分别为 0.1，叠加分析得出相应的结论，并对各村发展条件的潜力与优劣进行总体评价和判断。

（1）区位条件

区位条件包括经济区位和交通区位。其中经济区位，是指地理范畴上的经济增长带或经济增长点及其辐射范围，资本、技术和其他经济要素高度积聚的地区，也是经济快速发展的地区。交通区位是乡村发展的重要因素，交通是农村连接城市的重要纽带，也是运送人流、物流的重要通道，交通区位对产业发展、人口聚散有着决定性的影响。经济区位和交通区位，可以综合反映一个村在区域内的经济和交通地位。

区位条件分析基于乡村规划决策系统中集成的网络分析模型（Closest Facility analysis）实现。该模型基于最近设施点求解程序，以预先构建的区域公路以及城市道路等公路交通网络或步道系统为路径通道，可度量需求点和设施点间的行程成本，然后确定最近的行程。在本案

① 张秀美. 重庆市区县旅游竞争力评价研究 [D]. 重庆：重庆师范大学，2015：22.

例中，基于公路交通网络，赋予不同类型道路的通行效率（表 5-6），利用网络分析模型求解 32 个村与附近商业中心、交通集散地的交通距离关系。网络分析模型参数设置时，以 32 个村驻地为唯一的需求点输入参数，分别以商业中心点（弹子石 CBD、南坪商圈、茶园商业中心）（图 5-11）、轨道交通出入口、高速公路出入口、客运汽车站和客运火车站（图 5-12）五类要素为设施点输入参数。各要素分析图通过系统计算出行车时间距离，利用自然断裂点法分级赋值形成相应的分析结果（图 5-12）。各村区位分析汇总表详见附录 B-5。

等级道路车速设置（单位：km/h） **表 5-6**

道路等级	高速公路	一级公路	二级公路	三级公路	四级公路	等外公路	城市主干道	城市次干道	城市支路
设计时速	100	80	60	40	30	20	60	40	30

在经济区位条件、交通区位条件单因子分析（图 5-11、图 5-12）的基础上，按照加权汇总的原则计算得出 32 个村的综合区位评价值，通过自然断裂点分为最好、较好、一般、较差、很差五个等级，以判断各村综合区位条件的优劣（图 5-13）。可以看出，西流村、大石村、金竹村、泉山村、新力村、联合村、龙井村、莲花村、花红村、乐天村、双谷村、南山村、共和村区位条件相对较好；放牛村、新六村、银湖村区位条件相对较差。

（2）产业发展趋势分析

人口跟着产业走，农村区域产业对劳动人口流动和用地需求具有重要的影响，三次产业发展趋势是对各村未来一段时间的发展潜力的预判，对于村规划编制决策具有重要的作用。

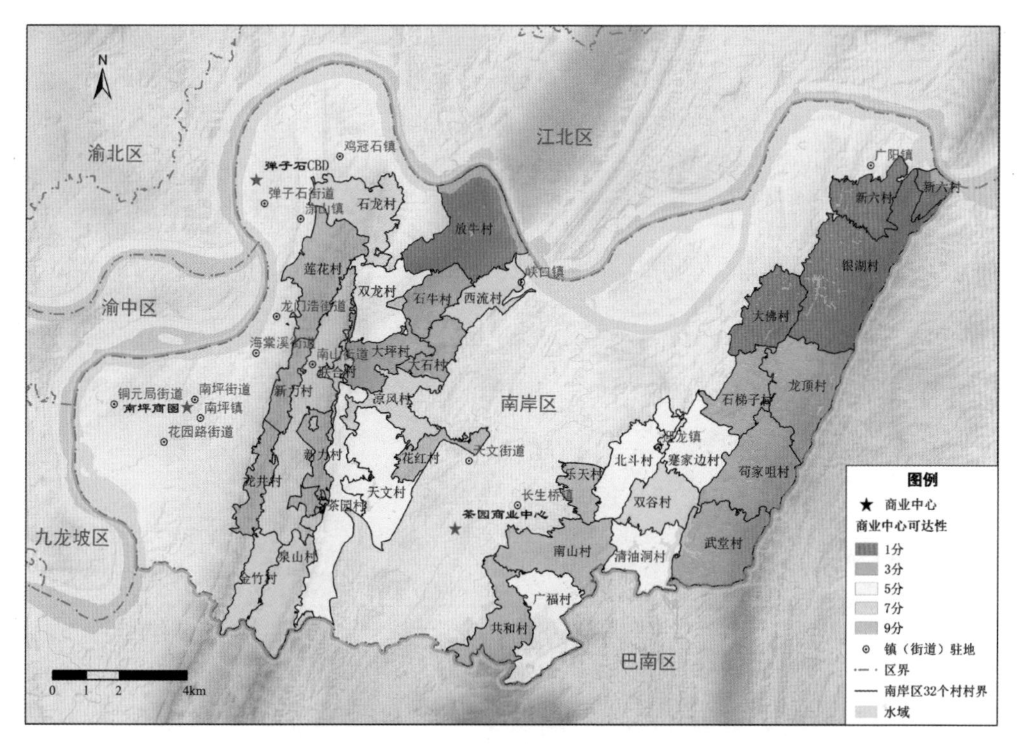

图 5-11 商业中心交通可达性分析

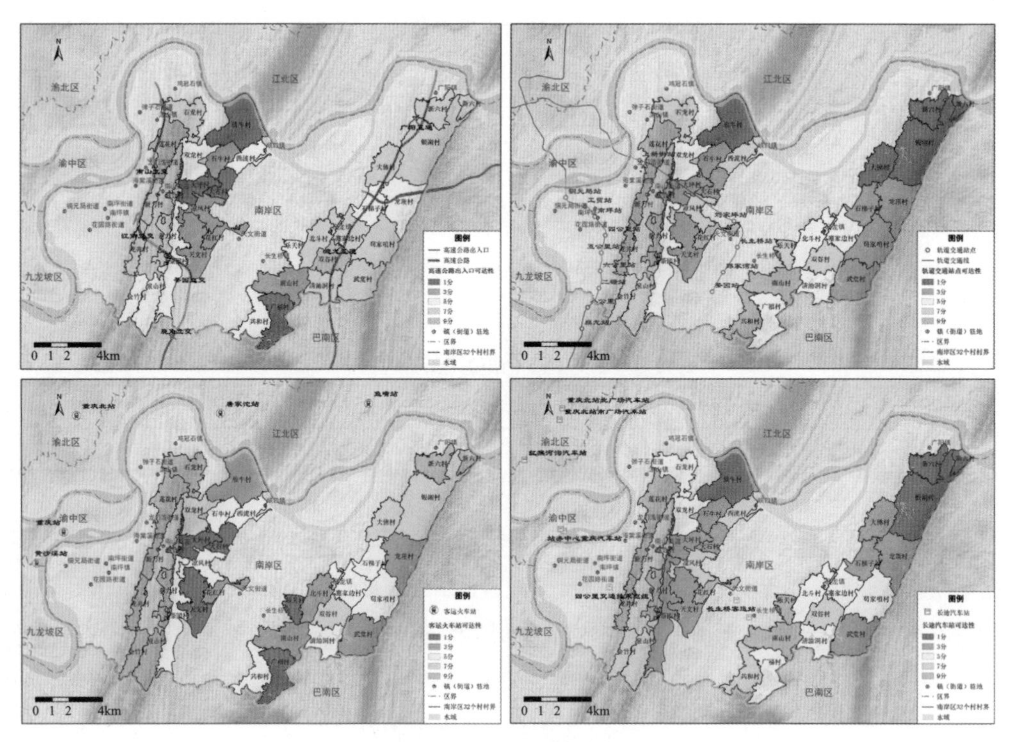

图 5-12 交通可达性分析

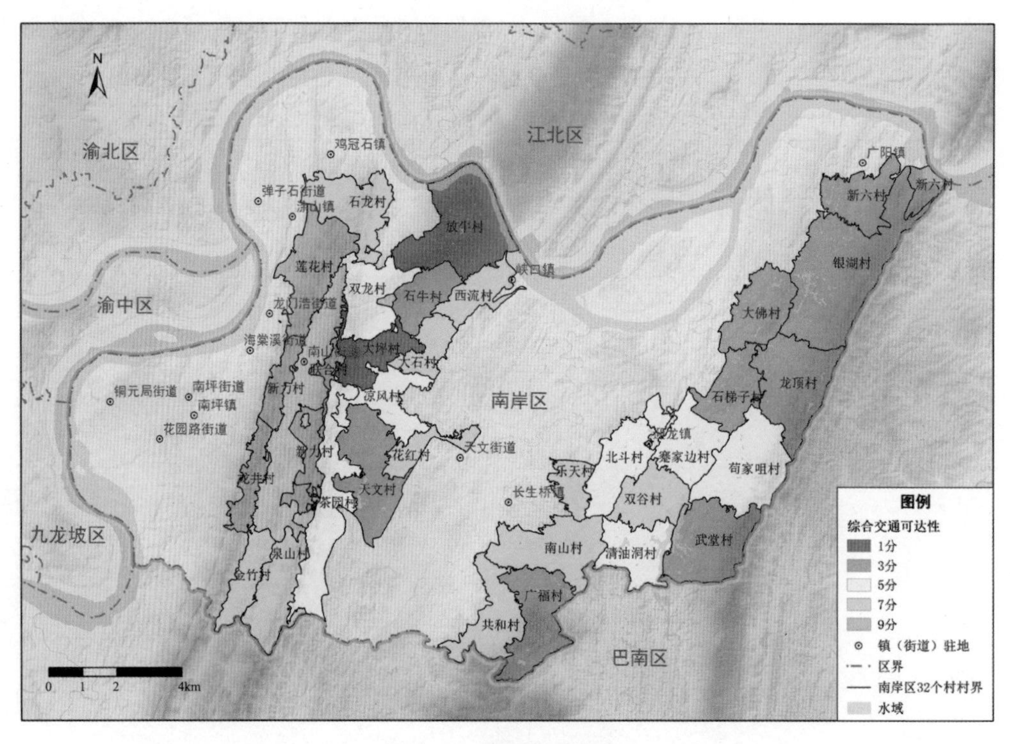

图 5-13 区位分析叠加图

产业发展趋势分析是在 32 个村产业历年变化情况的实地访谈调研资料的基础上，基于产业类型与结构资料分析以及土地流转的产业流向数据分析，结合现有企业、意向型企业引进情况和区位条件的客观分析等进行各村分产业的发展趋势的分析研判，总体分为增长型、稳定型、衰退型，通过专家赋值法进行量化，并输入至乡村规划决策系统的发展条件与需求综合评价模型，作为产业发展趋势参数。

南岸区各村产业发展不平衡，部分靠近旅游景区、工业园区或者城郊的村，二、三产发展较好，但大部分村庄以传统农业为主。32 个村重点发展一、三产业，但有条件的地区允许利用本地劳动力资源发展加工工业，全面盘活农村经济。具体土地流转与产业发展态势分析详见 3.3.2 章节，本章通过专家评分法，对一、二、三产业发展态势进行赋值，一、三产业优先发展，增长型赋值 3，稳定型附值 2，衰退型赋值 1，缺少产业的赋值 0，二产业增长型赋值 2，稳定型赋值 1，衰退和缺少赋值 0。综合叠加，可以分析出各村综合产业发展趋势（表 5-7）。

产业发展分析 **表 5-7**

村	一产发展态势赋值	二产发展态势赋值	三产发展态势赋值	合计得分
莲花村	2	2	2	6
大石村	2	2	2	6
西流村	2	1	3	6
石龙村	2	2	2	6
大佛村	3	1	3	7
新六村	1	2	2	5
银湖村	3	1	2	6
茶园村	3	0	2	5
天文村	3	1	2	6
乐天村	3	1	2	6
广福村	3	1	3	7
花红村	2	0	2	4
共和村	3	0	2	5
凉风村	3	1	3	7
南山村	2	2	3	7
大坪村	2	1	0	3
放牛村	3	0	3	6
金竹村	3	2	3	8
联合村	1	2	2	5
龙井村	3	1	3	7
泉山村	1	2	2	5
石牛村	3	1	3	7
双龙村	3	0	3	6
新力村	3	1	2	6
北斗村	3	2	2	7
苟家咀村	3	1	2	6

续表

村	一产发展态势赋值	二产发展态势赋值	三产发展态势赋值	合计得分
蹇家边村	3	2	2	7
龙顶村	3	0	3	6
清油洞村	3	0	0	3
石梯子村	3	1	2	6
双谷村	3	1	2	6
武堂村	3	0	0	3

在产业发展态势综合计算的基础上，进一步按照自然断裂点法进行分级赋值，综合分值7分及以上赋值为9，6分赋值为7，5分赋值为5，4分赋值为3，3分赋值为1，通过图形表达出来，产业发展态势较好的有（5–9分）（图5–14）：

广福村、凉风村、金竹村、联合村、龙井村、石牛村。（9分）

放牛村、双龙村大佛村、银湖村、乐天村、共和村、南山村、大坪村、北斗村、蹇家边村、龙顶村、清油洞村、武堂村。（7分）

西流村、双谷村、苟家咀村、石梯子村、天文村、新力村（5分）。

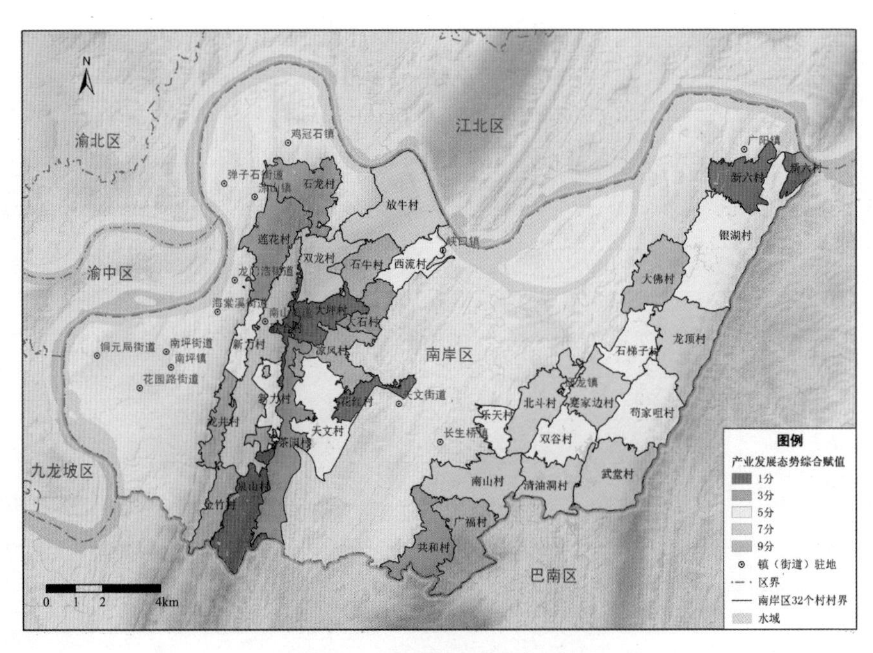

图5–14　产业发展趋势综合分析图

（3）资源禀赋

乡村规划决策系统中的资源禀赋综合评价模型是土地资源、旅游资源及其子因子的综合。资源因子的选择主要考虑了南岸区32个村总体以第一产业、第三产业为主要产业方向的现实情况。在明晰因子的层级结构的基础上，通过加权汇总形成南岸区32个村的资源禀赋评价结果，并输入乡村规划决策系统的发展条件与需求综合评价模型，作为资源禀赋参数。

1）土地资源

土地资源因子反映的是第一产业发展的本底资源条件。南岸区土地资源主要有耕地、园地、林地和草地，其中草地资源极少，可以忽略不计。虽然林地资源是多数村的主要用地类型，但是由于受到“四山”管控、郊野公园、森林公园等布局以及林地保护规划影响，整体以生态养护为主，第一产业可开发利用的潜力有限，因此，本案例中选择种植土地面积（耕地、园地面积合计）作为土地资源的评价因子。

采用乡村规划决策系统中的叠加分析功能模块、空间统计功能模块对各村的种植土地面积进行统计，并依据自然断裂点法，辅以人工修正，划分为五个等级（图 5-15）。种植土地资源主要分布在东部明月山及其周边的村，其中银湖村、龙顶村、苟家咀村、南山村、广福村、共和村得分相对较高；西部南温泉山东翼的放牛村、西流村、大石村、凉风村、大坪村也有较为丰富的种植土地资源。

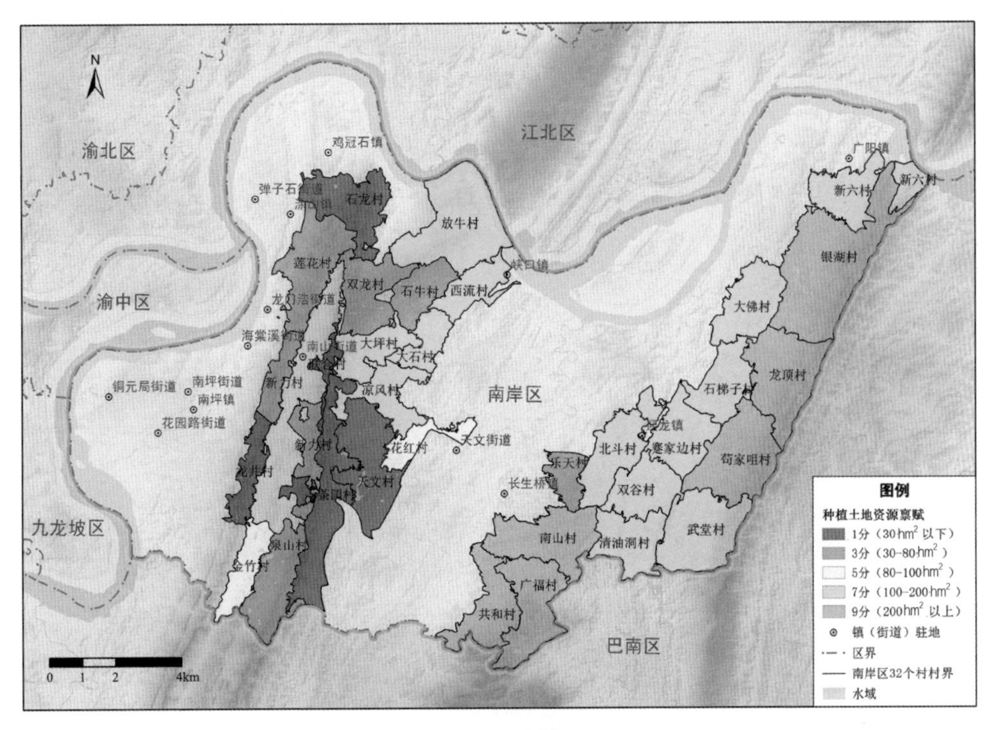

图 5-15　种植土地资源禀赋分析图

2）旅游资源

借助近城优势，挖掘旅游资源，发展近郊旅游产业是南岸区部分村产业发展的重要方向。近年来依托良好的自然生态环境以及南温泉山丰富的人文遗迹，南岸区部分村旅游业发展较快，有效实现了农民增收，优化了村域产业结构。本案例通过分析 32 个村与风景名胜区、森林公园、湿地公园等自然旅游资源高品质区以及现状省级、区县级文物保护单位、历史遗迹等人文旅游资源点的邻接关系，采用乡村规划决策系统中的叠加分析功能模块、缓冲区分析功能模块、空间统计功能模块，结合旅游资源综合评价模型集定量评价南岸区 32 个村旅游资源发展条件。

a. 自然旅游资源

32 个村涉及的自然旅游资源较为丰富，主要包括南山—南泉风景名胜区、南泉森林公园、南山国家森林公园、凉风垭森林公园、迎龙湖国家湿地公园。通过对风景名胜区、森林公园、湿地公园的面积赋值（表 5-8），根据综合得分将 0、1-3、4-7、8-12、12 以上分别赋值 1、3、5、7、9（图 5-16）。

旅游资源赋值 **表 5-8**

类型＼赋值	0 分	1 分	3 分	5 分	7 分	9 分
风景名胜区	无	$100hm^2$ 以下	$100\sim200hm^2$	$200\sim300hm^2$	$300\sim400hm^2$	$400hm^2$ 以上
森林公园	无	$50hm^2$ 以下	$50\sim100hm^2$	$100\sim200hm^2$	$200\sim300hm^2$	$300hm^2$ 以上
湿地公园	无	$1hm^2$ 以下	$1\sim2hm^2$	$2\sim40hm^2$	$40hm^2$ 以上	—

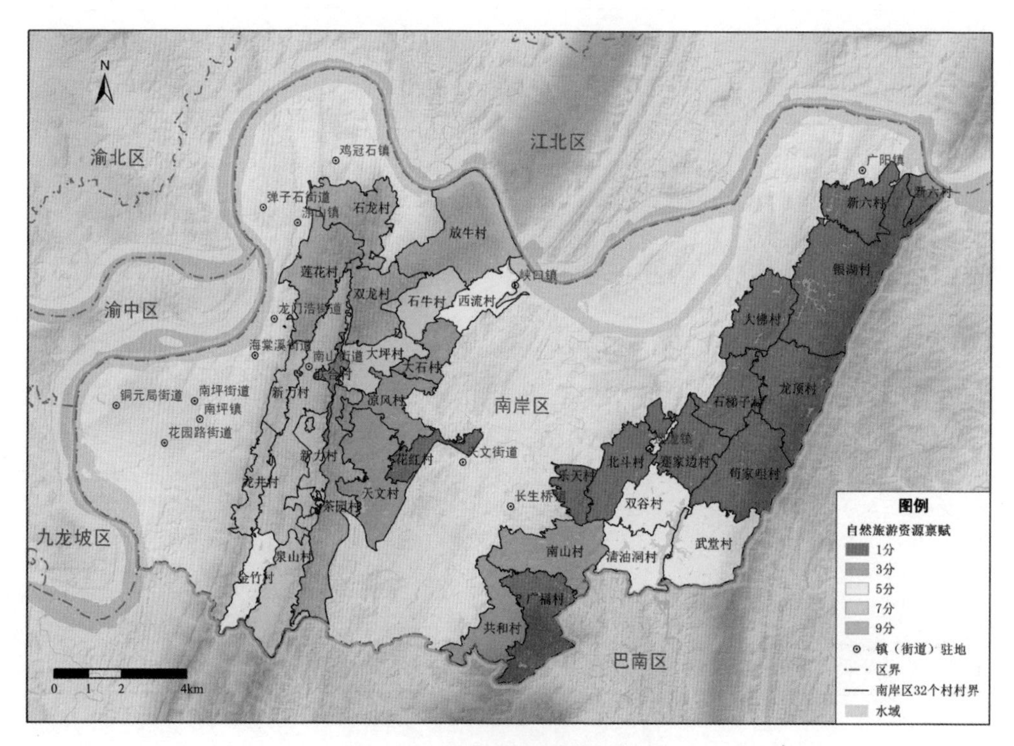

图 5-16 自然旅游资源禀赋分析图

b. 人文旅游资源

32 个村共涉及 54 项历史遗址遗迹，其中包括 13 处省级文物保护单位和 3 处市县级文物保护单位。按照历史遗址遗迹等级进行赋值（表 5-9），结合各村数量统计结果进行汇总，并按照自然断裂点计算各村人文旅游资源禀赋。人文旅游资源得分较高的是新力村、双龙村、龙井村、莲花村，其次是石牛村、大佛村、蹇家边村（图 5-17）。

人文旅游资源权重赋值 **表 5-9**

类型	市级文物保护单位	区县级文物保护单位	其他历史遗址遗迹
分值	5	3	1

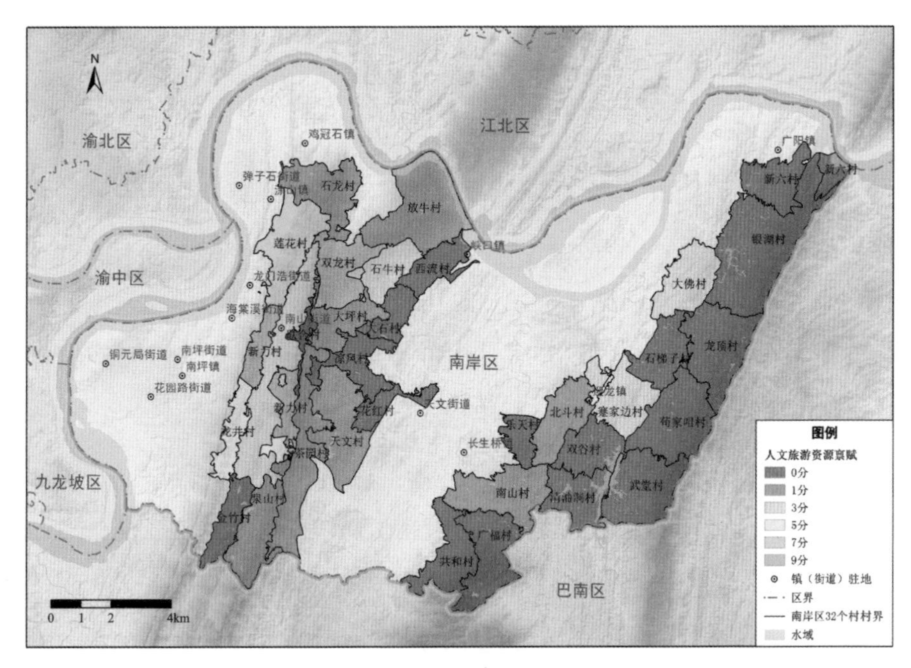

图 5-17　人文旅游资源禀赋分析图

3）旅游资源禀赋分析

通过专家评分法，对自然旅游资源和人文旅游资源进行赋权，前者权重值为 0.6，后者权重值为 0.4。加权汇总得出南岸区 32 个村自然人文旅游资源禀赋综合得分值，进一步按照自然断裂点法分为五级。其中，旅游资源禀赋最好的是莲花村、双龙村、新力村，旅游资源禀赋次之的村有石龙村、石牛村、放牛村、泉山村、龙井村、茶园村、大坪村。西流村、金竹村、武堂村、清油洞村及双谷村旅游资源禀赋处于中等水平（图 5-18）。

（4）大型项目

大型项目因子对于村的发展具有重要的作用，直接决定了相关村的产业发展方向或用地的功能布局。本案例中，梳理了南岸区的大型项目，并实现了空间化表达；进一步基于乡村规划决策系统中的叠加分析功能模块，分析 32 个村的村域范围与大型项目的空间邻接关系，辅助进行有、无大型项目覆盖的判别并量化赋值，输入至乡村规划决策系统的发展条件与需求综合评价模型，作为大型项目参数。

研究区域内，大型项目主要有乐和谷旅游开发项目、南岸区现代农业综合示范区（引进了迎龙环湖实业有限公司开展现代农业综合开发）、重庆东站项目，其中重庆东站规划建设更多是城市规划层面解决，对村规划影响比较小，暂时未纳入到村规划编制决策的影响因子里面来。乐和谷旅游开发项目主要涉及大石村和西流村两个村，现代农业综合示范区建设主要涉及清油洞村、石梯子村、武堂村、苟家咀村、蹇家边村、龙顶村和双谷村等 7 个村（图 5-19）。

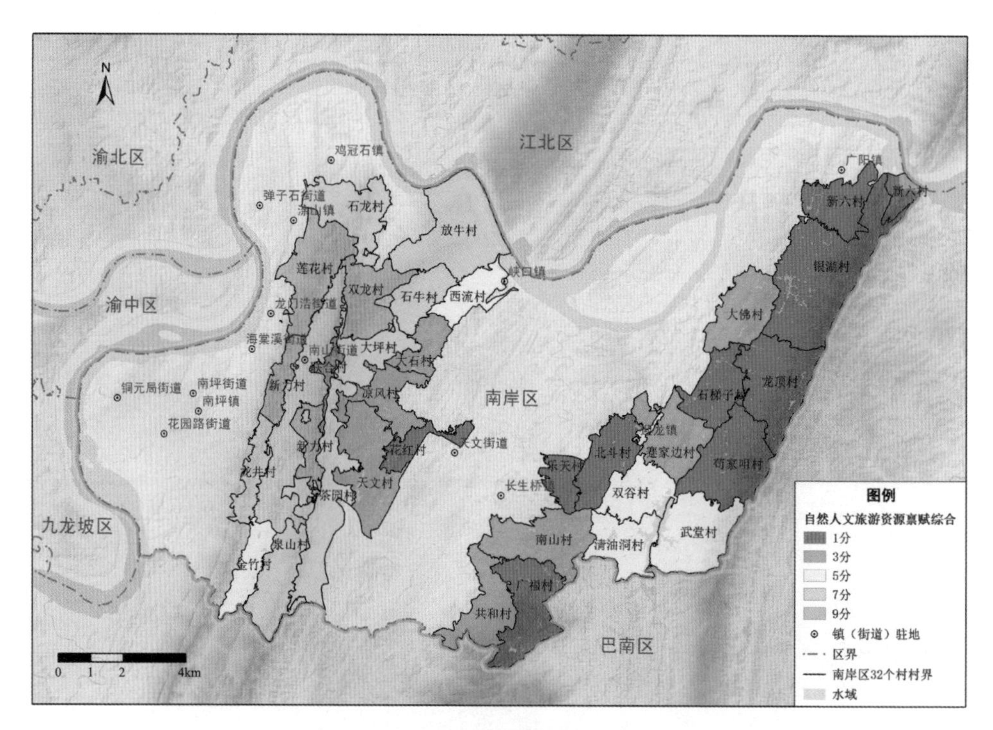

图 5-18　自然人文旅游资源禀赋综合分析图

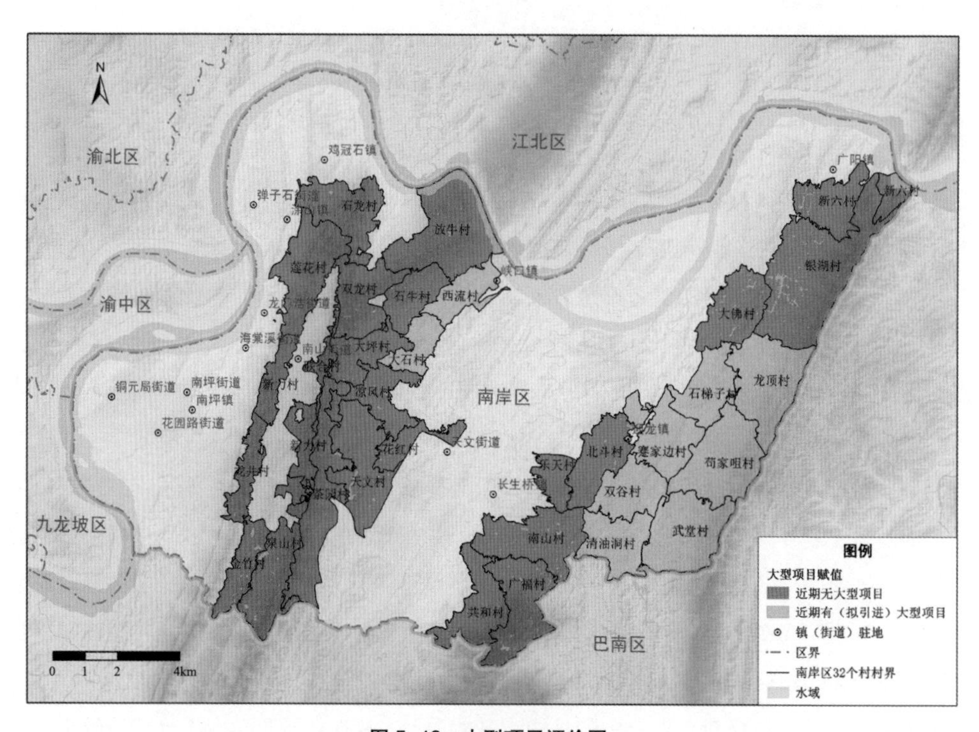

图 5-19　大型项目评价图

（5）村民意愿

村民意愿因子从侧面反映出村民对生活现状的满意程度以及改善的迫切程度。通常在不考虑搬迁的前提下，村民诉求强烈程度对于村规划编制的次序具有正向影响，符合“以人为本”

的规划决策理念。

依据实地调研资料，选择有无集中居住诉求、有无基础设施增设或改善诉求、有无公共服务设施增设或改善诉求、有无其他相关规划诉求等四类因子进行综合评价。在咨询相关专家经验的基础上，采用分项赋值的方法，分别对有集中居住诉求的村赋值 4，对有基础设施增设或改善诉求的村赋值 3，对有公共服务设施增设或改善诉求的村赋值 2，对有其他相关规划诉求的村赋值 1；然后根据各村实际四类需求有无情况进行汇总，形成各村村民意愿综合得分，进一步按照自然断裂点法分为五类并量化赋值（图 5-20），输入至乡村规划决策系统的发展条件与需求综合评价模型，作为村民意愿参数。各村村民发展意愿情况详见附录 B-6。

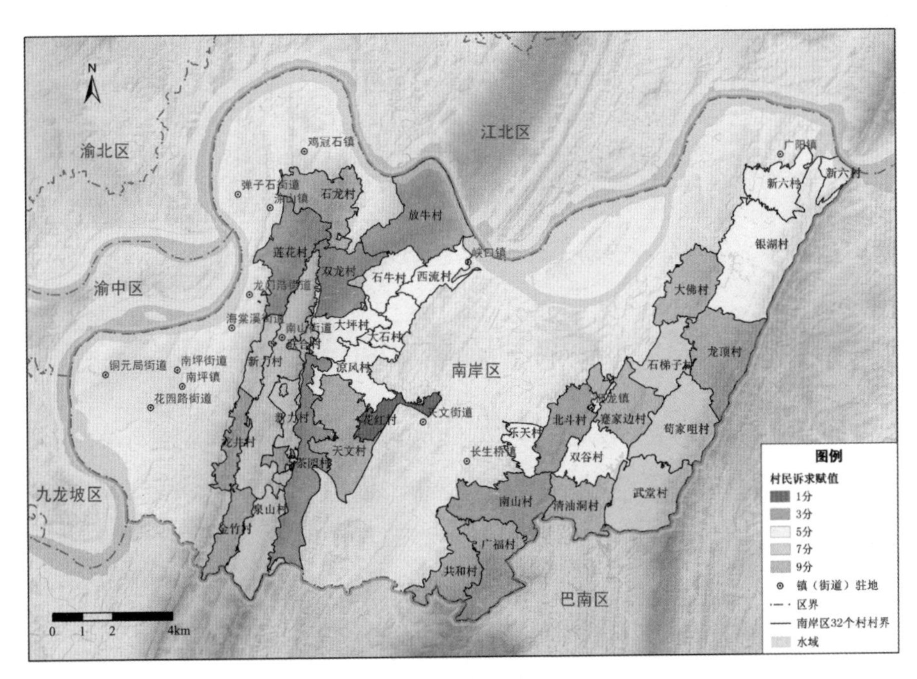

图 5-20　村民诉求评价图

如图 5-20 所示，可以反映出石龙村、大佛、天文村、广福村、共和村、金竹村、龙井村、蹇家边村、龙顶村、清油洞村村民意愿得分最高，其次是石梯子村、苟家咀村、武堂村、新力村、联合村、泉山村（图 5-21）。

（6）发展条件与需求综合评价

基于乡村规划决策系统集成的发展条件与需求分析综合评价模型，以上述区位条件、产业发展趋势、资源禀赋、大型项目、村民意愿五项因子为输入参数，将层次分析法得出的因子权重代入，利用空间统计功能模块综合计算并得出 32 个村的发展条件与需求分析结果。

区位条件、产业发展趋势分析、资源禀赋、大型项目及村民意愿五个要素权重值分别为 0.1、0.3、0.2、0.3、0.1。因子加权分析得出，发展条件及需求得分最高的村有西流村、大石村、龙井村、金竹村、西流村、清油洞村、石梯子村、武堂村、苟家咀村、蹇家边村、龙顶村以及双谷村；其次是石龙村、新力村、凉风村、大佛村、南山村、广福村和共和村；其他村得分一般。

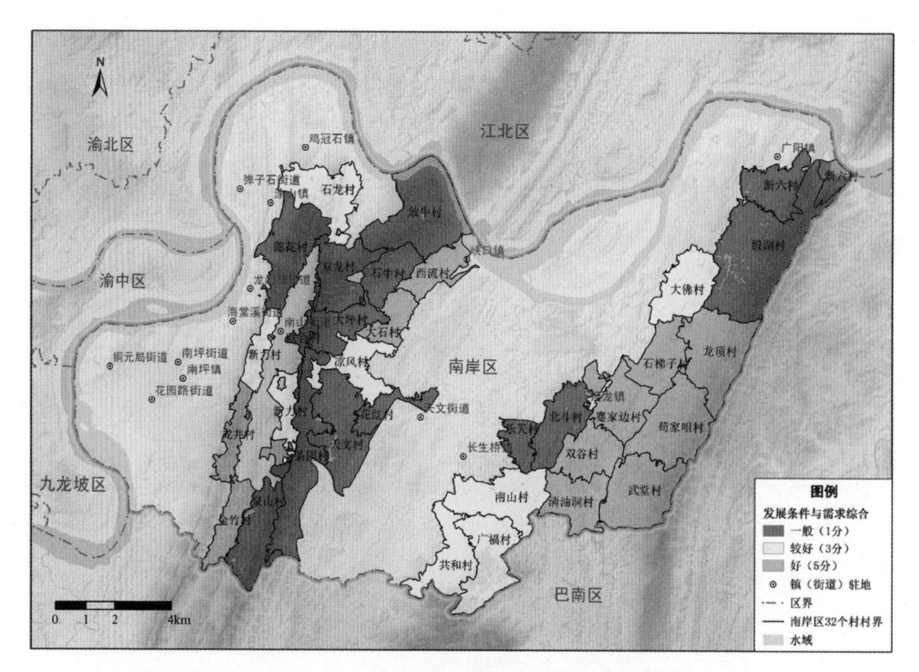

图 5-21 发展条件与需求分析综合评价图

5.3 南岸区乡村规划编制决策走向

村规划决策系统建立了三个模块，分别为 DID 分析模块、空间影响因素分析模块和发展条件与需求分析模块。在决策系统中，首先运行 DID 分析模块，形成 A、B 两种结论；其次运行空间影响因素分析模块，形成 C、D 两种结论；A、B 与 C、D 交互，形成四种结论，分别为 AC、BC、AD、BD；其中，BC、BD 直接得出决策结论，AD 结合有无集中居住需求得出决策结论；然后针对 AC 继续运行发展条件与需求分析模块，形成 ACM、ACN 决策结论（图 5-22）

对南岸区 32 个村进行三个模块的分析，得出结论如下。

（1）运行 DID 分析模块

人口密集区 A（重点发展区）：莲花村、西流村、石龙村、凉风村、石牛村、金竹村、大石村、联合村、龙井村、泉山村、南山村、清油洞村、蹇家边村、大佛村、银湖村、广福村、共和村、大坪村、双龙村、新力村、北斗村、苟家咀村、龙顶村、石梯子村、双谷村、武堂村、乐天村。

非人口密集区 B（保护发展区）：花红村、天文村、茶园村、新六村、放牛村。

（2）运行空间影响因素分析模块

有发展空间 C：西流村、凉风村、大石村、南山村、清油洞村、蹇家边村、银湖村、广福村、共和村、苟家咀村、龙顶村、石梯子村、双谷村、武堂村、莲花村、新力村、北斗村、大佛村、乐天村、石龙村、花红村、天文村、茶园村、新六村、放牛村。

无发展空间 D：大坪村、龙井村、金竹村、泉山村、双龙村、石牛村、联合村。

（3）两个模块交互，得到 AC、BC、AD、BD 结论：

AC（重点发展区，人口集中、有发展空间）：西流村、凉风村、大石村、南山村、清油洞村、蹇家边村、银湖村、广福村、共和村、苟家咀村、龙顶村、石梯子村、双谷村、武堂村、莲花村、新力村、北斗村、大佛村、乐天村、石龙村。

BC（保护发展区，非人口集中、有发展空间）：花红村、天文村、茶园村、新六村、放牛村。

AD（保护发展区，人口集中、无发展空间）：大坪村、龙井村、金竹村、泉山村、双龙村、石牛村、联合村。

BD（保护发展区，非人口集中、无发展空间）：无。

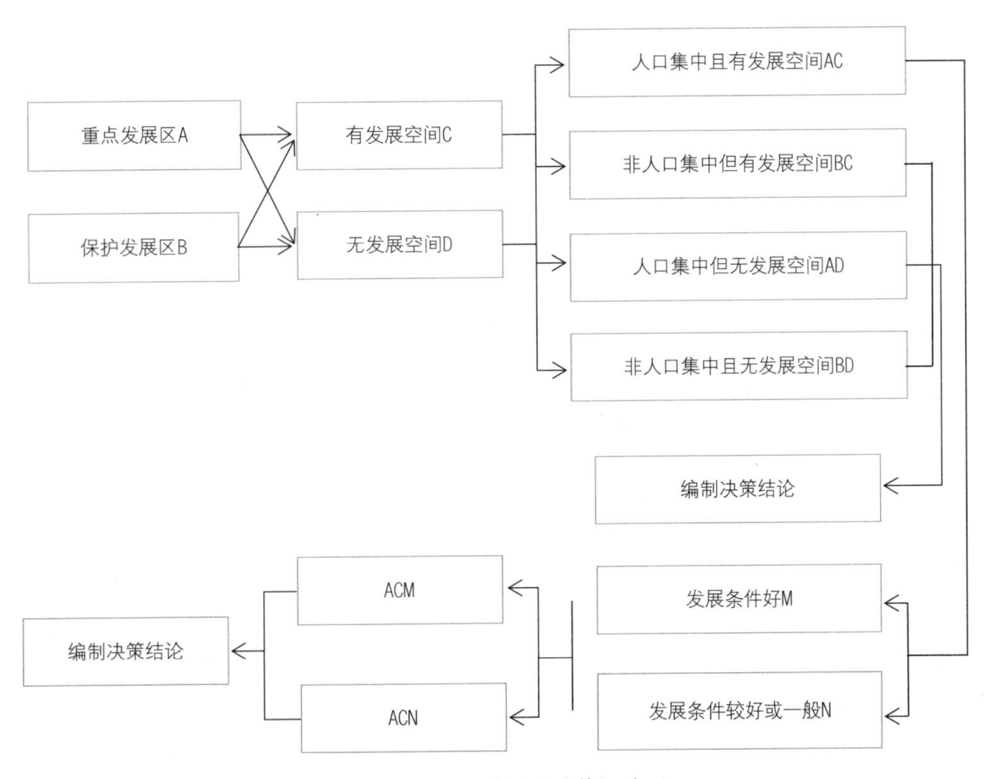

图 5-22　村规划编制决策规则

（4）针对重点发展区 AC，继续运行发展条件与需求分析模块

ACM（人口集中、有发展空间、发展条件好）：大石村、西流村、清油洞村、石梯子村、武堂村、苟家咀村、蹇家边村、龙顶村、双谷村。

ACN（人口集中、有发展空间、发展条件一般）：凉风村、南山村、银湖村、广福村、共和村、莲花村、新力村、北斗村、大佛村、乐天村、石龙村。

（5）三个模块运行完，得到最终决策结论

ACM（重点发展区，人口集中、有发展空间、发展条件好）：共 9 个村，包括大石村、西流村、清油洞村、石梯子村、武堂村、苟家咀村、蹇家边村、龙顶村、双谷村，建议优先编制村规划。

ACN（重点发展区，人口集中、有发展空间、发展条件一般）：共 11 个村，包括南山村、银湖村、广福村、共和村、凉风村、莲花村、北斗村、大佛村、石龙村、乐天村、新力村，建议有条件编制村规划。

BC（保护发展区，非人口集中、有发展空间）：共 5 个村，包括花红村、天文村、茶园村、新六村、放牛村。建议暂时不编制村规划。

AD（保护发展区，人口集中、无发展空间）：共 7 个村，包括大坪村、龙井村、金竹村、泉山村、双龙村、石牛村、联合村。根据有无集中居住诉求（图 5-23）分为两类：无集中居住诉求的村，建议暂时不编制村规划，包括大坪村、双龙村、石牛村；有集中居住诉求的村，建议异地搬迁，暂时不编制村规划，包括联合村、金竹村、泉山村、龙井村（表 5-10、图 5-23、图 5-24）。

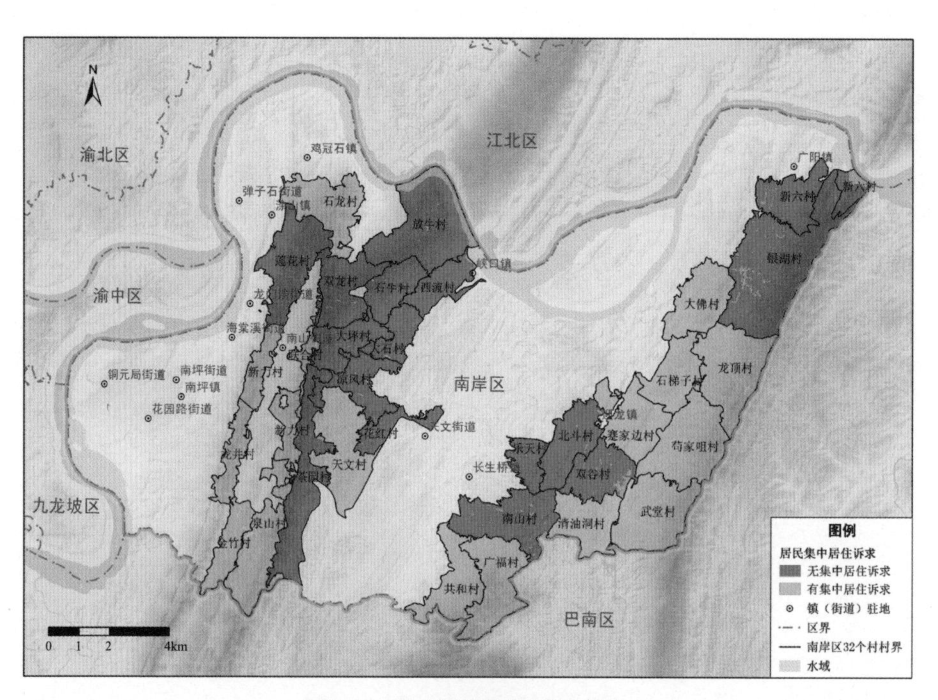

图 5-23 集中居住需求空间分布图

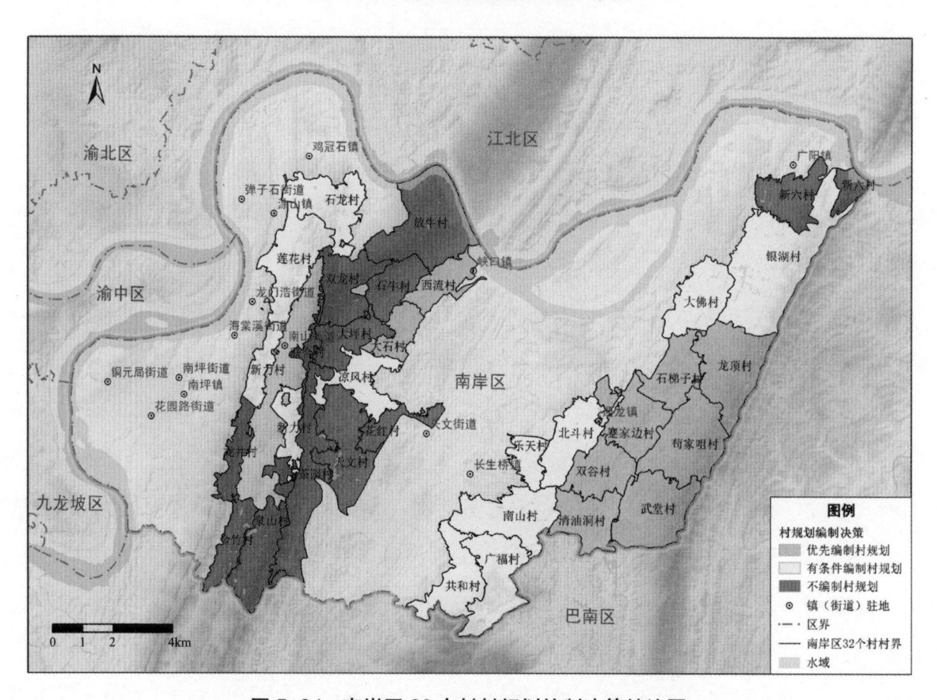

图 5-24 南岸区 32 个村村规划编制决策结论图

南岸区 32 个村村规划编制决策结论　　表 5-10

规划编制决策	村名	村个数	备注
优先编制村规划	大石村、西流村、双谷村、清油洞村、石梯子村、武堂村、苟家咀村、蹇家边村、龙顶村	9 个	
有条件编制村规划	南山村、银湖村、广福村、共和村、凉风村、莲花村、北斗村、大佛村、石龙村、乐天村、新力村	11 个	
不编制村规划	大坪村、双龙村、石牛村、联合村、金竹村、泉山村、花红村、放牛村、新六村、茶园村、龙井村、天文村	12 个	联合村、金竹村、泉山村、龙井村需要异地搬迁

5.4 南岸区未来乡村规划思考

良好的资源禀赋是南岸区各村发展的本底条件，良好的产业发展条件、充足的发展空间以及完善的配套设施是人口聚集的主要因素。反之，匮乏的资源条件，设施配套的巨大成本，生态管制等因素对村域发展空间的限制，不利于人口聚集和人居环境改善。因此，有必要对南岸区 32 个村进一步细化分类，为精准规划提供目标，进而为规划管理提供参考。

根据资源禀赋分析和产业发展趋势分析，可以将优先编制村规划的 9 个村细分成两类，特色旅游型乡村和休闲农业型乡村，其中大石村、西流村属于特色旅游型乡村，双谷村、清油洞村、石梯子村、武堂村、苟家咀村、蹇家边村和龙顶村属于休闲农业型乡村。临近高品质的自然旅游资源，良好的自然生态环境，是大石村、西流村发展旅游的动力机制，建议从非建设用地规划入手，先将空间影响因素分析中的城市“四线”作为村发展的保护层，在空间规划上进行保护和预留。在保持自然旅游空间完整性的基础上进一步开展实体规划。现代农业型村规划从产业发展入手，乡村建设是为产业发展服务。同时需要考虑村民集中居住后的生活问题，完善基础设施配套。产业发展和基础设施配套是双谷村、清油洞村、石梯子村、武堂村、苟家咀村、蹇家边村、龙顶村等 7 个村的规划重点。

有条件编制村规划的乡村有 11 个，建议根据地理区位可以分成两类，南温泉山片区主要是考虑完善公共服务设施和基础设施配套。明月山片区重点考虑产业发展，引导产业转型，传统农业向现代农业转型，第一产业向第三产业转型，完善产业配套设施，吸引打工人员回流，带动本村社会经济发展。

不编制村规划的 12 个村中，大坪村、金竹村、泉山村、龙井村、双龙村、石牛村、联合村无发展空间，放牛村、花红村、天文村、茶园村、新六村人口密度低。无发展空间的 7 个村中，无集中居住诉求的大坪村、双龙村、石牛村建议暂不开展规划编制；有集中居住诉求的联合村、金竹村、泉山村、龙井村 4 个村需要异地建设集中居民点，政府可从镇总体规划层面解决，优先安置在附近乡镇或者南岸城区，村民搬迁后，土地进行流转，发展一、三产业，打造一村一品。人口密度低的 5 个村，建议引导破旧房屋原址重建，并保持建筑风格与环境相协调，引导一、二产业向三产业转型，将生态治理和生态环境保护作为管理工作的重心。

南岸区 32 个村乡村规划重点是引导产业发展、完善设施配套、解决村民住房问题、保护生态环境等四个方面，打造风景宜人，欣欣向荣，较适合人群居住的城市近郊型田园乡村。下面从这四个方面阐述对未来乡村规划的思考。

5.4.1 产业发展先行

（1）现状产业存在问题

1）产业转型相对滞后，同质化明显

大部分村的产业结构中第一产业比重大，且分散型的传统家庭农业仍占据主导地位，农产品加工相关产业少，本地农产品转化增值率较低。发展花卉、苗木种植是农业产业转型的主要方向，32 个村中有 1/2 以上的村利用近城优势发展了相关产业，但存在经营同质化，与市场对接不畅等问题，未对农民收入的增加产生明显的正向影响。

借助近郊的区位优势和优质的自然人文旅游资源与良好的生态环境，部分村发展了农家乐、度假山庄、休闲养老等产业模式，促进了农村经济的多样化，但总体上存在同质化竞争，且缺乏统筹，服务水平较低。

2）资源优势未发挥，旅游产业发展缓慢

通过资源禀赋分析，南山区靠近南山—南泉风景名胜区的莲花村、双龙村、新力村、石龙村、石牛村、放牛村、泉山村、龙井村、茶园村、大坪村和西流村等，以及靠近迎龙湖国家湿地公园的金竹村、武堂村、清油洞村及双谷村等资源优势明显，从收集的资料看，各村依托资源的旅游产业发展比较缓慢。

3）一、三产业缺乏联动，市场竞争力不足

各村大部分区域以传统种养殖为主，休闲农业、体验农业等现代农业类型发展不足。旅游业的发展更多依托自然、人文旅游资源，对农业资源利用较少，总体上，产业间缺乏联动，市场竞争力不足。

（2）产业结构调整原则

产业结构调整需要遵循政府引导、市场主导、产业关联的原则，逐步实现产业结构合理化和高级化，带动南岸区各村社会经济发展。

1）政府引导原则

以家庭为经营单位的农户难以对市场信息进行广泛收集、及时处理，不能对经营活动进行有效的决策。所以要发挥政府宏观调控的作用，以市场为导向作用，帮助农民开拓市场。政府有关职能部门要承担相应的信息收集、分析和发布工作，把准确的、权威的和使用的信息传递给农民。要组织人员对市场跟踪，搜集市场上有用信息，及时反馈给农民，让他们放开手脚找市场、争市场、开拓市场，力争通过信息服务，确保农业结构调整成果得以实现。

2）市场主导原则

农村产业结构调整的目的是要让有限的资源发挥出更大的效益。在社会主义市场经济条件下要达到这一目的，必须充分发挥市场在资源配置中的决定性作用，使资源流向适应市场的需求。

3）产业联动原则

产业联动有利于促进产品生产产业链的拉长与延伸，将不同产业之间的关系紧密联合，有利于资源要素在不同产业之间合理分配并发生良性的流动循环，产业间组成的产业结构更加稳定，从而形成快速的经济增长，对经济的发展起着巨大的带动作用，并且增加区域的整体竞争实力。

南岸区乡村养殖业和农产品加工品以及蔬菜、水果、花卉等园艺产品已经具有一定的竞争优势，是增强竞争能力的潜力所在。旅游资源和现代农业相结合，可以发展开心农场、果蔬采摘、观赏休闲旅游等，一、三产业相互促进，这样产业结构更为稳定，竞争实力更强。

（3）产业规划建议

南岸区32个村临近主城区，产业发展方向上应以第一、三产业为主，加强一、三产业联动，形成乡村产业特色。

1）第一产业：大力发展现代农业。根据土地资源分析，可耕地资源主要分布在南岸区东部明月山片区14个村和南温泉山片区的放牛村、西流村、大石村、凉风村、大坪村，通过采取“公司+合作社+农户”的生产模式，采取统一育苗、统一标准、统一管理、统一品牌、统一销售、分户种植“五统一分”的形式带动联产联销，将蔬菜种植、花卉、苗木等纳入公司化运作轨道，农户以土地入股专业股份合作社的方式实现公司股利分红，实现“股利分红+就业增收”双重收入，确保村民收入提高。

南温泉山片区17个村以花卉、苗木为主，明月山片区15个村发展蔬菜和苗木，一村一品，减少内部竞争，形成竞争合力。

2）第二产业：南岸区有五大工业园区，规划建议乡村企业根据企业类型进入不同园区，政府提供相应的政策支持和资金支持。

3）第三产业：充分利用南山森林公园、南山—南泉风景名胜区以及湿地公园优势，发展旅游产业。各村应该重视旅游策划，塑造自身品牌，与第一产业联动，发展四季旅游。旅游乡村需要完善停车场、登山步道等旅游设施，对现有农家乐整合、提档升级，增强乡村旅游的吸引力，带动整个乡村产业发展。

4）一、三产业联动发展：西部南温泉山片区重点发展旅游业，配合发展花卉苗木种植业，为旅游开发、养老产业服务；东部明月山片区重点发展现代农业，以蔬菜苗木种植为主，配合发展乡村旅游，开发果蔬种植（开心农村）、采摘等旅游活动，延伸产业链，促进村民增收。一、三产业联动发展，实现产销结合，促进村民增收和产业的可持续发展。

5.4.2 基本公共服务均等化

国家发改委提出在“十三五”期间继续加强农村水电路气信和农村教育、卫生、养老、文化、体育等基础设施建设，推动城乡基础设施互联互通、共建共享，促进城乡基本公共服务均等化①。基础设施分为公共服务设施和市政基础设施，通过现状调研和分析，了解现状基础设施建设情况，提出基础设施配套原则和建议。

（1）现状问题分析

32个村大部分村没有通天然气，生活不方便，有5个村没有村卫生室。一半以上的农村没有设置幼儿园。农村的金融机构、邮政机构、农村科技服务站等社会化服务机构还很少，很多农民办理汇款、邮寄信件等业务需到城区或乡镇政府所在地，十分不方便。

各村基础设施建设不平衡，西部南温泉山片区部分村（比如金竹村）基础设施建设受到四山"禁建区"划定的影响，各项基础设施建设相对落后，部分村的局部地区水、电供应尚未解决，给村民生产生活带来不便，村民们提出了道路交通、供水、供电、排水、燃气、通信、环卫、村民活动中心、幼儿园、商业金融设施、村卫生室、养老服务设施、救助管理设施等基础设施建设需求。

（2）配置原则

未来乡村规划基础设施配套遵循"以人为本、共建共享、社会公平"的原则，逐步实现均等化目标。

1）以人为本原则

本着以人为本的原则，解决基础设施这一"瓶颈"问题，逐步实现基本公共服务均等化，满足村民基本的生产生活需要，全面实现小康社会。

2）共建共享原则

农村基础设施建设需遵循共享共建的原则，因为部分村建设用地受到影响，部分基础设施无法建设，或者因为人口密度偏低，不足以支撑一个幼儿园的建设与发展，建议采取多村联合建设，防止农村基础设施建设资金及部分生产能力的浪费。

（3）公共服务设施配套建议

从乡村居民对公共服务设施的实际需求角度出发，考虑公共服务设施配置的影响因素和乡村未来的发展趋势，遵循乡村公共服务设施的配置原则，参照《重庆市城乡公共服务设施规划标准》（DB50/T 543-2014），结合人口密度指标、村民诉求等配置公共服务设施，促进公共服务设施均等化。

（4）市政基础设施配套建议

优先编制村规划的9个村重点完善道路交通，增设燃气管道、污水处理设施和垃圾收集点，为旅游业和现代农业发展服务。

有条件编制村规划的12个村中，南温泉山片区部分村基础设施建设较为落后，建议尽快完善道路交通设施、给水设施、排水设施、燃气设施、通信设施和环卫设施等；明月山片区各村，建议完善道路交通、燃气管道、排水设施和环卫设施。

① 数据来源：国家发改委网站。

暂不编制村规划的村，建议完善电力设施、给水设施和环卫设施，满足村民基本生产生活需要。

5.4.3 保障居者有其屋

居住问题已经成为衡量一个社会文明进步、和谐公平的一个重要标志，未来规划和管理重点体现以人为本，建立制度保障，实现最大限度地帮助村民实现“居者有其屋”的理想。

（1）集中居住

32个村中一半的村有集中居住诉求，其中石龙村、大佛村、天文村、共和村、苟家咀村、蹇家边村、龙顶村、清油洞村、石梯子村、武堂村等十个有发展用地的乡村，建议选择交通便捷，坡度平缓，用地条件好，离镇区或者城区较近的位置，规划一处或多处用地对村民进行集中安置，解决部分村民居住问题。

广福村、泉山村和新力村等三个村存在安全隐患，需要统一搬迁。其中泉山村和新力村，需要跨村异地安置，需要相关部门统一协调，通过上位规划解决搬迁问题。广福村规划用地选择要远离地质灾害安全隐患点，且选择交通条件和用地条件较好的位置建设新的居民点，居民点建好后尽快搬迁。

村民有集中居住诉求但用地条件较差的村，包括联合村、金竹村、泉山村、龙井村，建议异地安置。异地安置需要妥善解决村民就业问题，并完善相关配套设施，包括教育设施、体育设施、文化设施、医疗卫生设施和商业服务设施，满足村民的基本生产生活需要。

（2）散居农房

莲花村、新力村、北斗村、大佛村、乐天村、石龙村、大坪村、龙井村、金竹村、泉山村、双龙村、石牛村、联合村等不适宜就地集中安置的村，重点针对危房和有改建需求的，进行改造、改建，提高居民的居住质量。政府可以提供一些建筑图集，供村民选择。村民自建房层高不能超过3层，尽量采用南北朝向，多套房屋组合形成院落，满足整体风貌要求，禁止违法乱搭乱建。

5.4.4 守住安全底线

（1）现状问题分析

通过调研发现，南岸区农村环境问题非常突出，生态环境治理任务艰巨，农村居民的生产、生活安全受到了很大威胁。这些问题突出地表现为：

1）矿山治理形势严峻。从前文分析来看，15个村有工矿用地，其中泉山村采矿用地面积达到164.16hm^2，部分采矿企业尚未退出，生态恢复尚未启动，容易造成水土流失、生态环境恶化，诱发自然灾害。

2）村民生产生活污染严重。随着农村居民生活水平的提高和生活方式的转变，农村生活污染由分散走向集中，各种问题日渐严重。主要表现在：农村生活垃圾数量增多，部分村未建设垃圾收集点，垃圾露天堆放，没有进行有效处理；生活污水任意排放，对环境造成一定污染；规模化畜禽养殖业的废弃物对农村环境的也有不同程度的污染。

（2）生态环境保护原则

生态环境保护必须坚持保护优先、预防为主、防治结合三大原则，不能走先污染后治理的老路，而是需要寻找一条经济与环境协调发展，环境保护优先的新路。

（3）生态环境保护措施

建议采取划定生态"红线"，加强水污染防治、固体废弃物防治、生态工程建设和林地保护等措施，建立健全监管机制，多管齐下，守住生态底线。靠近南山风景区核心区的南温泉山片区 17 个村，生态环境保护显得尤为重要。

1）划定生态"红线"

根据空间影响因素分析模型中的地质灾害、耕地红线、城市"四线"，结合高分辨率遥感影像图和土地利用规划图，划定生态环境保护"红线"。秉承"绿水青山就是金山银山"的发展理念，通过与项目审批、督查工作建立联动机制，实现生态"红线"限定下的乡村规划管理。

2）加强水污染防治

南岸区各村建议增加污水设施，引导污染企业外迁。南温泉山片区临近旅游景区或场镇的部分相对集中居住的农村居民点作为重点治理对象，对村民生活污水进行统一回收，通过城市污水厂或者乡村简易污水处理设施进行处理，减少污水直接排放对环境的影响。

3）加强生态工程建设

对自然保护区、风景名胜区、森林公园、湿地公园、Ⅱ级及以上保护林地、河流水库等生态功能区覆盖面积大的区域，加强生态工程建设，开展自然生态恢复和人工生态建设。南温泉山片区各村建议开展退耕还林工程，防止水土流失，增加林地面积，提高森林覆盖率。

5.4.5 小结

南岸区乡村规划重点需要解决人地矛盾、社会经济发展和自然生态环境保护的矛盾以及乡村产业发展与配套落后的矛盾。南岸区未来乡村规划应基于规划决策系统，针对不同类型的乡村提供不同的解决路径，在定性分析的基础上，增加定量分析，如公共服务设施配套与 DID 分析相结合，产业发展建议与发展条件和需求分析相结合，解决村民住房问题与空间影响因素分析相结合。在乡村规划决策系统支持下，相对传统规划而言，未来规划在规划思维模式、规划内容、规划方法、规划反馈等方面发生改变或是提升。

对于南岸区，乡村规划面对的问题纷繁复杂、矛盾众多，传统的以物质空间规划为主的规划思维模式无法解决这些问题，迫切需要采用逆向思维模式、共轭思维模式[①]和传导思维模

① 任何事物都有虚实、软硬、潜显、负正四对共扼部，而且事物的共扼部在一定条件下可以相互转化。通过对物的共扼分析，不但可以全面认识物，而且可以利用共扼部之间的相互转化性去寻找解决问题的途径，进行开拓创新的思维模式成为共轭思维模式。

式[①]，从非建设用地规划入手，最大限度地保护旅游资源和空间完整性。这种新的思维模式将以保护乡村格局肌理和社会关系为重点，最大限度保留原有的乡村风貌和乡村的多样性，是未来乡村规划思维转变的方向。

随着综合信息数据库的建立和大范围使用，乡村规划的内容由乡村的未来理想图景转变为因势利导，根据不同类型的乡村提出不同的规划发展建议。具有文化特色和自然景观特色的乡村规划应以保护为主，尽可能保证未来乡村空间功能和形态不发生大的变动；具有产业发展特色的乡村规划需要提出产业策划、产业发展方向选择以及产业联动方面的建议；复合型乡村则是城乡系统下产生的区别于既有乡村空间的"新"的乡村形态，其空间关系、功能与形态均区别于现有乡村空间[②]。类型不同，规划侧重点就不同，规划的内容就会发生改变。

乡村社会和文化方面与城市存在巨大差异，因此在规划的方法上除了技术层面的内容外，更需要加入对于乡村政策、乡村社会和乡村文化层面的研究，逐步改变原先单一的物质建设规划。未来乡村规划应该是定性的乡村产业策划和定量人口、空间分析相结合，规划方法由单一走向综合。未来规划更加强调乡村建设多元主体的公众参与，突出村民在乡村规划建设中利益主体地位，体现以人为本的规划理念，规划主体由设计师或者政府相关人员走向大众，规划方法也随之发生改变。

规划实施后，相关部门对人口数据、人均收入、公共服务设施建设、基础设施建设等数据进行收集，定期更新一次，如遇重大项目建设，及时反馈，即时更新。决策层根据数据更新获得新的结论，改变发展思路或资源投放位置，实现规划的动态管理。

---

① 孙明，邹广天. 城市生态规划与可拓思维模式 [J]. 城市建筑，2009 (12)：81-83.

② 陈昭，王红扬. "城乡一元"猜想与乡村规划新思路：[J]. 现代城市研究，2014 (8)：94-99.

第 6 章　重庆市乡村规划决策系统的适用性验证

SIX

乡村规划决策系统具有强大的数据处理、空间分析和可视化功能，根据不同的地区，调整设计参数，快速运行模型，输出结果，辅助政府部门是否做出需要编制村规划的决策。乡村规划编制决策系统不仅适用于南岸区，还可以广泛适用于类似地区，通过运行 DID 分析模块、空间影响因素分析模块、发展条件和需求分析模块等三个模块，能输出优先编制村规划、有条件编制村规划、暂时不编制村规划的决策结论，供决策者参考。为了进一步验证乡村规划决策系统的普适性，笔者另选取巴南区和渝北区，进行乡村规划决策系统的验证。

巴南区位于重庆主城区东南部，渝北区位于重庆主城区东北部，从村域现状分析与规划指引工作实际需求出发，排除规划城市建设用地覆盖比例较大，或征地拆迁比例较大的村，本次验证分别筛选 172 个村和 133 个村进行村规划编制决策分析。巴南区和渝北区建立的村情综合库相对完善，主要包括自然环境要素、社会经济要素、空间支撑要素和特殊要素。其中，自然环境要素包括地形地貌、灾害、资源信息；社会经济要素包含区位、人口、产业以及文化相关信息；空间支撑要素包含用地类型、建筑、市政及规划信息；特殊要素包括村民发展意愿、地理标志产品调查。这四大要素为乡村规划决策系统运行提供了必要条件。

6.1　巴南区乡村规划编制决策系统验证

6.1.1　DID 分析

选取户籍人口密度（2016 年）、常住人口密度（2016 年）和常住人口年均增长率（2013~2016 年）三个因子，作为乡村规划决策系统 DID 分析模型的输入参数，设定经验阈值以及组合关系，并将现状人口密度低于 200 人 /km^2，且人口密度近三年年均增长率低于 5% 的村，纳入非人口密集区；将现状人口密度高于 200 人 /km^2 的村，以及现状人口密度低于 200 人 /km^2 但人口密度近三年年均增长率高于 5% 的村，作为人口密集区。

通过对巴南区 172 个村进行 DID 分析。非人口密集区包括梨坪村、水淹凼村、青山村、金田村、天台山村、黄金林村、单石村、石林村、大佛村、鱼池村、四桥村 11 个村，主要离散分布在桥口坝国家森林公园、圣灯山原始森林公园附近等片区；人口密集区包括八角村、巴联村、巴山村、坝上村、白合子村、白鹤村、白马村、白云山村、百胜村、柏树村、蔡家寺村、茶店村、岔路口村、柴坝村、朝阳村、春龙村、大沟村、大连村等 161 个村，集聚分布在大部分城市组团或农业发展条件相对较好的区域，巴南区 172 个村 DID 分析结果表详见附录 C-1（图 6-1）。

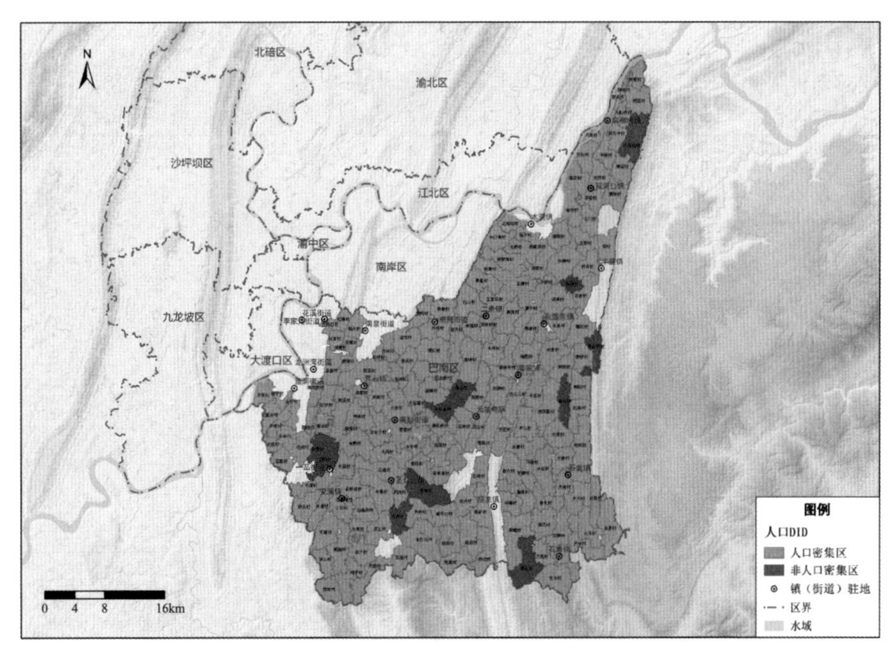

图 6-1 巴南区 172 个村 DID 分析结果图

6.1.2 空间影响因素分析

空间影响因素分析仍以地质灾害、空间管制和空间规划等要素作为影响因子，在村域空间范围上进行叠加分析，得到各村剩余的可利用空间分级情况（图 6-2）和综合分析结果（图 6-3）。巴南区 172 个村中，发展空间充足的村包括仙池村、思栗村、梁岗村、圣灯山村、滩子口村、大佛村、天坪村、两河村、石林村、永隆村、雪梨村、花房村、雨台村、芙蓉村、石门村、茶店村、塘塆村等，共 115 个村；发展空间不足的村包括燕云村、乐遥村、七田村、石板垭村、永益村、百胜村、四桥村、水竹村、金田村、鸳鸯村、沿河村、盘龙村、清风桥村、团结村、云篆山村、钟湾村、金竹村、新华村等，共 42 个村；无发展空间（无可利用面积）的村包括沿滩村、大沟村、农胜村、白合子村、干湾村、大鱼村、独龙桥村、武新村、龙井村、新式村、双桥村、万河村、迎龙村、牌楼村、望江村，共 15 个村，空间影响因素综合分析结果详见附录 C-2。

6.1.3 发展条件与需求分析

以区位条件、产业发展趋势、资源禀赋、大型项目、村民意愿五项因子，作为乡村规划决策系统集成的发展条件与需求分析综合评价模型的输入参数，将层次分析法得出的因子权重（依次为 0.1、0.3、0.2、0.3、0.1）代入模型，利用空间统计功能模块综合计算，得出 172 个村的发展条件与需求分析结果，得分较高的村有巴联村、顶山村、五通村、棋盘村、平滩村、鱼池村、梨树村、新楼村、黄金林村、碾沱村、中坪村、邓家坝村、集体村、街村、王家村等；其次是思林村、柑子村、院子村、永寿村、坝上村、石油沟村、小龙村、石板垭村等；其他村得分一般，发展条件与需求分析综合分析结果详见附录 C-3（图 6-4）。

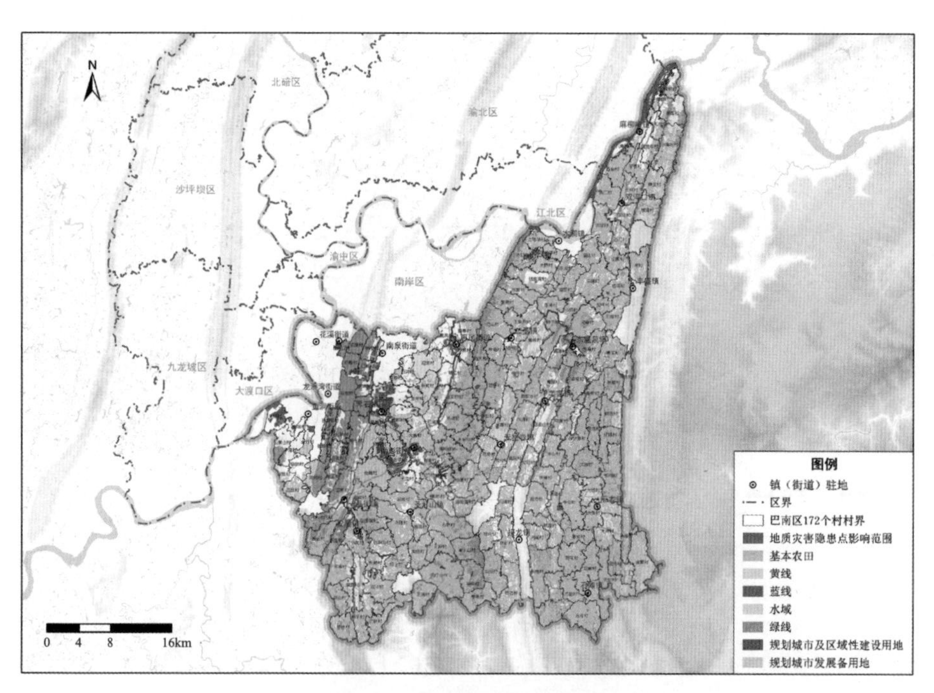

图 6-2　空间影响要素叠加图

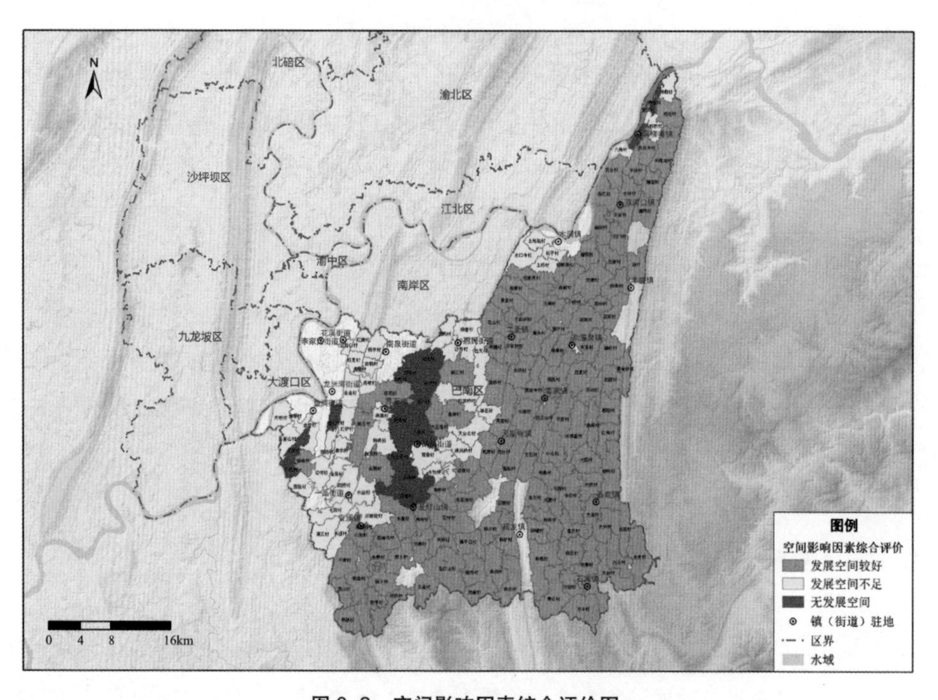

图 6-3　空间影响因素综合评价图

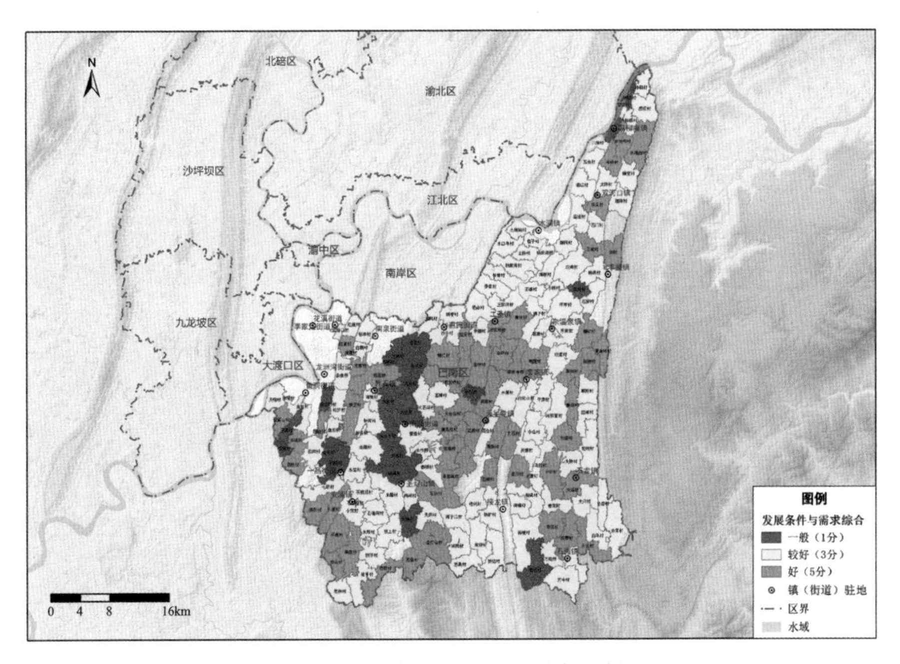

图 6-4 发展条件与需求分析综合评价图

6.1.4 巴南区乡村规划编制决策走向

综合利用村规划决策系统中的 DID 分析、空间影响因素分析和发展条件与需求分析三个模块，结合有无集中居住需求（图 6-5），对巴南区 172 个村进行三个模块的分析，辅助乡村规划编制，得出结论如下：

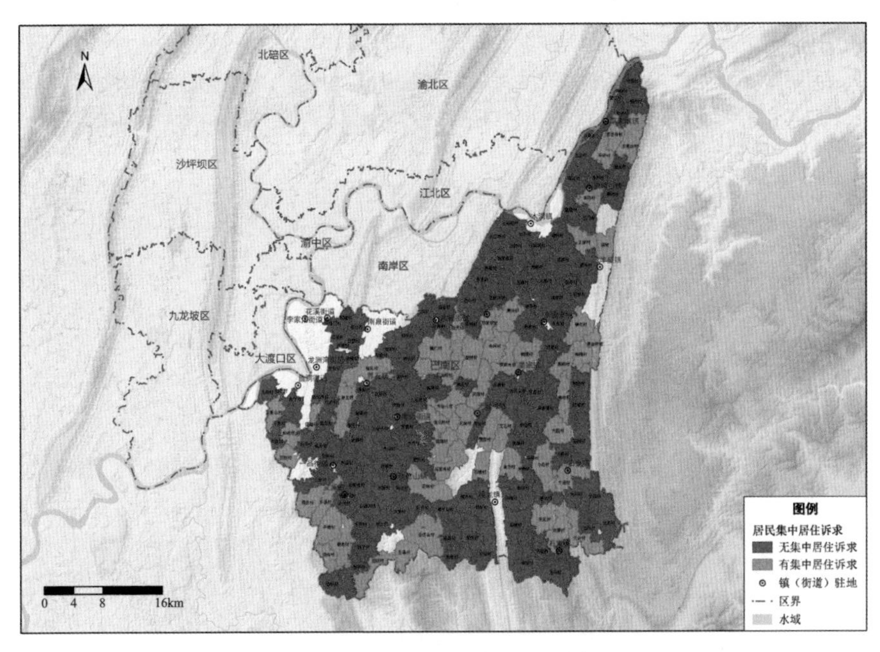

图 6-5 集中居住需求空间分布图

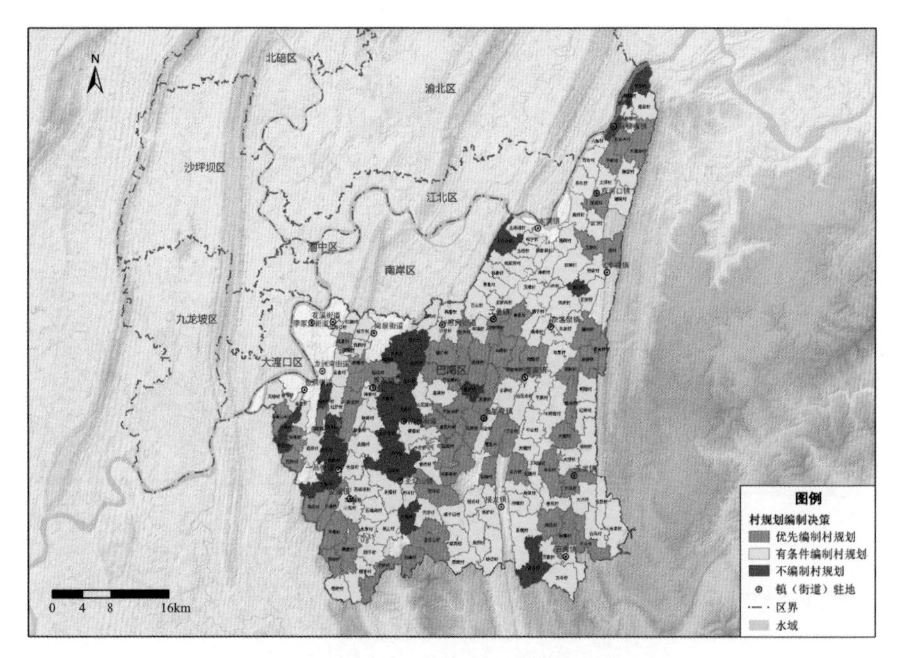

图 6-6 巴南区 172 个村村规划编制决策结论图

建议优先编制村规划的村共 53 个，包括王家村、显林村、辅仁村、胜天村、文石村、槐园村、蔡家寺村、荷花村、石磅村、自力村、新玉村、桂花村、团结村、水淹凼村、回龙寺村、将军湾村、塔落村、清风桥村、天台山村、巨龙桥村、虎啸村等。

建议有条件编制村规划的村共 94 个，包括狮子村、河岸村、玉滩村、小桥村、幸福村、巴山村、王家河村、石家村、桥湾村、双碑村、岔路口村、沙井村、晓春村、龙凤村、河坝面村、水源村、白云山村、平原村、桥边村、柴坝村、新槐村等。

建议暂时不编制村规划的村共 25 个：包括梨坪村、水口寺村、大佛村、沿滩村、大沟村、七田村、四桥村、金田村、龙井村、双桥村、万河村、迎龙村、牌楼村、梓桐村、望江村、青山村、农胜村、干湾村、单石村、武新村等。巴南区 172 个村村规划编制决策结论详见附录 C-4，最后得出终端输出结论（图 6-6）。

6.2 渝北区乡村规划编制决策系统验证

6.2.1 DID 分析

综合考虑户籍人口密度、常住人口密度和人口密度变化分析等 3 个因子，对渝北区 133 个村进行 DID 分析。人口密集区包括保胜寺村、永兴村、永庆村等共计 116 个村；非人口密集区包括银花村、希望村、菜子村等共计 17 个村（表 6-1、图 6-7）。

渝北区 133 个村 DID 分析结果表　　表 6-1

DID 分析结果	乡镇	村名
人口密集区（重点发展区）	兴隆镇	保胜寺村、永兴村、永庆村、新寨村、龙平村、小五村、天堡寨村、发扬村
	王家街道	苟溪桥村
	古路镇	百步梯村、吉星村、继光村、熊家村、双鱼村、乌牛村、同德村
	木耳镇	白房村、五通庙村、新乡村、学堂村、石坪村、新合村、石鞋村
	统景镇	江口村、荣光村、长堰村、骆塘村、平安村、远景村、胜利村、合理村、御临村、滚珠村、河坝村、中坪村、民权村
	大盛镇	东山村、三新村、隆盛村、明月村、东河村、人和村、真理村、大盛村、青龙村、顺龙村、云龙村、鱼塘村、隆仁村、千盏村
	龙兴镇	洞口村、下坝村、支援社区、沙金村、龙羽社区
	大湾镇	杉木村、空塘村、金凤村、建兴村、龙洞岩村、杉树村、点灯村、石院村、金安村、团丘村、拱桥村、大湾村、八角村、河嘴村、水口村、三沟村、凤龙村、龙庙村、高兴村
	石船镇	胜天村、葛口村、黄岭村、石龙村、民利村、战旗村、大堰村、河水村、共和村、胆沟村、民主村、石垭村、金桥村
	玉峰山镇	旱土村、香溪村、龙井村、双井村、龙门村
	双凤桥街道	中建村
	洛碛镇	沙地村、箭沱村、太洪场村、桂湾村、上坝村、高桥村、新石村、青木村、沙湾村、幸福村
	茨竹镇	花六村、中兴村、自力村、方家沟村、大面坡村、花云村、茨竹村、同仁村、玉兰村、三江村、新泉村、金银村、半边月村
非人口密集区（保护发展区）	古路镇	银花村、希望村、菜子村
	木耳镇	良桥村、垭口村
	大湾镇	天池村
	洛碛镇	砖房村、宝华村
	统景镇	兴发村、西新村、裕华村、前锋村
	兴隆镇	黄葛村、杜家村
	玉峰山镇	玉峰村
	龙兴镇	壁山村
	茨竹镇	秦家村

6.2.2 空间影响因素分析

叠加地质灾害、空间管制、空间规划等各类空间影响因素，对渝北区 133 个村进行空间影响因素综合分析，得到各村剩余的可利用空间分级情况（图 6-8）和综合分析结果（表 6-2）。渝北区 133 个村中，发展空间充足的村包括玉兰村、茨竹村、中兴村、秦家村等共计 91 个村；发展空间不足的村包括半金银村、方家沟村、龙洞岩村、杉树村等共计 10 个村；无发展空间的村包括半边月村、新泉村、三江村、同仁村等共计 32 个村。

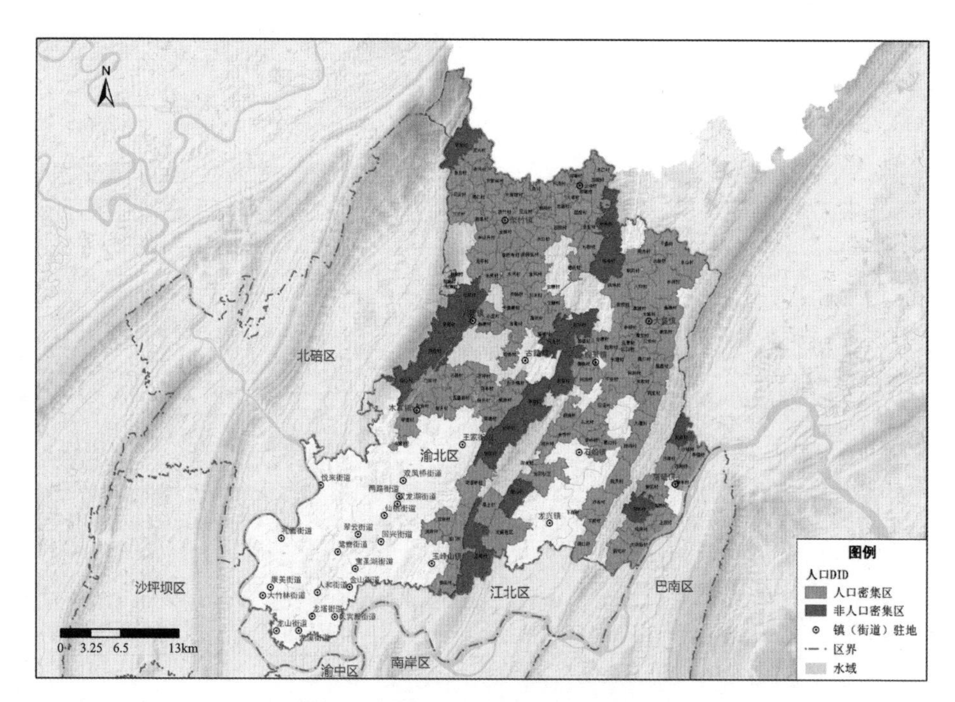

图 6-7　渝北区 133 个村 DID 分析结果图

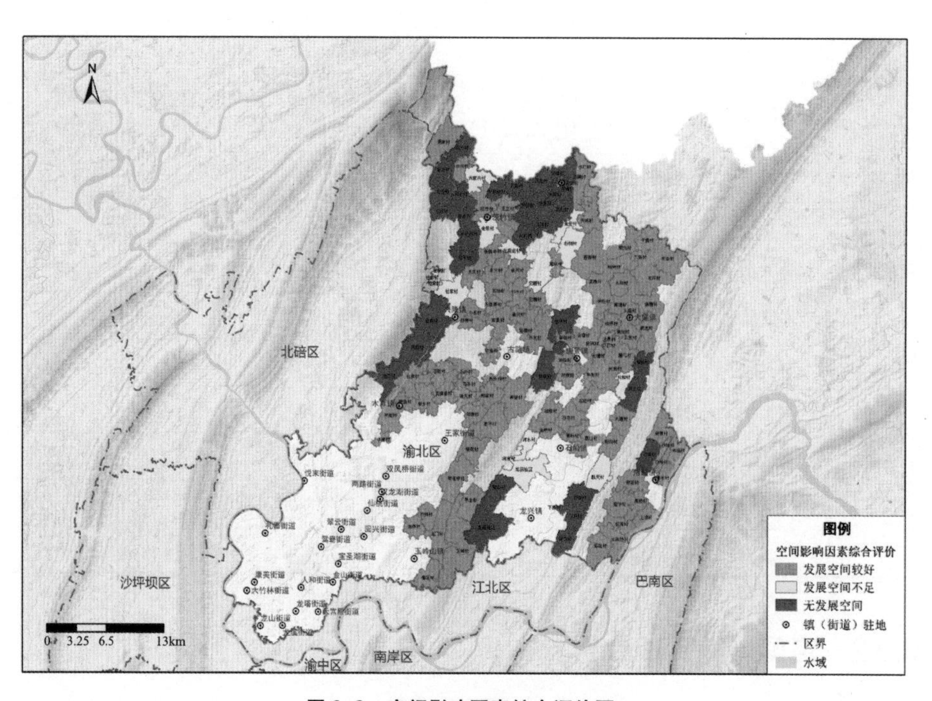

图 6-8　空间影响因素综合评价图

空间影响因素综合分析结果　　表 6-2

空间影响因素分析结果	乡镇	村名
发展空间充足	古路镇	银花村、同德村、菜子村、继光村、熊家村、乌牛村、希望村、百步梯村、双鱼村、吉星村

续表

空间影响因素分析结果	乡镇	村名
发展空间充足	木耳镇	学堂村、中建村、新乡村、新合村、五通庙村、白房村、石鞋村、石坪村
	大湾镇	高兴村、杉木村、空塘村、金凤村、建兴村、天池村、水口村
	洛碛镇	沙地村、幸福村、砖房村、箭沱村、太洪场村、桂湾村、上坝村、高桥村、宝华村、新石村、青木村
	统景镇	河坝村、平安村、御临村、长堰村、江口村、远景村、合理村、胜利村、兴发村、中坪村、骆塘村、民权村、滚珠村、西新村、荣光村
	大盛镇	云龙村、隆仁村、顺龙村、青龙村、大盛村、鱼塘村、真理村、人和村、东河村、明月村、三新村、东山村、千盏村
	石船镇	胆沟村、葛口村、黄岭村、金桥村、石龙村、战旗村、大堰村、石垭村、民利村
	兴隆镇	新寨村、小五村、天堡寨村、发扬村、永兴村、永庆村、保胜寺村
	王家街道	苟溪桥村
	玉峰山镇	香溪村、龙井村、双井村、龙门村、玉峰村、旱土村
	茨竹镇	玉兰村、茨竹村、中兴村、秦家村
发展空间不足	大湾镇	龙洞岩村、杉树村、金安村
	石船镇	胜天村、河水村、龙羽社区、共和村
	兴隆镇	杜家村
	茨竹镇	金银村、方家沟村
无发展空间	木耳镇	垭口村、良桥村
	大湾镇	点灯村、石院村、团丘村、拱桥村、龙庙村、大湾村、八角村、河嘴村、三沟村、凤龙村
	洛碛镇	沙湾村
	统景镇	前锋村、裕华村
	大盛镇	隆盛村
	石船镇	民主村
	兴隆镇	黄葛村、龙平村
	龙兴镇	洞口村、下坝村、沙金村、壁山村、支援社区
	茨竹镇	半边月村、新泉村、三江村、同仁村、花云村、大面坡村、自力村、花六村

因渝北区 85 个村在区位上具有一定的特殊性，受到四山禁建区及森林公园的影响很大，其中半边月村、新泉村、三江村、同仁村、花云村、大面坡村、自力村、花六村、隆盛村、点灯村、石院村、团丘村、拱桥村、龙庙村、大湾村、八角村、河嘴村、三沟村、凤龙村、洞口村、下坝村、沙金村、支援社区、沙湾村、民主村、龙平村等 26 个村已基本上无可利用空间，村发展受到限制，但这几个村又属于人口密集区，人均产值相对较高，建议统筹兼顾，村规划编制可基于村现状情况略作调整，引导村民原址建设，新建房屋需要符合整体风貌管控要求，各村不批新的房屋地基，不集中建设居民点，鼓励农村人口向城市转移。同时进一步引导土地流转，促进产业提档升级，提高村民收入，实现永续发展（图 6-9）。

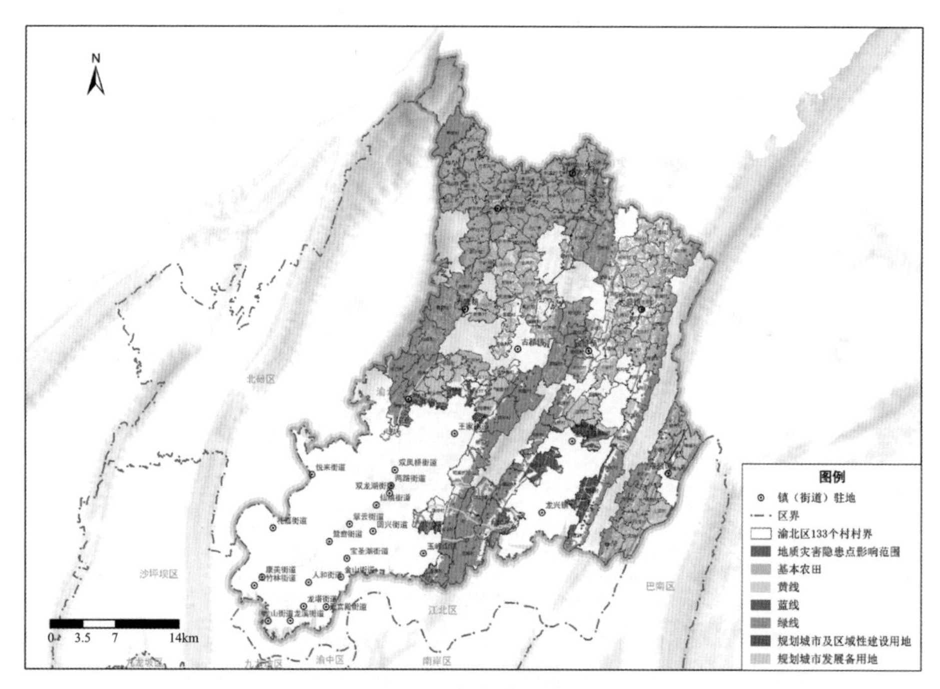

图 6-9　空间影响因素叠加图

6.2.3　发展条件与需求分析

基于乡村规划决策系统的发展条件与需求综合评价模型，以区位条件、产业发展趋势、资源禀赋、大型项目、村民意愿五项因子为输入参数，将层次分析法得出的因子权重代入，利用空间统计功能模块综合计算并得出渝北区 133 个村的发展条件与需求分析结果。分析得出发展条件为好的村包括双鱼村、吉星村、学堂村等共计 40 个村；发展条件为较好的包括同德村、继光村、熊家村等共计 42 个村；其余 51 个村村发展条件一般（表 6-3、图 6-10）。

发展条件与需求分析综合分析结果　　　　**表 6-3**

发展条件与需求分析结果	乡镇	村名
好	古路镇	双鱼村、吉星村
	木耳镇	学堂村、中建村
	大湾镇	高兴村、杉木村、空塘村、金凤村、建兴村
	洛碛镇	高桥村
	统景镇	平安村、长堰村、江口村、远景村、合理村、兴发村、中坪村、骆塘村、民权村、滚珠村、荣光村
	大盛镇	云龙村、隆仁村、青龙村、大盛村、鱼塘村、真理村、人和村、东河村、明月村、三新村、千盏村
	石船镇	战旗村、民利村
	兴隆镇	新寨村、小五村、天堡寨村、发扬村、永兴村、保胜寺村

续表

发展条件与需求分析结果	乡镇	村名
较好	古路镇	同德村、继光村、熊家村、乌牛村、百步梯村
	木耳镇	新乡村、新合村、五通庙村、白房村、石鞋村、石坪村
	大湾镇	水口村
	洛碛镇	沙地村、幸福村、箭沱村、太洪场村、桂湾村、上坝村、新石村、青木村
	统景镇	河坝村、御临村、胜利村
	大盛镇	顺龙村、东山村
	石船镇	胆沟村、葛口村、黄岭村、金桥村、石龙村、大堰村、石垭村
	兴隆镇	永庆村
	王家街道	苟溪桥村
	玉峰山镇	香溪村、龙井村、双井村、龙门村、旱土村
	茨竹镇	玉兰村、茨竹村、中兴村
一般	古路镇	银花村、菜子村、希望村
	木耳镇	垭口村、良桥村
	大湾镇	龙洞岩村、杉树村、点灯村、石院村、金安村、团丘村、拱桥村、龙庙村、天池村、大湾村、八角村、河嘴村、三沟村、凤龙村
	洛碛镇	砖房村、宝华村、沙湾村
	统景镇	前锋村、裕华村、西新村
	大盛镇	隆盛村
	石船镇	胜天村、河水村、龙羽社区、民主村、共和村
	兴隆镇	黄葛村、杜家村、龙平村
	玉峰山镇	玉峰村
	龙兴镇	洞口村、下坝村、沙金村、壁山村、支援社区
	茨竹镇	半边月村、金银村、新泉村、三江村、同仁村、花云村、大面坡村、方家沟村、自力村、花六村、秦家村

6.2.4 渝北区乡村规划编制决策走向

运行 DID 分析模块、空间影响因素分析模块和发展条件与需求分析模块，结合有无集中居住需求，得到渝北区 133 村规划编制决策结论，渝北区 133 村规划编制决策结论详见附录 C-5(图 6-11，图 6-12)。

优先编制村规划的村有 40 个，包括双鱼村、吉星村、学堂村、中建村、高兴村、杉木村、空塘村、金凤村、建兴村、高桥村、平安村、长堰村、江口村、远景村、合理村、兴发村、中坪村、骆塘村、民权村、滚珠村、荣光村等。

有条件编制村规划的村有 19 个，包括熊家村、乌牛村、希望村、百步梯村、石坪村、良桥村、杉树村、天池村、西新村、黄岭村、金桥村、石龙村、石垭村、苟溪桥村、旱土村、壁山村、半边月村、茨竹村、秦家村。

不编制村规划的村有74个，包括银花村、同德村、菜子村、继光村、新乡村、新合村、五通庙村、白房村、石鞋村、垭口村、龙洞岩村、点灯村、石院村、金安村、团丘村、拱桥村、龙庙村、大湾村、八角村、河嘴村、水口村、三沟村、凤龙村等。

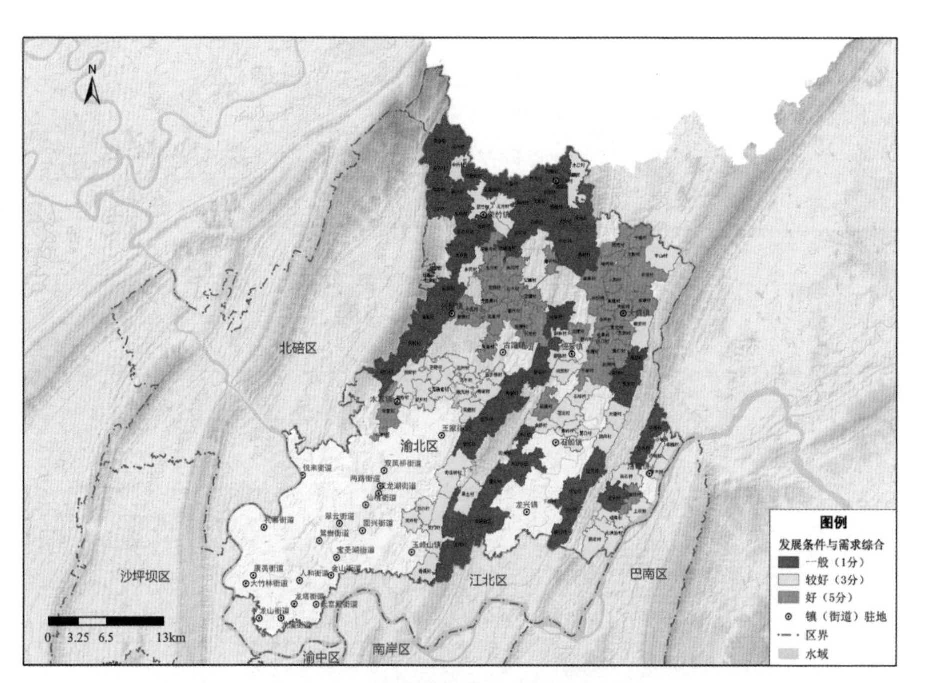

图6-10 发展条件与需求分析综合评价图

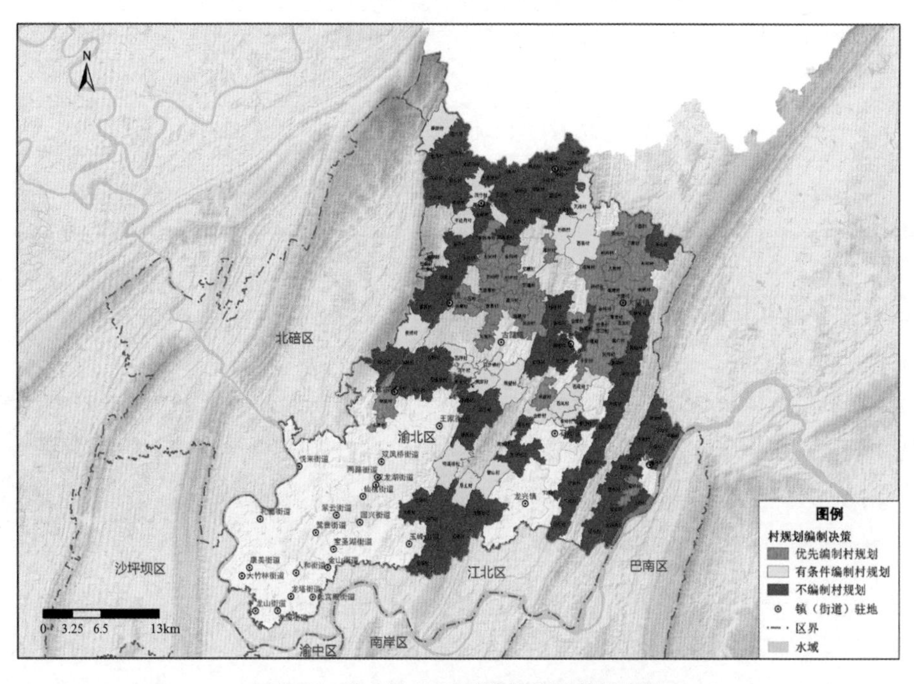

图6-11 渝北区133村规划编制决策结论图

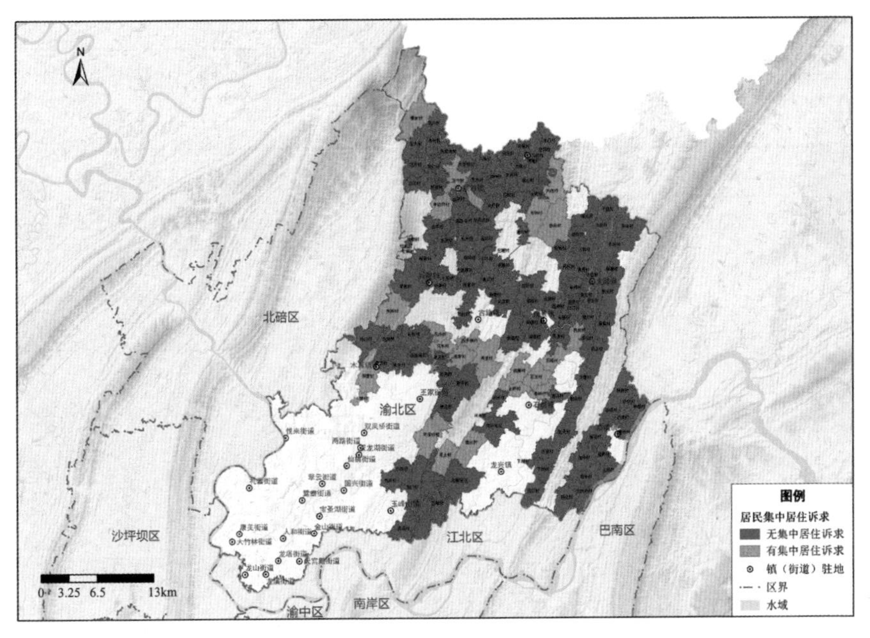

图 6-12　集中居住需求空间分布图

6.3　结果分析

为了验证决策结果的合理性，将本次分析结果与规划主管部门编制的村规划编制计划进行对比。根据渝北区村规划编制计划（研究过程稿），渝北区共有 7 个村被纳入了编制计划，与本次分析结果中有 40 个村建议优先编制村规划的结论在数量上差别较大；具体的村名单也完全不一致，原因是本次分析筛选的 133 个村未涵盖渝北区所有的行政村，而上述被规划主管部门纳入编制计划的 7 个村皆在本次分析的 133 个村之外。根据巴南区村规划编制计划（研究过程稿），巴南区共有 40 个村被纳入了编制计划，与本次分析结果中有 53 个村建议优先编制村规划的结论在数量上较为接近；从具体的行政村名录来看，被规划主管部门纳入编制计划的 40 个村中有 35 个村属于本次分析结果中优先编制村村规划的村，占比为 7-8，契合度达到了 85% 以上。综上，抛开渝北区特殊因素之外，基于乡村规划编制决策系统对区县开展的村规划编制决策结果整体上是客观合理的，可以作为规划主管部门在实际的村规划决策过程中的重要参考（表 6-4）。

巴南区村规划编制结果合理性分析　　表 6-4

乡村规划决策系统——村规划编制决策结果		规划主管部门——村规划编制计划（研究过程稿）	
乡镇名	村名	乡镇名	村名
安澜镇	巴联村、顶山村、五通村、棋盘村、平滩村	安澜镇	巴联村、顶山村、五通村、棋盘村、平滩村
东温泉镇	鱼池村、梨树村、新楼村、黄金林村、碾沱村	东温泉镇	鱼池村、梨树村、新楼村、黄金林村、碾沱村
二圣镇	中坪村、邓家坝村、集体村	二圣镇	中坪村、邓家坝村、集体村
丰盛镇	街村、王家村	丰盛镇	街村、王家村、油房村

续表

乡村规划决策系统——村规划编制决策结果		规划主管部门——村规划编制计划（研究过程稿）	
乡镇名	村名	乡镇名	村名
惠民街道	显林村、辅仁村、胜天村		
姜家镇	文石村、槐园村、蔡家寺村	姜家镇	文石村、槐园村、蔡家寺村
接龙镇	荷花村、石磅村、自力村	接龙镇	荷花村、石磅村、自力村、碑垭村
界石镇	新玉村、桂花村		
龙洲湾街道	团结村		
麻柳嘴镇	平桥村、水淹凼村、回龙寺村	麻柳嘴镇	平桥村、水淹凼村
南彭街道	将军湾村、塔落村、清风桥村、天台山村、巨龙桥村	南彭街道	将军湾村、塔落村
		圣灯山镇	圣灯山村、石林村
南泉街道	虎啸村、红星村		
石龙镇	大连村、中伦村、大园村	石龙镇	大连村、中伦村、大园村
石滩镇	天台村、双寨村	石滩镇	天台村、双寨村
双河口镇	茶店村	双河口镇	茶店村、北隘口镇
天星寺镇	雪梨村、花房村、芙蓉村	天星寺镇	雪梨村、花房村、芙蓉村
跳石镇	圣灯山村、石林村		
一品街道	燕云村、乐遥村		
鱼洞街道	百胜村、仙池村、云篆山村	鱼洞街道	仙池村

第7章 结语

SEVEN

7.1 研究结论

在既有的市域、主城、区县、镇乡、村五级规划体系中，重庆规划信息化建设主要针对市域、主城、区县三个层级的规划，基本实现了编制、审批、督查、实施评估等规划业务全流程的支撑，而在镇乡、村两个层级，规划信息化支撑力度明显不足，尤其是村级尺度。传统的乡村规划编制主要依据规划人员的个人知识及经验，是一种目标导向下对既定区域的自上而下的指标分配，主观性较强，缺乏系统全面的前期研究，科学性与精准性较为不足，村规划管理与实施环节更是整体缺乏有效的管理和监督。

当前，数据获取手段日益丰富，分析方法和技术日趋多元，规划政策更加突出以人为本和精准决策，乡村规划亟待向定量分析、数据依赖、公众参与、动态管理转变。基于此，笔者结合南岸区村现状分析与规划指引、村规划实施与管理工作的相关实践，开展了综合信息数据支撑的乡村规划决策系统研究，并形成了相关成果。

数据库建设方面，在重庆市市级综合数据库建设成果的基础上，基于南岸区村现状调研资料建立了乡村规划决策导向下的区级综合数据库，实现了地形地貌、自然灾害、资源等自然环境要素，区位条件、人口、产业、文化等社会经济要素，土地利用、民居建筑、市政设施、空间管控、各类规划等空间支撑要素以及村民发展意愿等要素的空间化表达，能够为乡村规划决策提供基础的数据支撑。系统开发方面，采用C/S架构，以ESRI的ArcGIS Engine 10.1为开发平台，借助其丰富的底层功能接口，建立了一套涵盖规划编制决策、规划管理、规划审批、查询统计等规划业务支撑模块，集成表面分析、缓冲区分析、网络分析、空间查询分析等基本的空间分析功能和数据输入与动态更新、图层可视化、数据报表统计与输出等空间统计与展示功能，并能支撑自定义分析评估模型构建的、多层级与界面化的乡村规划决策系统。快速化、动态化、模块化的乡村规划决策系统，解决了乡村规划决策的工具问题。在已建立的数据库和决策系统的基础上，以南岸区32个村为案例对象，从辅助规划编制决策角度，开展了人口DID、空间影响因素、发展条件与需求等多要素全方位的分析，以村规划编制时序研判为主要目标，识别了优先编制村规划的村、有条件编制村规划的村、不编制规划的村三大类，分析结果能够有效支撑南岸区规划全覆盖、多规合一等工作的有序开展。然后，以巴南区和渝北区为例，对乡村规划决策系统进行了适应性验证。

本研究所建立的乡村规划决策系统以及综合数据库除能支撑乡村规划编制决策之外，在乡村管理上也可以发挥作用，比如可以对乡村范围内的生态红线（如自然保护区核心区）或安全底线（如地质灾害影响范围）等进行有效管控，并服务于规划审批业务，乡村建设或生产活动一旦触碰红线或底线区域，决策系统可及时发现并提出相应的决策建议，从而对乡村的违法违规建设行为进行预防预控。

7.2 主要创新点

（1）实现了重庆市区县域尺度乡村规划业务全方位的信息化支撑，建立了一套从村现状数据收集、空间化表达、查询与更新管理的村情综合数据库，搭建了涵盖规划编制决策、规划管理、规划审批、查询统计等规划业务支撑模块，集成空间分析、空间统计与展示等功能以及模型化分析的乡村规划决策系统。以上研究是综合信息化支撑乡村规划决策的有益探索。

（2）在乡村规划编制决策中引入DID概念，DID（人口集中地区）的概念起源于日本，主要用于识别城市化区域。我国主要以“城市建成区”的概念来区分城乡地域，这个概念侧重于用地空间，相比之下，DID的概念更侧重于人的空间，但两者的重心都在城市。借鉴此概念，本文以人为本，把重心从城市转入乡村，对重庆市、主城区、南岸区的DID指标进行了计算和分析，确定了乡村DID的阈值和分级标准，依此来进行保护发展区和重点发展区的划分。在此基础上，结合空间影响因素分析、发展条件和需求分析等，开展乡村规划决策分析。实现乡村规划的科学决策、精准决策。

（3）综合考虑人口密度、空间影响、资源禀赋、发展条件、人的需求等因素，根据乡村的实际需求，得到不同的决策结论，对乡村发展进行分类引导。条件差的村，引导部分人口向城市等条件好的区域集聚，并在守住底线和红线的前提下，为剩余人口配备必要的基础设施和公共服务设施;条件好的村，根据自身条件选择合适的发展路径，因地、因时发展，并在用地、产业、资金等方面适当倾斜。这样有助于突破城乡二元结构，使人在就业和享受服务等机会的选择上，城不异乡、乡不异城，从而实现公共服务均等化。

7.3 思考与展望

村域空间环境（自然地理环境、社会经济环境）异质性是微观尺度上村域规划的考量因子，这就需要打破村域尺度实现统计数据（如人口和社会经济数据）的空间离散化与要素数据（如建筑物、构筑物、各类设施数据）的单体化。本文中使用的地形地貌、现状及规划用地、空间管制要素等空间化数据，为乡村规划决策提供了有力的支撑。但同时，人口、社会经济、文化活动等数据大都是从相关部门直接收集或由当地村委会和村民填报，多是以村为基本单位的统计数据，一定程度上影响了乡村规划决策的精细化。例如，在DID分析中，受到以村为基本单元的人口统计数据的限制，只能把村作为一种人口均匀分布的空间，而实际上受地形、河流、生态保护等因素的限制，村域内部人口可能聚集于其中很小的一部分空间。如果能够获得以更小的格网为基本单元的人口数据，对 DID 分析将是一个很大的改进。

大数据时代背景下，手机信令数据、人口迁徙数据、社会网络数据等越来越多地与人的空间行为紧密关联的时空信息大数据开始涌现，这些数据能够很好地捕获地块、建筑等微观尺度上的个体时空行为活动，在城市和乡村的研究、规划、建设和管理中有很大的应用潜力。目前，时空信息大数据应用主要集中在城市运行监测过程中，对于支撑城市群体事件、交通状况实时监控与预警等具有重要作用，并在城市空间规划技术创新方面有了初步应用。但是，总体上由于信息密度低、缺乏行之有效的技术手段与应用方法，大数据支撑乡村规划的应用明显不足。本文研究中基于实际规划编制工作的需要，虽然使用了丰富多样的海量数据，但在数据使用中仍然以权威性、法定性、政府部门数据为主要选择对象。相对而言，政府部门大数据更偏向于宏观和群体统计，互联网大数据更偏向于微观和个体记录，在实际的规划、建设、管理工作中，互联网大数据和政府部门大数据能够取长补短，相互补充。随着政府各部门数据壁垒的打通，以及农村移动互联网的普及，农村人口的行为活动以及乡村旅游活动将会提供丰富的大数据。拓展村情综合信息数据及其应用领域，提升决策支撑能力和效率，将是今后乡村规划决策信息化建设的重要方向。

在今后的决策系统开发和数据库建设中，笔者将在数据内容和应用方向上开展工作。在数据内容上，将不断丰富数据资源，使数据内容由宏观统计数据向微观个体数据扩展，由地表覆盖数据向地下空间数据（如地下矿产、地下文物数据等）扩展。在应用方向上，将与规划审批、规划督查、规划管理等一揽子业务相关联，与空间规划体系和空间规划管理相联系，继续完善相关支撑功能。

附录
APPENDIX

附录 A　第 3 章中南岸区各街镇村庄现状统计表

产业类型与结构统计表　　附表 A-1

镇（街道）	村	产业主导类型	商品农业产品类型	农业规模经营情况	二产情况	三产情况
涂山镇	莲花村	二产主导	—	农业专业合作社 1 家	规模以上金属加工 1 家，中小型金属、食品、塑料制品、纺织品、玻璃制品加工共计 100 余家	批发零售、餐饮住宿、休闲娱乐、殡葬服务、培训服务等个体经营企业共计 500 余家
峡口镇	大石村	一产主导	—	—	机械加工 1 家，租赁服务 1 家	驾校培训 1 家
	西流村	三产主导	—	—	建材生产 1 家、机械加工 3 家	农家乐 4 家、陵园 1 处、餐饮 1 家、汽修 1 家
鸡冠石镇	石龙村	二产主导	—	—	规模以上化工、建材、机械加工共计 5 家，中小型共计 200 余家	餐饮 16 家、大型超市 1 家、驾校培训 1 家
广阳镇	大佛村	一产主导	现代农业、花卉苗木	农业企业 21 家	建材生产 2 家，机械加工 1 家	农家乐 2 家，旅游企业 1 家
	新六村	二产主导	—	—	建材生产 6 家，机械加工 2 家，食品加工 1 家	餐饮 1 家
	银湖村	一产主导	现代农业、花卉苗木	农业企业 2 家	机械加工 1 家	农家乐 4 家
长生桥镇	茶园村	一产主导	现代农业	农业企业 1 家	—	餐饮 1 家
	天文村	一产主导	苗木	个体经营 4 家、农业企业 4 家	木材加工 1 家	—
	乐天村	一产主导	苗木	个体经营 3 家、农业企业 2 家	电器生产 1 家、建材生产 1 家	租赁服务 2 家
	广福村	三产主导	苗木	农业企业 4 家、个体经营 6 家	机械加工 1 家、建材生产 1 家	农家乐 10 家
	花红村	一产主导	苗木	个体经营 1 家、农业企业 1 家	—	农家乐 1 家
	共和村	一产主导	苗木	农业企业 3 家	—	农家乐 3 家

续表

镇（街道）	村	产业主导类型	商品农业产品类型	农业规模经营情况	二产情况	三产情况
长生桥镇	凉风村	三产主导	苗木	农业企业 1 家	建材、塑料制品、食品加工 15 家	农家乐 5 家、老年公寓 4 家、租赁服务 1 家、苗木交易 1 处
	南山村	二产主导	—	—	建材、塑料制品 30 余家	农家乐 4 家、汽修 3 家、租赁服务 2 家
南山街道	大坪村	一产主导	苗木	农业企业 1 家	橡胶制品 1 家	—
	放牛村	三产主导	花卉苗木	个体经营 1 家、农业企业 1 家	—	农家乐 11 家、宠物犬训练基地 1 家
	金竹村	三产主导	花卉苗木	农业企业 1 家	家具制造、食品加工、机械加工等 206 家	驾校培训 1 家、广告制作 30 余家、餐饮 10 余家、汽修 2 家
	联合村	三产主导	—	—	电力器材生产 1 家、金属制品加工 2 家	农家乐 1 家、餐饮 5 家
	龙井村	三产主导	花卉苗木	农业企业 1 家	塑料制品、机械加工 10 余家	餐饮 26 家、农家乐 4 家、租赁服务 2 家、驾校培训 2 家、老年公寓 1 家、其他企业 10 余家
	泉山村	二产主导	—	—	拉法基水泥厂、家具制造 5 家、机械加工 2 家、塑料制品 2 家、食品加工 1 家、其他 100 余家	餐饮企业 4 家、农家乐 2 家、驾校培训 3 家、老年公寓 1 家
	石牛村	三产主导	苗木	农业企业 1 家	汽车配饰 1 家、塑料制品 1 家、家具制造 1 家、机械加工 2 家	农家乐 51 家、批发零售 10 家、老年公寓 8 家、酒店 3 家、残障康复托养园 1 家
	双龙村	三产主导	花卉苗木	农业企业 6 家	—	农家乐 31 家、老年公寓 2 家、酒店 2 家
	新力村	一产主导	生猪、花卉苗木	个体经营 6 家	机械加工 3 家、服饰加工 1 家、化工 1 家	农家乐 1 家、餐饮 1 家、驾校培训 1 家
迎龙镇	北斗村	一产主导	现代农业	农村专业合作社 1 家、个体经营 2 家、农业企业 2 家	建材生产 4 家	农家乐 2 家、酒店 1 家
	苟家咀村	一产主导	现代农业	农业企业 1 家	建材生产 1 家	农家乐 2 家
	蹇家边村	一产主导	现代农业、花卉苗木	农业企业 4 家	皮鞋、服饰加工 4 家	朝天门国家商贸城、农家乐 1 家、汽修 1 家
	龙顶村	一产主导	现代农业、苗木	农业企业 5 家	—	农家乐 4 家
	清油洞村	一产主导	现代农业、苗木	农业专业合作社 1 家、农业企业 4 家	—	—

续表

镇（街道）	村	产业主导类型	商品农业产品类型	农业规模经营情况	二产情况	三产情况
迎龙镇	石梯子村	一产主导	现代农业	农业企业 4 家	木材加工 2 家、建材 1 家	农家乐 2 家、租赁服务 1 家
	双谷村	一产主导	现代农业、特色苗木	个体经营 2 家、农业企业 4 家	木材加工 2 家、食品加工 1 家	农家乐 1 家、租赁服务 1 家
	武堂村	一产主导	现代农业	农村专业合作社 1 家、农业企业 2 家	—	—

分类型建筑栋数统计表（单位：栋） **附表 A-2**

镇（街道）	村	村民住宅	村庄公共服务建筑	村庄产业建筑	村庄基础设施建筑	设施农用建筑	对外交通设施建筑	国有建筑	各村建筑总计
广阳镇	大佛村	1109	4	54	2	0	0	0	1169
	新六村	942	0	108	0	0	0	24	1074
	银湖村	1733	5	38	0	0	0	8	1784
鸡冠石镇	石龙村	569	4	339	3	0	0	25	940
南山街道	大坪村	634	11	10	0	0	0	9	664
	放牛村	903	9	39	5	0	0	2	958
	金竹村	989	5	417	1	0	0	0	1412
	联合村	361	1	17	0	0	0	0	379
	龙井村	511	1	21	1	0	0	1	535
	泉山村	1326	7	348	0	0	0	167	1848
	石牛村	767	3	231	0	0	0	60	1061
	双龙村	820	1	89	0	0	0	4	914
	新力村	831	0	36	0	3	0	95	965
涂山镇	莲花村	402	5	180	3	0	0	169	759
峡口镇	大石村	879	2	24	2	0	0	0	907
	西流村	750	0	53	0	2	0	15	820
迎龙镇	北斗村	917	8	78	0	0	0	24	1027
	苟家咀村	348	3	8	0	0	0	0	359
	蹇家边村	189	2	4	0	0	0	35	230
	龙顶村	740	4	24	0	0	0	2	770
	清油洞村	843	5	2	1	0	1	0	852
	石梯子村	556	3	18	0	0	0	0	577
	双谷村	654	5	17	9	0	9	8	702
	武堂村	809	4	2	0	0	0	0	815

续表

镇（街道）	村	村民住宅	村庄公共服务建筑	村庄产业建筑	村庄基础设施建筑	设施农用建筑	对外交通设施建筑	国有建筑	各村建筑总计
长生桥镇	茶园村	256	0	14	1	0	0	170	441
	共和村	592	1	13	0	0	0	34	640
	广福村	729	2	34	3	6	0	0	774
	花红村	289	1	5	0	0	0	20	315
	乐天村	466	1	37	0	0	0	27	531
	凉风村	893	4	110	1	0	0	5	1013
	南山村	1200	6	201	0	0	0	0	1407
	天文村	856	3	49	2	0	0	44	954
总计		23863	110	2620	34	11	10	948	27596

分结构类型建筑栋数统计表（单位：栋） **附表 A-3**

镇（街道）	村名	生土结构	砖石结构	砖混结构	钢筋混凝土	钢结构	各村建筑总计
广阳镇	大佛村	276	93	800	0	0	1169
	新六村	179	38	835	11	11	1074
	银湖村	383	151	1250	0	0	1784
鸡冠石镇	石龙村	14	0	878	21	27	940
南山街道	大坪村	62	0	602	0	0	664
	放牛村	0	46	912	0	0	958
	金竹村	124	36	1252	0	0	1412
	联合村	7	62	310	0	0	379
	龙井村	21	3	511	0	0	535
	泉山村	15	35	1767	26	5	1848
	石牛村	56	0	983	17	5	1061
	双龙村	0	22	892	0	0	914
	新力村	37	104	759	59	6	965
涂山镇	莲花村	23	0	680	53	3	759
峡口镇	大石村	200	0	705	2	0	907
	西流村	5	29	778	7	1	820
迎龙镇	北斗村	136	3	869	19	0	1027
	苟家咀村	17	31	307	4	0	359
	蹇家边村	24	0	172	34	0	230
	龙顶村	26	79	665	0	0	770
	清油洞村	0	85	755	12	0	852
	石梯子村	121	87	369	0	0	577
	双谷村	89	0	604	5	4	702
	武堂村	460	0	355		0	815

续表

镇（街道）	村名	生土结构	砖石结构	砖混结构	钢筋混凝土	钢结构	各村建筑总计
长生桥镇	茶园村	0	0	273	168	0	441
	共和村	65	0	567	5	3	640
	广福村	159	7	603	0	5	774
	花红村	105	0	195	15	0	315
	乐天村	10	25	433	27	36	531
	凉风村	55	35	839	61	23	1013
	南山村	159	45	1180	0	23	1407
	天文村	130	73	750	1	0	954
总计		2958	1089	22850	547	152	27596

危房建筑栋数统计表（单位：栋） **附表 A-4**

镇（街道）	村名	C 级危房	D 级危房	未定级危房	各村建筑总计
广阳镇	大佛村	0	37	0	37
	新六村	0	0	15	15
	银湖村	28	26	0	54
鸡冠石镇	石龙村	0	0	0	0
南山街道	大坪村	115	9	0	124
	放牛村	350	20	0	370
	金竹村	0	0	0	0
	联合村	311	120	0	431
	龙井村	0	5	0	5
	泉山村	16	15	0	31
	石牛村	85	38	0	123
	双龙村	20	9	0	29
	新力村	4	6	0	10
涂山镇	莲花村	0	0	0	0
峡口镇	大石村	100	50	0	150
	西流村	5	0	0	5
迎龙镇	北斗村	0	26	0	26
	苟家咀村	0	0	0	0
	蹇家边村	0	0	64	64
	龙顶村	0	3	0	3
	清油洞村	0	0	0	0
	石梯子村	0	34	0	34
	双谷村	0	64	0	64
	武堂村	0	20	0	20
长生桥镇	茶园村	0	0	0	0
	共和村	0	15	0	15

续表

镇（街道）	村名	C级危房	D级危房	未定级危房	各村建筑总计
长生桥镇	广福村	0	70	0	70
	花红村	0	0	50	50
	乐天村	10	3	0	13
	凉风村	0	35	0	35
	南山村	0	10	0	10
	天文村	0	0	0	0
总计		1044	615	129	1788

等级公路组成情况表 **附表 A-5**

镇（街道）	村	最高公路行政等级	村内等级公路组成
广阳镇	大佛村	县道	县道
	新六村	县道	县道 + 乡道
	银湖村	省道	省道 + 乡道
鸡冠石镇	石龙村	无	无
南山街道	大坪村	县道	县道 + 乡道
	放牛村	县道	县道 + 乡道
	金竹村	乡道	乡道
	联合村	县道	县道
	龙井村	无	无
	泉山村	县道	县道 + 乡道
	石牛村	县道	县道 + 乡道
	双龙村	县道	县道 + 乡道
	新力村	无	无
涂山镇	莲花村	无	无
峡口镇	大石村	县道	县道 + 乡道
	西流村	县道	县道 + 乡道
迎龙镇	北斗村	省道	省道 + 县道
	苟家咀村	省道	省道 + 县道 + 乡道
	蹇家边村	省道	省道 + 县道
	龙顶村	省道	省道 + 县道 + 乡道
	清油洞村	乡道	乡道
	石梯子村	省道	省道 + 县道 + 乡道
	双谷村	省道	省道 + 县道 + 乡道
	武堂村	县道	县道
长生桥镇	茶园村	县道	县道 + 乡道
	共和村	无	无
	广福村	县道	县道 + 乡道

续表

镇（街道）	村	最高公路行政等级	村内等级公路组成
长生桥镇	花红村	县道	县道 + 乡道
	乐天村	省道	省道 + 县道 + 乡道
	凉风村	县道	县道 + 乡道
	南山村	省道	省道 + 县道
	天文村	县道	县道 + 乡道

等级公路总长度统计表 **附表 A-6**

镇（街道）	村	等级公路总长度（km）
广阳镇	大佛村	2.36
	新六村	5.18
	银湖村	7.83
鸡冠石镇	石龙村	—
南山街道	大坪村	1.90
	放牛村	10.43
	金竹村	2.67
	联合村	0.70
	龙井村	—
	泉山村	4.31
	石牛村	6.78
	双龙村	5.47
	新力村	—
涂山镇	莲花村	—
峡口镇	大石村	3.08
	西流村	5.45
迎龙镇	北斗村	3.81
	苟家咀村	11.34
	蹇家边村	1.69
	龙顶村	7.28
	清油洞村	1.00
	石梯子村	5.19
	双谷村	6.34
	武堂村	3.20
长生桥镇	茶园村	2.28
	共和村	—
	广福村	5.54
	花红村	0.42
	乐天村	2.81

续表

镇（街道）	村	等级公路总长度（km）
长生桥镇	凉风村	4.98
	南山村	4.05
	天文村	5.19

硬化村级机动车道长度情况表 **附表 A-7**

镇（街道）	村	道路长度（km）
涂山镇	莲花村	5.04
鸡冠石镇	石龙村	4.50
南山街道	大坪村	3.50
	放牛村	13.50
	金竹村	4.30
	联合村	0.30
	龙井村	3.20
	泉山村	9.50
	石牛村	3.40
	双龙村	4.50
	新力村	2.00
峡口镇	大石村	1.00
	西流村	1.80
长生桥镇	茶园村	3.80
	共和村	4.80
	广福村	10.90
	花红村	1.30
	乐天村	0.30
	凉风村	2.10
	南山村	3.50
	天文村	7.50
迎龙镇	北斗村	2.00
	清油洞村	4.60
	武堂村	6.50
	双谷村	1.00
	苟家咀村	0.70
	蹇家边村	5.50
	石梯子村	3.50
	龙顶村	2.40
广阳镇	大佛村	3.50
	新六村	3.00
	银湖村	1.50

硬化村级机动车道密度情况表 **附表 A-8**

镇（街道）	村	路网密度（km/km^2）
涂山镇	莲花村	1.12
鸡冠石镇	石龙村	1.16
南山街道	大坪村	1.31
	放牛村	2.04
	金竹村	2.00
	联合村	0.44
	龙井村	1.33
	泉山村	2.43
	石牛村	1.47
	双龙村	1.32
	新力村	0.64
峡口镇	大石村	0.55
	西流村	0.80
长生桥镇	茶园村	0.74
	共和村	1.42
	广福村	2.60
	花红村	0.85
	乐天村	0.20
	凉风村	0.76
	南山村	0.77
	天文村	1.54
迎龙镇	北斗村	0.61
	清油洞村	1.48
	武堂村	1.32
	双谷村	0.33
	苟家咀村	0.13
	蹇家边村	1.47
	石梯子村	1.15
	龙顶村	0.46
广阳镇	大佛村	1.00
	新六村	0.76
	银湖村	0.16

社会福利机构情况表 **附表 A-9**

名称	类型	镇街	村
北斗村五保家园	五保家园	迎龙镇	北斗村
大佛村五保家园	五保家园	广阳镇	大佛村

续表

名称	类型	镇街	村
南山龙园	公墓	南山街道	大坪村
洪家坡公墓	公墓	南山街道	大坪村
五保家园	五保家园	迎龙镇	苟家咀
长生桥镇敬老院广福五保家园	五保家园	长生桥镇	广福村
蹇家边村五保家园	五保家园	迎龙镇	蹇家边村
黄山顺添老年公寓	养老院	涂山镇	莲花村
福星老年公寓	养老院	涂山镇	莲花村
莲花堂永生会馆	殡仪馆	涂山镇	莲花村
莲花公墓	公墓	涂山镇	莲花村
福源养老院	养老院	南山街道	联合村
施家沟片区中老年人活动	中老年人活动中心	长生桥镇	凉风村
凉风村五保家园	五保家园	长生桥镇	凉风村
雅静老年公寓	老年公寓	长生桥镇	凉风村
福星老年公寓	老年公寓	长生桥镇	凉风村
长生桥镇敬老院	敬老院	长生桥镇	凉风村
聚汇园老年公寓	老年公寓	长生桥镇	凉风村
五保家园	五保家园	迎龙镇	龙顶村
银福老年公寓	老年公寓	南山街道	龙井村
五保家园	五保家园	长生桥镇	南山村
五保家园	五保家园	迎龙镇	清油洞村
观音山公墓	公墓	鸡冠石镇	石龙村
鸡冠石镇敬老院	敬老院	鸡冠石镇	石龙村
重庆福泽残障康复托养园	社会服务	南山街道	石牛村
绿叶老年公寓	老年公寓	南山街道	石牛村
天缘老年公寓	老年公寓	南山街道	石牛村
松翠园老年公寓	老年公寓	南山街道	石牛村
枫叶园老年公寓	老年公寓	南山街道	石牛村
松林老年公寓	老年公寓	南山街道	石牛村
泰康老年公寓	老年公寓	南山街道	石牛村
爱心养老院（未经营）	老年公寓	南山街道	石牛村
青松养老公寓	养老公寓	南山街道	石牛村
李氏老年公寓（未经营）	老年公寓	南山街道	石牛村
双谷村五保家园	五保家园	迎龙镇	双谷村
迎龙镇敬老院	敬老院	迎龙镇	双谷村
南岸区南山之家养老院	养老院	南山街道	双龙村
九九颐园	养老院	南山街道	双龙村
武堂村五保家园	五保家园	迎龙镇	武堂村

续表

名称	类型	镇街	村
灵安陵园	公墓	峡口镇	西流村
峡口镇敬老院（在建）	敬老院	峡口镇	西流村
银湖村五保家园	五保家园	广阳镇	银湖村
广阳镇银湖敬老院	敬老院	广阳镇	银湖村
回坪村五保家园	五保家园	广阳镇	银湖村

分区规划中城市建设用地占村域面积比例情况统计表 **附表 A-10**

镇（街道）	村	分区规划中城市建设用地占村域面积百分比（%）
广阳镇	大佛村	54.96
	新六村	22.34
	银湖村	5.26
鸡冠石镇	石龙村	2.88
南山街道	大坪村	0.01
	放牛村	0.04
	金竹村	0.25
	联合村	2.44
	龙井村	9.94
	泉山村	1.93
	石牛村	8.21
	双龙村	0.14
	新力村	17.68
涂山镇	莲花村	4.56
峡口镇	大石村	0.42
	西流村	5.87
迎龙镇	北斗村	39.07
	苟家咀村	—
	蹇家边村	39.25
	龙顶村	—
	清油洞村	—
	石梯子村	21.68
	双谷村	8.20
	武堂村	—
长生桥镇	茶园村	15.10
	共和村	36.32
	广福村	4.98
	花红村	50.16
	乐天村	58.58

续表

镇（街道）	村	分区规划中城市建设用地占村域面积百分比（%）
长生桥镇	凉风村	4.15
	南山村	24.48
	天文村	9.55

永久基本农田占村域面积比例情况统计表 **附表 A-11**

镇（街道）	村	基本农田占村域面积百分比（%）
广阳镇	大佛村	7.26
	新六村	5.81
	银湖村	7.58
鸡冠石镇	石龙村	2.49
南山街道	大坪村	0.86
	放牛村	5.29
	金竹村	15.39
	联合村	—
	龙井村	—
	泉山村	9.89
	石牛村	—
	双龙村	—
	新力村	1.08
涂山镇	莲花村	2.03
峡口镇	大石村	—
	西流村	—
迎龙镇	北斗村	5.18
	苟家咀村	—
	蹇家边村	—
	龙顶村	0.80
	清油洞村	20.86
	石梯子村	7.57
	双谷村	7.90
	武堂村	—
长生桥镇	茶园村	—
	共和村	12.60
	广福村	2.72
	花红村	—
	乐天村	0.96
	凉风村	6.56
	南山村	15.77
	天文村	—

村民发展意愿情况表 **附表 A-12**

镇（街道）	村	基础设施需新增或改善诉求	公共服务设施需新增或改善诉求	相关规划诉求	集中居住诉求	集中居住原因
涂山镇	莲花村	道路交通、排水	—	希望加快上级规划实施，落实征地拆迁与“四山”管控区产业发展相关政策	无	
峡口镇	大石村	道路交通、排水、燃气	幼儿园、养老服务设施、商业金融设施	落实“四山”管控区产业发展相关政策，依托南山发展乡村旅游业	无	
	西流村	燃气、污水处理、垃圾处理	村民活动中心	落实“四山”管控区产业发展相关政策，依托南山发展乡村旅游业	无	
鸡冠石镇	石龙村	道路交通、垃圾处理	商业金融设施、村卫生室、养老服务设施	落实“四山”管控区产业发展相关政策，依托南山发展乡村旅游业	有	村内工厂较多，村民住宅与工厂厂房交错，村民生活受到了一定影响，需新建集中居民点
广阳镇	大佛村	供电、供水、排水、道路交通、垃圾处理、	村民活动中心、村卫生室、养老服务设施、救助管理设施	加快流转土地的开发，推进大佛寺项目建设，发展乡村旅游业	有	村内部分房屋建筑质量较差，且设施配套不够完善，需新建集中居民点
	新六村	污水处理、燃气	幼儿园、商业金融设施、村卫生室、村民活动中心	希望加快上级规划实施，落实东港工业园征地拆迁以及“四山”管控区产业发展相关政策	无	
	银湖村	污水处理、燃气	幼儿园	希望增加村建设用地	无	
长生桥镇	茶园村	道路交通、燃气、通信、垃圾处理	—	希望加快上级规划实施，落实茶园组团城市建设征地拆迁以及“四山”管控区产业发展相关政策	无	
	天文村	道路交通、燃气、通信、环卫	村民活动中心、养老服务设施	控制垃圾填埋场沼气发电厂大气和水体污染，发展现代农业，结合村内百步梯水库发展乡村旅游业	有	村内部分房屋建筑质量较差，且居住较为分散，为更好的发展农业及乡村旅游业，需新建集中居民点
	乐天村	排水、燃气	养老服务设施	加快控规实施，改善村内交通状况	无	
	广福村	供电、供水、排水、燃气	便民服务中心，幼儿园、商业金融设施	依托村内人文遗迹、樵坪山景区发展乡村旅游业，发展现代农业	有	部分山间居民建筑较为破旧，且受地质灾害威胁，需新建集中居民点
	花红村	—	—	加快控规实施，落实茶园组团城市建设征地拆迁政策，改善交通状况	无	

续表

镇（街道）	村	基础设施需新增或改善诉求	公共服务设施需新增或改善诉求	相关规划诉求	集中居住诉求	集中居住原因
长生桥镇	共和村	排水、燃气	幼儿园、商业金融设施、养老服务设施	加快控规实施，落实茶园组团城市建设征地拆迁政策	有	村东南部山间居民建筑较为破旧，存在搬迁需求，需新建集中居民点
	凉风村	道路交通、污水处理、环卫	幼儿园、商业金融设施、村卫生室	落实“四山”管控区产业发展相关政策，依托凉风垭森林公园发展乡村旅游业	无	
	南山村	排水、燃气	—	加快控规实施，落实茶园组团城市建设征地拆迁政策	无	
南山街道	大坪村	道路交通、通信、燃气、环卫	幼儿园、商业金融设施	落实“四山”管控区产业发展相关政策，依托南山发展乡村旅游业	无	
	放牛村	排水、燃气、环卫	—	落实“四山”管控区产业发展相关政策，依托南山发展乡村旅游业	无	
	金竹村	道路交通、供水、供电、排水、燃气、通信、环卫	村民活动中心、幼儿园、商业金融设施、村卫生室、养老服务设施、救助管理设施	依托南山景区，扩大传统餐饮业发展优势，发展特色火锅、乡村旅游业	有	部分房屋建筑质量较差，且设施配套不够完善，以及更好地发展乡村旅游业，需新建集中居民点
	联合村	道路交通、供电、排水、燃气、环卫	—	希望加快上级规划实施，落实“四山”管控区产业发展相关政策	有	建筑质量较差的房屋占有一定的比例，加之村内人多地少，需新建集中居民点
	龙井村	道路交通、燃气、排水、垃圾处理	医疗设施、养老服务设施、救助管理设施	依托南山景区，打造美丽乡村和火锅结合的特色产业	有	部分房屋建筑质量较差，且设施配套不够完善，现有的集中居民点也已经住满，需新建集中居民点
	泉山村	环卫、燃气	—	落实“四山”管控区产业发展相关政策，开展废弃矿坑开发，促进乡村旅游业发展	有	部分山间民居建筑质量较差，存在安全隐患，需新建集中居民点
	石牛村	污水处理、通信、燃气，停车场等旅游服务设施	幼儿园、商业金融设施	落实“四山”管控区产业发展相关政策，发展乡村休闲旅游业，增加一点比例的管理建设用地	无	
	双龙村	排水、燃气、环卫	—	落实“四山”管控区产业发展相关政策，发展乡村旅游业，改善交通状况	无	

续表

镇（街道）	村	基础设施需新增或改善诉求	公共服务设施需新增或改善诉求	相关规划诉求	集中居住诉求	集中居住原因
南山街道	新力村	排水、燃气、环卫	—	落实“四山”管控区产业发展相关政策，发展乡村旅游业	有	部分山间民居建筑质量较差，存在安全隐患，需新建集中居民点
迎龙镇	北斗村	供电、排水、燃气	—	加快控规实施，落实茶园组团城市建设征地拆迁政策	无	
	苟家咀村	—	—	加快现代农业综合示范区规划实施，落实村民安居置业问题，发展现代农业	有	南岸区现代农业综合示范区土地流转，房屋拆迁村民需要安置
	蹇家边村	燃气、污水处理	村民活动中心	加快现代农业综合示范区规划实施，发展现代农业	有	南岸区现代农业综合示范区土地流转，房屋拆迁村民需要安置
	龙顶村	道路交通、供水、燃气	村民活动中心	加快现代农业综合示范区规划实施，落实村民安居置业问题	有	南岸区现代农业综合示范区土地流转，房屋拆迁村民需要安置
	清油洞村	供电、燃气、环卫	村卫生室	加快现代农业综合示范区规划实施，落实村民安居置业问题	有	南岸区现代农业综合示范区土地流转，房屋拆迁村民需要安置
	石梯子村	道路交通、供水、燃气	—	加快现代农业综合示范区规划实施	有	南岸区现代农业综合示范区土地流转，房屋拆迁村民需要安置
	双谷村	排水、燃气	幼儿园、商业金融设施	加快现代农业综合示范区规划实施	无	
	武堂村	—	养老服务设施	加快现代农业综合示范区规划实施，落实村民安居置业问题，依托迎龙湖湿地发展乡村旅游业	有	南岸区现代农业综合示范区土地流转，房屋拆迁村民需要安置

附录 B　第 5 章中南岸区各街镇村庄现状统计表

2016 年户籍人口、常住人口密度及赋值统计表　　**附录 B-1**

村名	户籍人口密度（人/km²）	常住人口密度（人/km²）	户籍人口密度赋值	常住人口密度赋值
联合村	1559	2878	5	5
新力村	225	241	3	3
龙井村	609	746	5	5
泉山村	734	844	5	5
金竹村	1335	1724	5	5
双龙村	341	434	3	3
石牛村	561	595	5	5
放牛村	166	165	1	1
大坪村	273	238	3	3
莲花村	490	1673	3	5
石龙村	243	1015	3	5
西流村	811	820	5	5
大石村	676	640	5	5
共和村	263	277	3	3
广福村	299	250	3	3
南山村	530	625	5	5
乐天村	224	234	3	3
凉风村	570	554	5	5
花红村	136	176	1	1
天文村	144	149	1	1
茶园村	57	68	1	1
蹇家边村	687	323	5	3
北斗村	492	487	3	3
双谷村	308	256	3	3
清油洞村	508	301	5	3
武堂村	338	40	3	1
苟家咀村	276	267	3	3
龙顶村	253	90	3	1
石梯子村	315	292	3	3
大佛村	452	359	3	3
银湖村	289	355	3	3
新六村	186	155	1	1

近三年户籍人口密度统计表 **附录 B-2**

村名	2013 年户籍人口密度（人 /km^2）	2016 年户籍人口密度（人 /km^2）	近三年户籍人口年均增长率（%）
联合村	1542.51	1558.67	0.35
新力村	417.20	225.09	−18.59
龙井村	567.79	609.21	2.37
泉山村	731.46	734.27	0.13
金竹村	1290.00	1335.14	1.15
双龙村	341.13	341.13	—
石牛村	554.69	561.19	0.39
放牛村	168.33	166.22	−0.42
大坪村	271.63	273.13	0.18
莲花村	486.77	490.32	0.24
石龙村	232.37	242.72	1.46
西流村	826.64	811.48	−0.62
大石村	668.14	675.85	0.38
共和村	285.09	262.57	−2.71
广福村	294.84	298.66	0.43
南山村	501.97	530.42	1.85
乐天村	268.59	223.83	−5.90
凉风村	586.61	570.06	−0.95
花红村	191.13	135.96	−10.73
天文村	143.73	143.93	0.05
茶园村	55.20	56.96	1.05
蹇家边村	484.15	687.18	12.38
北斗村	573.97	491.97	−5.01
双谷村	429.32	308.35	−10.45
清油洞村	499.59	507.61	0.53
武堂村	325.76	337.55	1.19
苟家咀村	261.09	276.17	1.89
龙顶村	254.36	253.02	−0.18
石梯子村	414.15	314.89	−8.73
大佛村	508.66	452.24	−3.84
银湖村	289.49	289.06	−0.05
新六村	420.15	186.14	−23.77

近三年常住人口密度统计表 **附录 B-3**

村名	2013 年常住人口密度（人 /km^2）	2016 年常住人口密度（人 /km^2）	近三年常住人口年均增长率（%）
联合村	2644.30	2877.88	2.86
新力村	447.94	241.10	−18.66
龙井村	757.06	745.87	−0.49
泉山村	889.40	843.66	−1.74
金竹村	1616.68	1724.18	2.17
双龙村	321.21	434.24	10.57
石牛村	549.48	594.59	2.66
放牛村	157.62	165.16	1.57
大坪村	245.10	238.38	−0.92
莲花村	1513.58	1672.95	3.39
石龙村	1130.30	1014.89	−3.53
西流村	844.92	820.40	−0.98
大石村	668.14	640.02	−1.42
共和村	301.39	277.09	−2.76
广福村	297.94	250.23	−5.65
南山村	416.84	625.26	14.47
乐天村	293.98	233.85	−7.34
凉风村	591.65	553.50	−2.20
花红村	204.27	176.03	−4.84
天文村	137.17	149.47	2.90
茶园村	80.56	68.47	−5.28
蹇家边村	381.44	323.13	−5.38
北斗村	502.72	487.37	−1.03
双谷村	287.97	255.75	−3.88
清油洞村	496.70	300.78	−15.40
武堂村	326.78	40.26	−50.24
苟家咀村	271.59	266.81	−0.59
龙顶村	265.82	89.75	−30.37
石梯子村	427.30	291.88	−11.93
大佛村	356.20	359.34	0.29
银湖村	282.01	354.65	7.94
新六村	316.31	155.24	−21.12

附录 B-4

各村空间影响面积汇总表（单位：hm^2）

村名称	村面积合计	地质灾害	耕地红线	城市绿线						城市蓝线		城市黄线		城市影响空间		空间限制因素叠加	村可利用空间
		地质灾害隐患点影响范围	永久基本农田	四山禁建区	风景名胜区	森林公园	湿地公园	二级保护林地	道路防护绿地	洪水淹没线	饮用水源保护区	高压走廊	油气管道控制线	规划城镇建设用地	城市发展备用地		
联合村	68.07	—	—	68.07	68.07	38.61	—	22.54	2.17	—	—	14.77	—	21.37	—	68.07	—
新力村	312.32	—	—	309.95	307.88	187.90	—	165.90	14.76	—	—	25.95	—	81.41	—	311.18	1.14
龙井村	241.46	0.02	—	237.43	234.82	187.66	—	121.62	19.50	—	—	24.52	—	35.25	—	241.46	—
泉山村	391.27	—	47.20	391.27	391.27	70.43	—	54.05	9.11	—	—	17.12	—	25.00	—	391.27	—
金竹村	214.88	—	41.61	214.88	214.88	27.01	—	3.07	5.33	—	—	34.36	—	0.50	—	214.88	—
双龙村	341.52	2.40	—	341.52	341.52	339.66	—	134.82	17.65	—	3.08	2.08	0.17	2.65	—	341.52	—
石牛村	230.58	0.62	—	230.58	230.58	132.38	—	45.56	37.92	—	—	2.05	1.35	39.77	—	230.58	—
放牛村	662.99	0.15	42.97	573.24	639.51	638.10	—	272.32	46.26	—	3.74	12.30	0.86	—	—	650.00	12.99
大坪村	267.64	—	3.03	267.52	267.64	133.83	—	66.48	3.55	—	—	25.78	—	0.09	—	267.64	—
莲花村	450.52	15.99	10.28	400.54	346.60	235.81	—	184.84	20.44	—	—	92.87	—	86.26	—	443.77	6.75
石龙村	386.45	—	11.23	368.52	357.84	233.26	—	217.33	36.37	—	—	38.05	0.27	31.66	—	383.59	2.86
西流村	224.28	—	—	177.21	207.20	13.06	—	12.12	38.13	6.17	—	10.88	0.49	28.53	—	205.15	19.13
大石村	181.40	1.00	—	104.03	109.93	—	—	—	11.46	—	—	17.20	1.68	3.01	—	113.07	68.33
共和村	337.44	0.72	53.17	—	—	—	0.94	—	—	—	—	—	—	185.20	19.27	249.15	88.29
广福村	419.21	2.02	24.23	—	—	—	—	—	17.79	—	10.27	6.73	—	28.61	145.10	177.76	241.45
南山村	453.41	0.59	87.24	—	—	—	1.68	—	16.33	—	—	6.38	—	143.64	213.40	367.35	86.07
乐天村	149.67	0.30	1.77	—	—	—	—	—	8.80	—	—	7.55	—	108.21	39.58	147.73	1.94

续表

村名称	村面积合计	地质灾害	耕地红线	城市绿线						城市蓝线		城市黄线		城市影响空间		空间限制因素叠加	村可利用空间
		地质灾害隐患点影响范围	永久基本农田	四山禁建区	风景名胜区	森林公园	湿地公园	二级保护林地	道路防护绿地	洪水淹没线	饮用水源保护区	高压走廊	油气管道控制线	规划城镇建设用地	城市发展备用地		
凉风村	277.87	0.34	22.03	129.16	91.51	34.72	—	0.53	21.85	—	—	32.34	1.42	24.39	41.25	206.86	71.01
花红村	152.25	—	—	—	—	—	—	—	1.64	—	—	13.77	1.13	111.70	33.01	144.71	7.54
天文村	487.73	2.27	—	126.22	64.68	20.97	—	2.39	16.80	—	20.04	37.58	2.70	76.67	201.75	398.49	89.24
茶园村	512.66	—	—	429.46	459.91	358.97	—	259.44	16.66	—	1.90	29.64	—	186.75	6.07	501.96	10.70
蹇家边村	373.85	0.14	60.68	—	—	—	—	—	27.78	—	—	13.21	—	194.63	163.66	358.74	15.11
北斗村	325.63	2.00	20.99	—	—	—	—	—	17.12	—	—	15.67	—	212.75	111.74	322.84	2.78
双谷村	304.20	0.25	30 .14	—	—	—	40.95	—	84.39	—	22.92	8.17	—	59.20	57.37	160.89	143.31
清油洞村	311.86	1.20	77.79	—	—	—	92.30	—	16.34	—	60.15	0.69	—	55.67	3.54	180.74	131.12
武堂村	491.77	2.76	—	195.48	—	—	84.34	92.74	13.69	—	45.09	50.99	—	28.02	5.98	286.38	205.39
苟家咀村	523.96	0.62	—	199.22	—	—	—	82.94	25.52	—	—	46.90	—	0.18	264.06	463.43	60.53
龙顶村	523.67	0.59	5.12	275.46	—	—	—	99.87	57.52	—	—	26.25	—	—	203.25	478.70	44.96
石梯子村	304.24	—	27.69	—	—	—	—	—	176.21	—	—	26.63	—	111.38	176.69	288.07	16.17
大佛村	350.92	—	31.53	—	—	—	—	—	30.05	—	—	48.28	—	274.35	73.80	348.06	2.87
银湖村	936.14	3.81	88.99	467.17	—	—	—	257.45	48.19	—	20.48	10.12	—	81.30	336.10	889.16	46.99
新六村	394.86	2.37	28.50	99.27	—	—	—	18.51	22.14	—	—	3.25	—	129.82	108.06	343.36	51.50

注：空间限制要素叠加的结果不是前面各要素所占面积简单相加，部分重叠的区域面积只能计算一次。

区位分析汇总表（单位：min） **附录 B-5**

村名称	距离最近的商业中心	车行时间距离	距离最近的轨道交通出入口	车行时间距离	距离最近的高速公路出入口	车行时间距离	距离最近的长途汽车站	车行时间距离	距离最近的客运火车站	车行时间距离
联合村	南坪商圈	8.34	上新街站	5.78	南山出入口	3.51	四公里枢纽站	7.38	重庆站	11.26
新力村	南坪商圈	7.05	四公里站	5.78	南山出入口	4.51	四公里枢纽站	6.09	重庆站	10.51
龙井村	南坪商圈	6.87	四公里站	5.60	江南出入口	5.52	四公里枢纽站	5.91	重庆站	10.33
泉山村	南坪商圈	8.42	四公里站	7.16	江南出入口	7.07	四公里枢纽站	7.46	重庆站	11.89
金竹村	南坪商圈	8.28	四公里站	7.01	江南出入口	6.93	四公里枢纽站	7.32	重庆站	11.75
双龙村	南坪商圈	11.29	上新街站	8.73	南山出入口	6.46	四公里枢纽站	10.34	重庆站	14.21
石牛村	南坪商圈	13.76	上新街站	11.20	南山出入口	8.93	四公里枢纽站	12.80	重庆站	16.68
放牛村	弹子石 CBD	16.56	上新街站	14.62	南山出入口	12.35	四公里枢纽站	16.23	重庆北站	19.21
大坪村	茶园商业中心	13.59	长生桥站	11.82	南山出入口	12.68	茶园客运枢纽站	12.00	重庆站	20.43
莲花村	南坪商圈	6.17	上新街站	3.61	南山出入口	0.83	四公里枢纽站	5.22	重庆北站	8.98
石龙村	弹子石 CBD	8.00	五里店站	7.13	盘龙出入口	3.93	四公里枢纽站	10.37	重庆北站	10.65
西流村	茶园商业中心	8.70	刘家坪站	6.69	南岸出入口	7.91	茶园客运枢纽站	6.90	重庆北站	16.29
大石村	茶园商业中心	12.93	长生桥站	11.16	盘龙出入口	13.22	茶园客运枢纽站	11.34	重庆北站	19.94
共和村	茶园商业中心	6.35	茶园站	4.95	茶园出入口	7.01	长生桥客运站	7.39	重庆站	17.55
广福村	茶园商业中心	11.25	茶园站	9.86	茶园出入口	11.92	长生桥客运站	9.28	重庆站	22.45
南山村	茶园商业中心	5.21	长生桥站	4.83	茶园出入口	8.55	长生桥客运站	3.11	重庆站	19.08
乐天村	茶园商业中心	7.25	长生桥站	6.88	迎龙出入口	6.94	长生桥客运站	5.15	复盛站	20.45

续表

村名称	距离最近的商业中心	车行时间距离	距离最近的轨道交通出入口	车行时间距离	距离最近的高速公路出入口	车行时间距离	距离最近的长途汽车站	车行时间距离	距离最近的客运火车站	车行时间距离
凉风村	茶园商业中心	9.32	长生桥站	7.54	南山出入口	9.93	茶园客运枢纽站	7.73	重庆站	17.68
花红村	茶园商业中心	6.97	长生桥站	5.19	茶园出入口	8.12	茶园客运枢纽站	5.38	重庆站	18.65
天文村	茶园商业中心	11.42	茶园站	10.45	茶园出入口	9.37	茶园客运枢纽站	12.85	重庆站	19.91
茶园村	茶园商业中心	10.00	茶园站	8.62	茶园出入口	7.53	茶园客运枢纽站	11.79	重庆站	18.07
蹇家边村	茶园商业中心	10.97	刘家坪站	9.01	迎龙出入口	4.34	长生桥客运站	9.15	复盛站	17.65
北斗村	茶园商业中心	10.97	刘家坪站	9.46	迎龙出入口	4.79	长生桥客运站	8.86	复盛站	18.30
双谷村	茶园商业中心	8.30	刘家坪站	6.35	迎龙出入口	0.91	长生桥客运站	6.48	复盛站	14.42
清油洞村	茶园商业中心	11.49	刘家坪站	9.54	迎龙出入口	4.10	长生桥客运站	9.68	复盛站	17.61
武堂村	茶园商业中心	13.82	刘家坪站	11.87	迎龙出入口	5.61	长生桥客运站	12.00	复盛站	19.12
苟家咀村	茶园商业中心	12.63	刘家坪站	10.67	迎龙出入口	4.42	长生桥客运站	10.81	复盛站	17.93
龙顶村	茶园商业中心	14.74	刘家坪站	12.79	迎龙出入口	6.53	长生桥客运站	12.93	复盛站	19.61
石梯子村	茶园商业中心	13.49	刘家坪站	11.54	迎龙出入口	6.87	长生桥客运站	11.68	复盛站	16.12
大佛村	茶园商业中心	15.41	刘家坪站	13.46	广阳出入口	4.93	长生桥客运站	13.60	复盛站	13.21
银湖村	茶园商业中心	18.81	刘家坪站	16.86	广阳出入口	5.07	木洞客运站	16.47	复盛站	13.35
新六村	茶园商业中心	16.77	刘家坪站	14.82	广阳出入口	3.03	长生桥客运站	14.96	复盛站	11.31

村民发展意愿情况表 附录 B-6

村	集中居住诉求	基础设施诉求	公共服务设施诉求	规划诉求
莲花村	无	有	无	有
大石村	无	有	有	有
西流村	无	有	有	有
石龙村	有	有	有	有
大佛村	有	有	有	有
新六村	无	有	有	有
银湖村	无	有	有	有
茶园村	无	有	无	有
天文村	有	有	有	有
乐天村	有	有	有	有
广福村	有	有	有	有
花红村	有	无	无	有
共和村	有	有	有	有
凉风村	有	有	有	有
南山村	无	有	无	有
大坪村	无	有	有	有
放牛村	无	有	无	有
金竹村	有	有	有	有
联合村	有	有	有	有
龙井村	有	有	有	有
泉山村	有	有	有	有
石牛村	无	有	有	有
双龙村	无	有	无	有
新力村	有	有	无	有
北斗村	无	有	无	有
苟家咀村	有	无	无	有
蹇家边村	有	有	有	有
龙顶村	有	有	有	有
清油洞村	有	有	有	有
石梯子村	有	有	无	有
双谷村	无	有	有	有
武堂村	有	无	有	有

附录 C　第 6 章中巴南区和渝北区各街镇村庄数据统计表

巴南区 172 个村 DID 分析结果表　　附录 C-1

DID 分析结果	乡镇名	村名
人口密集区（重点发展区）	安澜镇	巴联村、坝上村、顶山村、柑子村、平滩村、棋盘村、石板垭村、石油沟村、思林村、五通村、小龙村、永寿村、院子村
	东温泉镇	朝阳村、东泉村、河岸村、红峰村、梨树村、碾沱村、狮子村、双星村、锡滩村、小桥村、新楼村、玉滩村
	二圣镇	巴山村、邓家坝村、集体村、王家河村、幸福村、中坪村
	丰盛镇	街村、桥湾村、石家村、双碑村、王家村
	花溪街道	岔路口村
	惠民街道	辅仁村、龙凤村、沙井村、胜天村、显林村、晓春村
	姜家镇	白云山村、蔡家寺村、河坝面村、槐园村、平原村、水源村、文石村
	接龙镇	柴坝村、春龙村、关塘村、桂兴村、河嘴村、荷花村、马路村、桥边村、石磅村、铁矿村、新槐村、新湾村、中山村、自力村
	界石镇	桂花村、海棠村、金鹅村、武新村、新玉村、钟湾村
	龙洲湾街道	独龙桥村、红炉村、盘龙村、团结村、沿河村
	麻柳嘴镇	八角村、感应村、回龙寺村、牌楼村、平桥村、人和桥村、望江村、赚宝村、梓桐村
	木洞镇	栋青村、海眼村、景星村、庙垭村、钱家湾村、墙院村、水口寺村、松子村、土地垴村、土桥村、杨家洞村
	南彭街道	白合子村、大石塔村、大鱼村、断桥村、高碑村、将军湾村、巨龙桥村、清风桥村、水竹村、塔落村、鸳鸯村、白鹤村、红旗村、红星村、虎啸村、龙井村、双桥村、万河村、新式村、杨市村、迎龙村、自由村
	石龙镇	白马村、柏树村、大连村、大桥村、大兴村、大园村、合路村、金星村、中伦村、方斗村、双寨村、天台村、万能村
	双河口镇	茶店村、临江村、石门村、太坪村、塘塆村、五台村、芙蓉村、花房村、雪梨村、雨台村
	跳石镇	大沟村、梁岗村、两河村、圣灯山村、思栗村、滩子口村、天坪村、沿滩村、永隆村
	一品街道	乐遥村、七田村、燕云村、永益村
	鱼洞街道	百胜村、干湾村、金竹村、农胜村、天明村、仙池村、新华村、云篆山村
非人口密集区（保护发展区）	东温泉镇	黄金林村、鱼池村
	丰盛镇	梨坪村
	接龙镇	青山村
	麻柳嘴镇	水淹凼村
	南彭街道	天台山村
	天星寺镇	单石村
	跳石镇	石林村、大佛村
	一品街道	金田村、四桥村

空间影响因素分析结果	乡镇名	村 名
发展空间充足	鱼洞街道	仙池村
	跳石镇	思栗村、梁岗村、圣灯山村、滩子口村、大佛村、天坪村、两河村、石林村、永隆村
	天星寺镇	雪梨村、花房村、雨台村、芙蓉村
	双河口镇	石门村、茶店村、塘塆村、临江村、太坪村、五台村
	石滩镇	方斗村、万能村、天台村、双寨村
	石龙镇	白马村、金星村、大兴村、合路村、大连村、大桥村、中伦村、大园村、柏树村
	南彭街道	断桥村、将军湾村、塔落村、高碑村、大石塔村
	木洞镇	景星村、栋青村、钱家湾村、海眼村、杨家洞村、墙院村、庙垭村
	麻柳嘴镇	赚宝村、平桥村、水淹凼村、回龙寺村、感应村
	界石镇	金鹅村、新玉村、桂花村
	接龙镇	青山村、桥边村、柴坝村、新槐村、荷花村、河嘴村、桂兴村、铁矿村、春龙村、新湾村、石磅村、自力村、马路村、关塘村、中山村
	姜家镇	文石村、河坝面村、水源村、白云山村、平原村、槐园村、蔡家寺村
	惠民街道	显林村、辅仁村
	丰盛镇	梨坪村、石家村、桥湾村、双碑村、街村、王家村
	二圣镇	中坪村、幸福村、邓家坝村、集体村、巴山村、王家河村
	东温泉镇	红峰村、鱼池村、朝阳村、梨树村、新楼村、双星村、黄金林村、锡滩村、碾沱村、东泉村、狮子村、河岸村、玉滩村、小桥村
	安澜镇	思林村、柑子村、巴联村、顶山村、五通村、院子村、棋盘村、永寿村、平滩村、坝上村、石油沟村、小龙村
发展空间不足	鱼洞街道	百胜村、云篆山村、金竹村、新华村、天明村
	一品街道	燕云村、乐遥村、七田村、永益村、四桥村、金田村
	天星寺镇	单石村
	南泉街道	虎啸村、自由村、白鹤村、红星村、红旗村、杨市村
	麻柳嘴镇	八角村、人和桥村、梓桐村
	龙洲湾街道	沿河村、盘龙村、团结村、红炉村
	界石镇	钟湾村、海棠村
	惠民街道	沙井村、胜天村、晓春村、龙凤村
	花溪街道	岔路口村
	安澜镇	石板垭村
无发展空间	界石镇	武新村
	龙洲湾街道	独龙桥村
	麻柳嘴镇	牌楼村、望江村
	南彭街道	白合子村
	南泉街道	龙井村、新式村、双桥村、万河村、迎龙村
	跳石镇	沿滩村、大沟村
	鱼洞街道	农胜村、干湾村

发展条件与需求分析综合分析结果

发展条件与需求分析结果	乡镇名	村名
发展条件好	安澜镇	巴联村、顶山村、五通村、棋盘村、平滩村
	东温泉镇	鱼池村、梨树村、新楼村、黄金林村、碾沱村
	二圣镇	中坪村、邓家坝村、集体村
	丰盛镇	街村、王家村
	惠民街道	显林村、辅仁村、胜天村
	姜家镇	文石村、槐园村、蔡家寺村
	接龙镇	荷花村、石磅村、自力村
	界石镇	新玉村、桂花村
	龙洲湾街道	团结村
	麻柳嘴镇	平桥村、水淹凼村、回龙寺村
	南彭街道	将军湾村、塔落村、清风桥村、天台山村、巨龙桥村
	南泉街道	虎啸村、红星村
	石龙镇	大连村、中伦村、大园村
	石滩镇	天台村、双寨村
	双河口镇	茶店村
	天星寺镇	雪梨村、花房村、芙蓉村
	跳石镇	圣灯山村、石林村
	一品街道	燕云村、乐遥村
	鱼洞街道	百胜村、仙池村、云篆山村
发展条件较好	安澜镇	思林村、柑子村、院子村、永寿村、坝上村、石油沟村、小龙村、石板垭村
	东温泉镇	红峰村、朝阳村、双星村、锡滩村、东泉村、狮子村、河岸村、玉滩村、小桥村
	二圣镇	幸福村、巴山村、王家河村
	丰盛镇	石家村、桥湾村、双碑村
	花溪街道	岔路口村
	惠民街道	沙井村、晓春村、龙凤村
	姜家镇	河坝面村、水源村、白云山村、平原村
	接龙镇	桥边村、柴坝村、新槐村、河嘴村、桂兴村、铁矿村、春龙村、新湾村、马路村、关塘村、中山村
	界石镇	金鹅村、钟湾村、海棠村
	龙洲湾街道	沿河村、盘龙村、红炉村
	麻柳嘴镇	赚宝村、八角村、人和桥村、感应村、梓桐村
	木洞镇	景星村、栋青村、钱家湾村、海眼村、土桥村、杨家洞村、松子村、墙院村、水口寺村、土地垴村、庙垭村
	南彭街道	断桥村、水竹村、鸳鸯村、高碑村、大石塔村
	南泉街道	自由村、白鹤村、红旗村、杨市村
	石龙镇	白马村、金星村、大兴村、合路村、大桥村、柏树村
	石滩镇	方斗村、万能村

续表

发展条件与需求分析结果	乡镇名	村名
发展条件较好	双河口镇	石门村、塘塆村、临江村、太坪村、五台村
	天星寺镇	雨台村
	跳石镇	思栗村、梁岗村、滩子口村、天坪村、两河村、永隆村
	一品街道	七田村、永益村
	鱼洞街道	金竹村、新华村、天明村
发展条件一般	丰盛镇	梨坪村
	接龙镇	青山村
	界石镇	武新村
	龙洲湾街道	独龙桥村
	麻柳嘴镇	牌楼村、望江村
	南彭街道	白合子村、大鱼村
	南泉街道	龙井村、双桥村、万河村、新式村、迎龙村
	天星寺镇	单石村
	跳石镇	大佛村、大沟村、沿滩村
	一品街道	金田村、四桥村
	鱼洞街道	干湾村、农胜村

巴南区 172 个村村规划编制决策结论 **附录 C-4**

村规划编制决策分析结果	乡镇名	村名
优先编制村规划	安澜镇	巴联村、顶山村、五通村、棋盘村、平滩村
	东温泉镇	鱼池村、梨树村、新楼村、黄金林村、碾沱村
	二圣镇	中坪村、邓家坝村、集体村
	丰盛镇	街村、王家村
	惠民街道	显林村、辅仁村、胜天村
	姜家镇	文石村、槐园村、蔡家寺村
	接龙镇	荷花村、石磅村、自力村
	界石镇	新玉村、桂花村
	龙洲湾街道	团结村
	麻柳嘴镇	平桥村、水淹凼村、回龙寺村
	南彭街道	将军湾村、塔落村、清风桥村、天台山村、巨龙桥村
	南泉街道	虎啸村、红星村
	石龙镇	大连村、中伦村、大园村
	石滩镇	天台村、双寨村
	双河口镇	茶店村
	天星寺镇	雪梨村、花房村、芙蓉村
	跳石镇	圣灯山村、石林村

村规划编制决策分析结果	乡镇名	村名
优先编制村规划	一品街道	燕云村、乐遥村
	鱼洞街道	百胜村、仙池村、云篆山村
有条件编制村规划	安澜镇	思林村、柑子村、院子村、永寿村、坝上村、石油沟村、小龙村、石板垭村
	东温泉镇	红峰村、朝阳村、双星村、锡滩村、东泉村、狮子村、河岸村、玉滩村、小桥村
	二圣镇	幸福村、巴山村、王家河村
	丰盛镇	石家村、桥湾村、双碑村
	花溪街道	岔路口村
	惠民街道	沙井村、晓春村、龙凤村
	姜家镇	河坝面村、水源村、白云山村、平原村
	接龙镇	桥边村、柴坝村、新槐村、河嘴村、桂兴村、铁矿村、春龙村、新湾村、马路村、关塘村、中山村
	界石镇	金鹅村、钟湾村、海棠村
	龙洲湾街道	沿河村、红炉村
	麻柳嘴镇	赚宝村、八角村、人和桥村、感应村
	木洞镇	景星村、栋青村、钱家湾村、海眼村、土桥村、杨家洞村、松子村、墙院村、土地垴村、庙垭村
	南彭街道	断桥村、水竹村、鸳鸯村、高碑村、大石塔村
	南泉街道	自由村、白鹤村、红旗村、杨市村
	石龙镇	白马村、金星村、大兴村、合路村、大桥村、柏树村
	石滩镇	方斗村、万能村
	双河口镇	石门村、塘垮村、临江村、太坪村、五台村
	天星寺镇	雨台村
	跳石镇	思栗村、梁岗村、滩子口村、天坪村、两河村、永隆村
	一品街道	永益村
	鱼洞街道	金竹村、新华村、天明村
不编制村规划	丰盛镇	梨坪村
	木洞镇	水口寺村
	跳石镇	大佛村、沿滩村、大沟村
	一品街道	七田村、四桥村、金田村
	南泉街道	龙井村、新式村、双桥村、万河村、迎龙村
	麻柳嘴镇	牌楼村、梓桐村、望江村
	接龙镇	青山村
	鱼洞街道	农胜村、干湾村
	天星寺镇	单石村
	界石镇	武新村
	南彭街道	白合子村、大鱼村
	龙洲湾街道	盘龙村、独龙桥村

渝北区 133 村规划编制决策结论 **附录 C-5**

村规划编制决策分析结果	乡镇	村名	数量
优先编制村规划	古路镇	双鱼村、吉星村	2
	木耳镇	学堂村、中建村	2
	大湾镇	高兴村、杉木村、空塘村、金凤村、建兴村	5
	洛碛镇	高桥村	1
	统景镇	平安村、长堰村、江口村、远景村、合理村、兴发村、中坪村、骆塘村、民权村、滚珠村、荣光村	11
	大盛镇	云龙村、隆仁村、青龙村、大盛村、鱼塘村、真理村、人和村、东河村、明月村、三新村、千盏村	11
	石船镇	战旗村、民利村	2
	兴隆镇	新寨村、小五村、天堡寨村、发扬村、永兴村、保胜寺村	6
有条件编制村规划	古路镇	熊家村、乌牛村、希望村、百步梯村	4
	木耳镇	石坪村、良桥村	2
	大湾镇	杉树村、天池村	2
	统景镇	西新村	1
	石船镇	黄岭村、金桥村、石龙村、石垭村	4
	王家街道	苟溪桥村	1
	玉峰山镇	旱土村	1
	龙兴镇	壁山村	1
	茨竹镇	半边月村、茨竹村、秦家村	3
不编制村规划	古路镇	银花村、同德村、菜子村、继光村	4
	木耳镇	新乡村、新合村、五通庙村、白房村、石鞋村、垭口村	6
	大湾镇	龙洞岩村、点灯村、石院村、金安村、团丘村、拱桥村、龙庙村、大湾村、八角村、河嘴村、水口村、三沟村、凤龙村	13
	洛碛镇	沙地村、幸福村、砖房村、箭沱村、太洪场村、桂湾村、上坝村、宝华村、新石村、青木村、沙湾村	11
	统景镇	河坝村、御临村、前锋村、胜利村、裕华村	5
	大盛镇	隆盛村、顺龙村、东山村	3
	石船镇	胜天村、河水村、龙羽社区、胆沟村、葛口村、大堰村、民主村、共和村	8
	兴隆镇	黄葛村、杜家村、永庆村、龙平村	4
	玉峰山镇	香溪村、龙井村、双井村、龙门村、玉峰村	5
	龙兴镇	洞口村、下坝村、沙金村、支援社区	4
	茨竹镇	金银村、新泉村、三江村、玉兰村、同仁村、花云村、大面坡村、方家沟村、自力村、中兴村、花六村	11

参考文献

[1] 吴良镛．人居科学与乡村治理 [J]．城市规划，2017，41（3）：103-108.

[2] 吴良镛．城市化不应以牺牲乡村为代价 [J]．中国战略新兴产业，2016（17）：95.

[3] 吴良镛．新型城镇化与中国人居科学发展 [J]．小城镇建设，2013（12）：28-29.

[4] 韩俊，中国城乡关系演变 60 年：回顾与展望 [J]．改革，2009（5）：5-14

[5] 华生．城市化转型与土地陷阱 [M]．北京：东方出版社，2013.

[6] 赵钢，朱直君．成都城乡统筹规划与实践 [J]．城市规划学刊，2009（6）：12-17．20.

[7] 张京祥，申明锐，赵晨．乡村复兴：生产主义和后生产主义下的中国乡村转型 [J]．国际城市规划，2014，29（5）：1-7.

[8] 朱志萍．城乡二元结构的制度变迁与城乡一体化 [J]．软科学，2008（6）：104-108.

[9] 孟莹，戴慎志，文晓斐．当前我国乡村规划实践面临的问题与对策 [J]．规划师，2015，31（2）：143-147.

[10] 吴良镛．让生态文明和文化传承与新型城镇化结伴而行——专家谈让城市居民“望得见山、看得到水、记得住乡愁”.

[11] 张尚武，城镇化与规划体系转型陈烈——基于乡村视角的认识 [J]．城市规划学刊，2013，6.

[12] 申明锐，张京祥．新型城镇化背景下的中国乡村转型与复兴 [J]．城市规划，2015，39（1）：30-34+63.

[13] 乔路，李京生．论乡村规划中的村民意愿 [J]．城市规划学刊，2015（2）：72-76.

[14] 张尚武．乡村规划：特点与难点 [J]．城市规划，2014（2）：17-21.

[15] 孙肖远．新农村建设中的利益机制构建 [J]．农村经济，2010（1）：33-36.

[16] 张娴．上海村庄规划探讨：以农民的意愿来描绘农村 [J]．上海城市规划，2010（5）：25-28.

[17] 吴良镛．展望中国城市规划体系的构成：从西方近代城市规划的发展与困惑谈起 [J]．城市规划，1991（5）：3-13，64.

[18] 文剑钢，文瀚梓．我国乡村治理与规划落地问题研究 [J]．现代城市研究，2015（4）：16-26.

[19] 罗震东，夏璐，耿磊．家庭视角乡村人口城镇化迁居决策特征与机制——基于武汉的调研 [J]．城市规划，2016，40（7）：38-47.

[20] 严瑞河，刘春成．北京郊区农民城镇化意愿分层——基于照顾老年人的视角 [J]．城市规划，2014，38（7）：37-41.

[21] 如林，丁元．基于农民视角的城乡统筹规划——从藁城农民意愿调查看农民城镇化诉求 [J]．张城市规划．2012（4）.

[22] 李明月，黄明进．空心村改造农民意愿及其影响因素分析——基于广州市白云区 235 户农户调查数据 [J]．城市发展研究．2012（9）.

[23] 李琬，孙斌栋．“十三五”期间中国新型城镇化道路的战略重点——基于农村居民城镇化意愿

的实证分析与政策建议 [J]. 城市规划. 2015 (2).

[24] 房艳刚. 乡村规划: 管理乡村变化的挑战 [J]. 城市规划, 2017, 41 (2): 85-93.

[25] 张尚武. 城镇化与规划体系转型——基于乡村视角的认识 [J]. 城市规划学刊. 2013 (6).

[26] 梁鹤年. 再谈 "城市人" ——以人为本的城镇化 [J]. 城市规划. 2014 (9).

[27] 文剑钢, 文瀚梓. 我国乡村治理与规划落地问题研究 [J]. 现代城市研究, 2015 (4): 16-26.

[28] 申明锐. 乡村项目与规划驱动下的乡村治理——基于南京江宁的实证 [J]. 城市规划. 2015 (10).

[29] 本期聚焦: 乡村治理与乡村规划研究 [J]. 现代城市研究. 2015 (4).

[30] 易鑫. 德国的乡村治理及其对于规划工作的启示 [J]. 现代城市研究. 2015 (4).

[31] 郭旭, 赵琪龙, 李广斌. 农村土地产权制度变迁与乡村空间转型——以苏南为例 [J]. 城市规划. 2015 (8).

[32] 规划管理 "一张图" 综合信息平台 [规管 2015]——基于一张图、云发布和大数据的规划管理信息系统 [J]. 城市规划, 2015, 39 (1): 115.

[33] 姚丽. 河南省乡村发展区域差异分析 [D]. 福州: 福建师范大学, 2012.

[34] 张文彤, 殷毅, 吴志华, 潘聪. 建立 "一张图" 平台, 促进规划编制和管理一体化 [J]. 城市规划, 2012, 36 (04): 84-87.

[35] 周宏文, 张敏, 韩玮. 重庆市 "规划管理一张图" 的建设实践与展望 [J-OL]. 规划师, 2010, 26 (S2): 109-111.

[36] 徐德军. 复杂系统理论视角下的国土资源 "一张图" 系统设计与实践 [D]. 武汉: 武汉大学, 2013.

[37] 孙新章, 王兰英, 姜艺, 贾莉, 秦媛, 何霄嘉, 姚娜. 以全球视野推进生态文明建设 [J]. 中国人口. 资源与环境, 2013, 23 (07): 9-12.

[38] 张佳丽. 生态文明时代乡村规划建设要坚持六大原则 [N]. 中国建设报, 2008-02-25 (001).

[39] 谷树忠, 胡咏君, 周洪. 生态文明建设的科学内涵与基本路径 [J]. 资源科学, 2013, 35 (1): 2-13.

[40] 王华, 陈烈. 西方城乡发展理论研究进展 [J]. 经济地理, 2006, 26 (3): 463-648.

[41] 淮建峰. 国外城乡统筹发展理论研究综述 [J]. 科技咨询导报, 2007 (14): 205.

[42] 柳思维, 晏国祥, 唐红涛. 国外统筹城乡发展理论研究述评 [J]. 财经理论与实践, 2007, 28 (6): 111-114.

[43] 圣西门. 圣西门选集 (1-3 卷) [M]. 北京: 商务印书馆, 1979.

[44] 欧文. 欧文选集 (第 1 卷) [M]. 北京: 商务印书馆, 1979.

[45] 矣比尼泽·霍华德. 明日的田园城市 [M]. 金经元译. 北京: 商务印书馆. 2000.

[46] 刘易斯, 芒福德. 城市发展史: 起源, 演变与前景 [M]. 倪文彦译. 北京: 建筑工业出版社, 1989.

[47] 王景新, 李长江. 明日中国: 走向城乡一体化 [M]. 北京: 中国经济出版社. 2005.

[48] 孙林, 李岳云. 南京城乡统筹发展及其与其他城市的比较 [J]. 农业现代化研究, 2004 (4).

[49] 田美荣，高吉喜. 城乡统筹发展内涵及评级指标体系建立研究 [J]. 中国发展，2009，9.

[50] 李勤，张元红，张军. 城乡统筹发展评价体系:研究综述和构想 [J]. 中国农村观察，2009 (5): 2-10.

[51] 叶奇茂. 美国的乡村建设 [J]. 城乡建设. 2008: 09.

[52] 王力. 中国市县“五年规划”中的空间布局规划:理论、方法、实例 [D]. 大连:辽宁师范大学，2008.

[53] 王月东，郭又明. 从日本町村发展看我国小城镇发展的政策取向 [J]. 小城镇建设. 2002-09.

[54] 吴源林，晓文. 英国保护乡村运动八十年 [J]. WORLD VISION . 2007-04.

[55] 张庭伟. 从美国城市规划的变革看中国城市规划的改革 [J]. 城市规划汇刊，1996.

[56] 王路. 农村建筑传统村落的保护与更新——德国村落更新规划的启示 [J]. 建筑学报，1999 (11): 16-21.

[57] 李水山. 韩国新乡村运动 [J]. 小城镇建设，2005 (8): 16-18.

[58] 刘洋. 混沌理论对建筑与城市设计领域的启示 [J]. 建筑学报，2004 (6).

[59] 周静敏，惠丝思，薛思雯，丁凡，刘璟. 文化风景的活力蔓延——日本新农村建设的振兴潮流 [J].建筑学报，2011 (04): 46-51.

[60] 张庭伟. 从美国城市规划的变革看中国城市规划的改革 [J]. 城市规划汇刊，1996.

[61] 刘健. 基于城乡统筹的法国乡村开发建设及其规划管理 [J]. 国际城市规划,2010,25(02):4-10.

[62] 汤海孺,柳上晓. 面向操作的乡村规划管理研究——以杭州市为例 [J]. 城市规划,2013,37(3): 59-65.

[63] 陈叶龙. 面向可操作性的村庄规划管理探讨——以铜陵市美好乡村建设为例 [J]. 规划师，2012，28 (10): 22-25.

[64] 胡细英. 基于《城乡规划法》的乡村建设用地管理——江西省新农村建设规划的思考 [J]. 经济地理，2010，30 (05): 814-818.

[65] Mayer-Schonberger V，Cukier K. 大数据 [M]. 林俊宏译. 台北: 远见文化出版有限公司，2013.

[66] 城田真琴. 大数据的冲击 [M]. 周自恒译. 北京: 人民邮电出版社，2015.

[67] Frank ellis. Agricultural policy in developing countries[M]. London: Publish Syndicate Of The University Of Cambridge，2001.

[68] 王强，曾小红. 国内外农业数据资源和网络发展概况 [J]. 世界农业，2008 (14): 104-105.

[69] 朱海燕，王国龙，李佩. CABI、AGRICOLA 和 AGRIS 数据库比较研究 [J]. 农业图书情报学刊，2002 (6): 89-92.

[70] 中国互联网信息网络中心. 全球互联网统计信息跟踪报告 [R]. 2005 (7).

[71] 刘继芬. 德国农业信息化的现状和发展趋势 [J]. 世界农业，2003 (10): 36-38.

[72] 轰凤英，刘继芬，王平. 世界主要国家农业信息化的进程和发展 [J]. 农业网络信息，2004 (4): 15-17.

[73] 田野. 日本的农业信息化及其启示 [J]. 全球科技经济瞭望，2001（1）: 4748.

[74] 何宗，刘建. 基于 GIS 的重庆市镇街乡规划综合数据库建设 [J]. 地理空间信息，2015，13（2）: 22-24，10.

[75] 张昕欣，李京生. 大数据思维的乡村规划数据价值挖掘与应用研究——以环梵净山地区乡村为例 [J]. 西部人居环境学刊，2015，30（02）: 1-6.（2015-05-11）.

[76] 龚文辉. 基于 GIS 的重庆乡村综合信息数据库建设研究 [D]. 重庆：西南大学，2013.

[77] 蔡玉梅，高延利，张建平，何挺. 美国空间规划体系的构建及启示 [J]. 规划师，2017，33（2）: 28-34.

[78] 蔡玉梅，吕宾，潘书坤，杨枫. 主要发达国家空间规划进展及趋势 [J]. 中国国土资源经济，2008（06）: 30-31，48，47.

[79] 吴志强. 德国空间规划体系及其发展动态解析 [J]. 国外城市规划，1999（04）: 2-5.

[80] 万膑莲. 我国空间规划体系的内涵、发展与历史演变 [A]. 中国城市规划学会、沈阳市人民政府. 规划 60 年：成就与挑战——2016 中国城市规划年会论文集（03 城市规划历史与理论）[C]. 中国城市规划学会、沈阳市人民政府，2016: 10.

[81] 宋拾平. 我国空间规划体系创新研究 [D]. 长沙：湖南师范大学，2011.

[82] 吴良镛，武廷海. 从战略规划到行动计划——中国城市规划体制初论 [J]. 城市规划，2003（12）: 13-17.

[83] 林航. 吉林省空间规划方法研究 [D]. 长春：东北师范大学，2005.

[84] 王向东，刘卫东. 中国空间规划体系：现状、问题与重构 [J]. 经济地理，2012，32（05）: 7-15，29.

[85] 姚佳，陈江龙，姚士谋. 基于新区域主义的空间规划协调研究——以江苏沿海地区为例 [J]. 中国软科学，2011（7）: 102-110.

[86] 林坚，陈霄，魏筱. 我国空间规划协调问题探讨——空间规划的国际经验借鉴与启示 [J]. 现代城市研究，2011（12）: 15-21.

[87] 雷长群. 村规划和村基础设施现状调查——以重庆市合川区聂家村为例 [J]. 调研世界，2012（7）: 37-40.

[88] 卢武强. 论自然环境条件对城市规划的影响 [J]. 高等继续教育学报，1995: 49-52.

[89] 曹建农，马融. 城市规划的地形制约与 GIS 对策 [J]. 地图，1999（1）: 20-23，16.

[90] 黄郭城，刘卫东，陈佳骊. 新农村建设中新一轮乡村土地利用规划的思考 [J]. 农机化研究，2006（12）: 5-8.

[91] 陶战. 我国乡村生态系统在国家生物多样性保护行动计划中的地位 [J]. 农业资源与环境学报，1995: 5-7.

[92] 吴星海，孙丽云. 浅谈城市规划的影响因素及规划思想 [J]. 创新科技，2013（1）: 41-41.

[93] 李永红. 市政工程规划在城市规划体系中的地位与作用分析 [J]. 山东工业技术，2017（2）: 140-140.

[94] 孙肖远. 新农村建设中的利益机制构建 [J]. 农村经济，2010（1）: 33-36.

[95] 地理标志产品保护规定 [J]. 中国质量技术监督，2005 (9): 14-15.
[96] 重庆市南岸区地方志编纂委员会. 重庆市南岸区志 [M]. 重庆: 重庆出版社，1993.
[97] 高洪深. 决策支持系统 (DSS) 理论·方法·案例 [M]. 北京: 清华大学出版社有限公司，2005.
[98] 宗跃光. 空间规划决策支持技术及其应用 [M]. 北京: 科学出版社，2011.
[99] Elam J J, Henderson J C, Miller L W. Model Management Systems: An Approach to Decision Support in Complex Organizations[R]. WHARTON SCHOOL PHILADELPHIA PA DEPT OF DECISION SCIENCES, 1980.
[100] 苏理宏，黄裕霞. 基于知识的空间决策支持模型集成 [J]. 遥感学报，2000，4 (2): 151-156.
[101] 翁文斌，蔡喜明. 京津唐水资源规划决策支持系统研究 [D]. 北京: 清华大学. 1992.
[102] 崔立真，郑永清. 基于面向对象模型库的商业决策支持系统 [J]. 计算机工程与应用，2002，38 (9): 164-167.
[103] 吴志慧. 面向服务的城乡规划辅助支持决策系统设计与实现 [D]. 湖南: 湖南科技大学，2014.
[104] 徐志胜，冯凯，徐亮. 基于 GIS 的城市公共安全应急决策支持系统的研究 [J]. 安全与环境学报，2004.
[105] 黄跃进，朱云龙. 空间决策支持系统模型库系统研究 [J]. 信息与控制，2000，29 (3): 219-224.
[106] 范潇. 基于 GIS 的温江规划管理系统研究 [D]. 成都: 西南交通大学，2016.
[107] 朱晟. 基于 GIS 的规划信息管理系统与研发 [D]. 上海: 复旦大学，2011.
[108] 胡焕庸. 论中国人口之分布 [M]. 北京: 科学出版社，1983，52-92.
[109] 张秀美. 重庆市区县旅游竞争力评价研究 [D]. 重庆: 重庆师范大学，2015: 22.
[110] 孙明，邹广天. 城市生态规划与可拓思维模式 [J]. 城市建筑，2009 (12): 81-83.
[111] 陈昭，王红扬. “城乡一元”猜想与乡村规划新思路: [J]. 现代城市研究，2014 (8): 94-99.

后 记

事非经过不知难。掩卷沉思，若非亲身经历，难解个中滋味。

因某种因缘，有个乡村情结萦绕于心。2004 年，适逢全国范围内新农村建设的展开。火热的乡村规划建设实践，令身处规划行业的我不得不投入、关注这个自上而下的战略任务。2006 年，着手开展西南山地乡村规划的适应性研究工作，旨在探讨不同乡村类型的分类标准，意图用相对定量的方法辅助确定不同乡村功能和发展模式。随着研究的深入和查新过程，陆续发现不少类似研究成果，加之一些其他因素的干扰，研究工作陷入停滞。2010 年，适逢组织安排从事全市乡村规划技术、协调工作。是年冬，于京参加李兵第副司长主持的全国城乡统筹规划研讨会。会上，我代表重庆规划部门介绍了资源环境约束前置、“三规合一”、公共服务均等化等重庆的经验和做法，同时了解了许多全国各地同行的先进经验。通过系统梳理会议材料，结合国内最新工作动态和科研成果，调整了研究方向。与此同时，新农村规划建设过程中伴生的“千村一面”、原有风貌特色泯灭、灾难频发的乡村建筑、城市生态本底屡屡被侵蚀等问题引起了我的关注。缘于此，转向对乡村规划的发起或准入条件进行深入探讨。因为前兆分析涉及系统动力学、建模、赋值、输出判断等知识，在深入到一定阶段后难以继续。2013 年 12 月 12 日至 13 日，中央城镇化工作会议“望得见山、看得见水、记得住乡愁”指导思想的提出，重新激起我的信心。回溯研究的初衷，避开知识结构的短板，开始紧锣密鼓地调整、完善工作，书稿成于 2017 年底。本书对乡村而言，就是希望乡村规划的发起一定要慎重，其必要性一定要经得起反复推敲，规划建设的底线一定要清晰，红线一定要守住。简言之，望本书能为乡村规划建设惠以真实之利。

本书是在博士学位论文的基础上修改而成。在博士研究生学习和博士论文的写作期间，从初发心的护持、过程中的激励、学术观点的形成、理论素养的提升，无不得益于导师赵万民教授的言传身教。感恩一直指导、提携、栽培我的赵万民教授，没有恩师的谆谆教诲，无以在求学的道路上行至今处。感谢默默帮助我的李和平教授、李泽新教授、段炼教授、胡纹教授、刑忠教授、龙斌教授、徐煜辉教授、谭少华教授、黄勇副教授、李进副教授、汪洋副教授、黄瓴副教授、李旭副教授、戴彦副教授、王正副教授、孙国春副教授、秦民副教授。感谢同我悉心交流的吕伟生教授（香港大学）、李云燕副教授、魏晓芳、朱猛、刘畅、郭辉。感谢在工作上给我大力支持的曹光辉局长、扈万泰局长、郑向东书记、张远林主任、张远副局长、王岳副局长、张睿副局长、曹春华总建筑师、余颖总规划师、韩列松副局长、徐千里院长、卢涛院长及我单位的张泽烈、张超林、金贤锋等同事，感谢在写作中给予我激励和启迪的杨欣、孙爱庐、杨光等。感谢论文开题、预答辩、答辩以及评审过程中各位老师的全力指导，感谢研究生办公室孙国春副教授在论文程序推进中的各种帮助。在本书即将付梓之际，允许我对他（她）们致以最真诚的祝福和最衷心的感谢。

本书能够顺利出版，还得益于边琨编辑的鼎力支持。在此表示感谢和最真诚的祝福。

最后，要感恩生我养我的父母，帮我操持家务的岳父岳母，全力支持我治学、工作的妻子段婷婷女士，活泼可爱的两个儿子。没有家人的鼎力支持，要顺利完成学业是难以想象的。

谨以此书献给所有关心、关怀、帮助、支持、鼓励我的亲人、师长、学友、朋友、同事们，以及在各个时期、各个环节给予我支持的人们，谢谢你们！

2018 年 3 月于重庆